スバラシク実力がつくと評判の

演習 線形代数

キャンパス・ゼミ

改訂 revision 6

マセマ出版社

はじめに

既刊の『**線形代数キャンパス・ゼミ**』は多くの読者の皆様のご支持を頂いて，**線形代数教育のスタンダードな参考書**として定着してきているようです。そして，マセマには連日のようにこの『線形代数キャンパス・ゼミ』で養った実力をより確実なものとするための『**演習書(問題集)**』が欲しいとのご意見が寄せられてきました。このご要望にお応えするため，新たに，この『**演習 線形代数キャンパス・ゼミ 改訂6**』を上梓することができて，心より嬉しく思っています。

線形代数を単に理解するだけでなく，自分のものとして使いこなせるようになるために**問題練習が必要なことは言うまでもありません**。

この『**演習 線形代数キャンパス・ゼミ 改訂6**』は，そのための**最適な演習書**と言えます。

ここで，まず本書の特徴を紹介しておきましょう。

● 『線形代数キャンパス・ゼミ』に準拠して全体を **8** 章に分け，各章毎に，解法のパターンが一目で分かるように，(***methods & formulae***)(要項)を設けている。
●マセマオリジナルの頻出典型の演習問題を，各章毎に**分かりやすく体系立てて配置**している。
●各演習問題には(ヒント)を設けて解法の糸口を示し，また(解答 & 解説)では，定評あるマセマ流の読者の目線に立った**親切で分かりやすい解説**で明快に解き明かしている。
●演習問題の中には，類似問題を **2** 題併記して，**2 題目は穴あき形式**にして自分で穴を埋めながら実践的な練習ができるようにしている箇所も多数設けた。
● **2 色刷り**の美しい構成で，読者の理解を助けるため**図解も豊富**に掲載している。

さらに，本書の具体的な利用法についても紹介しておきましょう。

● まず，各章毎に，(***methods & formulae***)(要項)と演習問題を一度**流し読み**して，学ぶべき内容の全体像を押さえる。

● 次に，(***methods & formulae***)(要項)を**精読**して，公式や定理それに解法パターンを頭に入れる。そして，各演習問題の(解答 & 解説)を見ずに，問題文と(ヒント)のみ読んで，**自分なりの解答**を考える。

● その後，(解答 & 解説)をよく読んで，自分の解答と比較してみる。そして，間違っている場合は，**どこにミスがあったかをよく検討**する。

● 後日，また(解答 & 解説)を見ずに**再チャレンジ**する。

● そして，問題がスラスラ解けるようになるまで，何度でも納得がいくまで**反復練習**する。

以上の流れに従って練習していけば，線形代数も確実にマスターできますので，**大学や大学院の試験でも高得点で乗り切れる**はずです。この線形代数は様々な大学の数学や物理学を学習していく上での基礎となる分野です。ですから，これをマスターすることにより，さらなる**上のステージに上っていく鍵**を手に入れることができるのです。頑張りましょう。

また，この『**演習 線形代数キャンパス・ゼミ 改訂 6**』では，『線形代数キャンパス・ゼミ』では扱えなかった，**共面ベクトルにより表された平面の方程式，三角行列の行列式，シュミットの正規直交化法と行列の対角化の融合問題，4 次正方行列のジョルダン標準形**なども詳しく解説しています。ですから，『線形代数キャンパス・ゼミ』を完璧にマスターできるだけでなく，さらに**ワンランク上の勉強**もできます。

この『**演習 線形代数キャンパス・ゼミ 改訂 6**』は皆さんの数学学習の**良きパートナーとなるべき演習書**です。本書によって，多くの方々が線形代数に開眼され，線形代数の面白さを堪能されることを願ってやみません。

皆様のさらなる成長を心より楽しみにしております。

マセマ代表　馬場 敬之(けいし)

今回の改訂 6 では，新たに 2 次形式の標準形への変形の演習問題を加えました。

目　次

講義5 線形空間 (ベクトル空間)

講義6 線形写像

講義7 行列の対角化

講義8 ジョルダン標準形

講 義 Lecture **1** ベクトルと空間座標の基本

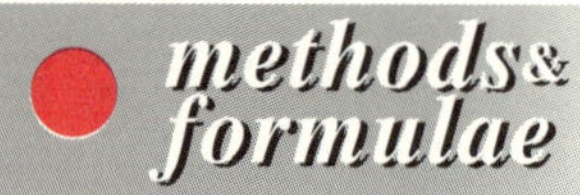

§1. ベクトル（大きさと向きを持った量）

単位ベクトル $\boldsymbol{e}$

ベクトル $\boldsymbol{a}$ と同じ向きの単位ベクトル $\boldsymbol{e}$ は,

$\boldsymbol{e} = \dfrac{1}{\|\boldsymbol{a}\|}\boldsymbol{a}$ 　となる。（$\|\boldsymbol{a}\|$：$\boldsymbol{a}$ の “ノルム”（大きさ））

3つのベクトル $\boldsymbol{a}$, $\boldsymbol{b}$, $\boldsymbol{c}$ が同一平面上になく，かつ $\boldsymbol{0}$ でもないとき，“**$\boldsymbol{a}$, $\boldsymbol{b}$, $\boldsymbol{c}$ は1次独立**” という。1次独立な $\boldsymbol{a}$, $\boldsymbol{b}$, $\boldsymbol{c}$ の1次結合：$s\boldsymbol{a}+t\boldsymbol{b}+u\boldsymbol{c}$ 　$(s,\ t,\ u \in \boldsymbol{R})$ で $\boldsymbol{p}$ が表されるとき，$\boldsymbol{p} = s\boldsymbol{a}+t\boldsymbol{b}+u\boldsymbol{c}$ となる。ここで，s, t, u を任意に動かすと，$\boldsymbol{p}$ の終点は，3次元空間全体を描く。この空間を，“**$\boldsymbol{a}$, $\boldsymbol{b}$, $\boldsymbol{c}$ で張られた空間**” という。

3次元空間を張る $\boldsymbol{a}$, $\boldsymbol{b}$, $\boldsymbol{c}$

ベクトルの内積

2つのベクトル $\boldsymbol{a}$ と $\boldsymbol{b}$ の**内積** $\boldsymbol{a}\cdot\boldsymbol{b}$ は，
次のように表される。

$\boldsymbol{a}\cdot\boldsymbol{b} = \|\boldsymbol{a}\|\|\boldsymbol{b}\|\cos\theta$ 　　（θ：$\boldsymbol{a}$ と $\boldsymbol{b}$ のなす角）

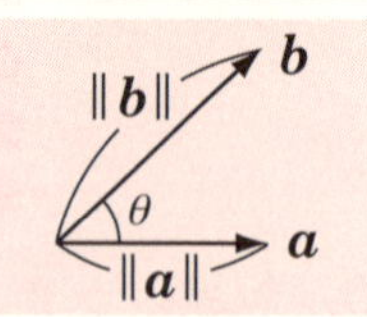

ここで，$\boldsymbol{a}=\boldsymbol{0}$, $\boldsymbol{b}=\boldsymbol{0}$ のときも含めて，$\boldsymbol{a}\cdot\boldsymbol{b}=\boldsymbol{0}$ のとき，$\boldsymbol{a}\perp\boldsymbol{b}$（垂直）と定義する。

右図において，“**$\boldsymbol{b}$ の $\boldsymbol{a}$ 上への正射影ベクトル**” は，$\dfrac{\|\boldsymbol{b}\|\cos\theta}{\|\boldsymbol{a}\|}\boldsymbol{a} = \dfrac{\boldsymbol{a}\cdot\boldsymbol{b}}{\|\boldsymbol{a}\|^2}\boldsymbol{a}$

となり，$\boldsymbol{a}$ と垂直なベクトルとして，

$\boldsymbol{b} - \dfrac{\boldsymbol{a}\cdot\boldsymbol{b}}{\|\boldsymbol{a}\|^2}\boldsymbol{a}$ 　が導ける。

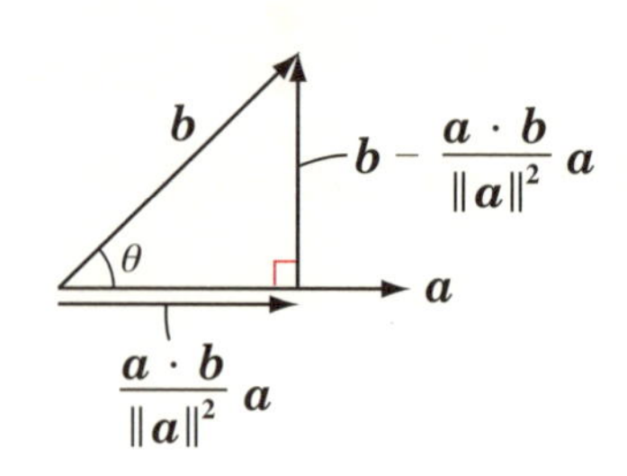

内積の成分表示

$\boldsymbol{a}=[x_1,\ y_1,\ z_1]$，$\boldsymbol{b}=[x_2,\ y_2,\ z_2]$ のとき，
内積 $\boldsymbol{a}\cdot\boldsymbol{b}=x_1x_2+y_1y_2+z_1z_2$ であり，
$\boldsymbol{a}$ と $\boldsymbol{b}$ のなす角 θ の余弦 $\cos\theta$ は次のように表される。

$$\cos\theta=\frac{\boldsymbol{a}\cdot\boldsymbol{b}}{\|\boldsymbol{a}\|\|\boldsymbol{b}\|}=\frac{x_1x_2+y_1y_2+z_1z_2}{\sqrt{x_1^2+y_1^2+z_1^2}\sqrt{x_2^2+y_2^2+z_2^2}}$$ （ただし，$\boldsymbol{a}\neq\boldsymbol{0}$，$\boldsymbol{b}\neq\boldsymbol{0}$）

$\boldsymbol{a}$ と $\boldsymbol{b}$ の**外積** $\boldsymbol{a}\times\boldsymbol{b}$ はベクトルであり，これを $\boldsymbol{c}$ とおくと，$\boldsymbol{c}=\boldsymbol{a}\times\boldsymbol{b}$

外積の性質：

(i) $\boldsymbol{c}\perp\boldsymbol{a}$ かつ $\boldsymbol{c}\perp\boldsymbol{b}$

(ii) $\|\boldsymbol{c}\|$ は，$\boldsymbol{a}$ と $\boldsymbol{b}$ を 2 辺にもつ平行四辺形の面積に等しい。

(iii) $\boldsymbol{c}$ の向きは，$\boldsymbol{a}$ から $\boldsymbol{b}$ に向かうように回転するとき，右ネジが進む向きに一致する。

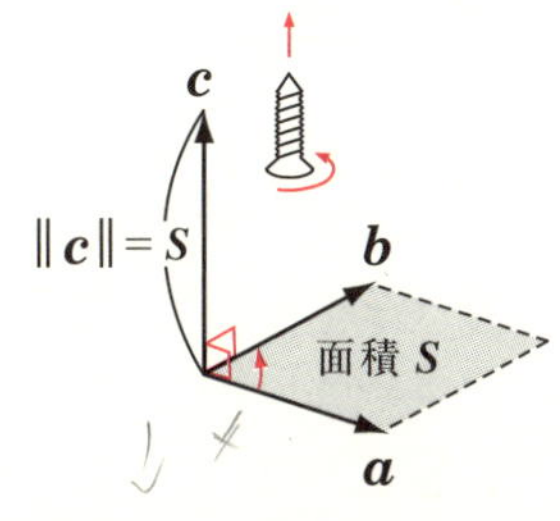

$\boldsymbol{a}=[x_1,\ y_1,\ z_1]$，$\boldsymbol{b}=[x_2,\ y_2,\ z_2]$ のとき，外積 $\boldsymbol{c}=\boldsymbol{a}\times\boldsymbol{b}$ の x，y，z 成分は，右図のように，テクニカルに求められて，

$\boldsymbol{c}=\boldsymbol{a}\times\boldsymbol{b}=[y_1z_2-z_1y_2,\ \ z_1x_2-x_1z_2,\ \ x_1y_2-y_1x_2]$

となる。

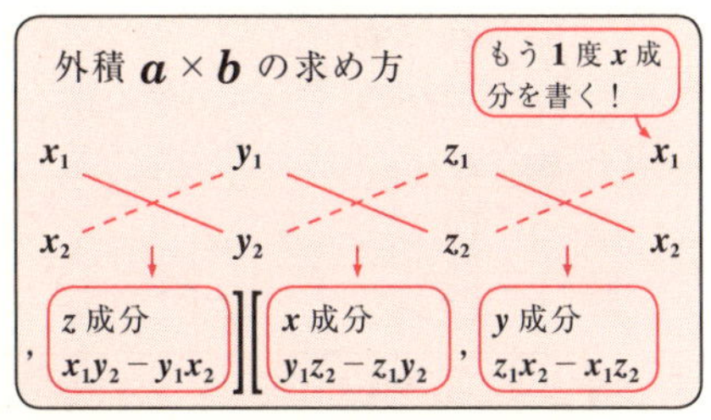

§2. 空間座標における直線と平面

直線の方程式

点 $\mathrm{A}(x_1,\ y_1,\ z_1)$ を通り，方向ベクトル $\boldsymbol{d}=[l,\ m,\ n]$ の直線の方程式は，

$$\frac{x-x_1}{l}=\frac{y-y_1}{m}=\frac{z-z_1}{n}$$ （ただし，$l\neq0$，$m\neq0$，$n\neq0$ とする。）

平面の方程式

点 $\mathrm{A}(x_1,\ y_1,\ z_1)$ を通り，法線ベクトル $\boldsymbol{h}=[a,\ b,\ c]$ をもつ平面の方程式は，

$$a(x-x_1)+b(y-y_1)+c(z-z_1)=0$$

演習問題 1　● $\boldsymbol{a}$ と垂直な単位ベクトル(Ⅰ) ●

$\boldsymbol{a}=\begin{bmatrix}2\\-3\end{bmatrix}$, $\boldsymbol{b}=\begin{bmatrix}1\\3\end{bmatrix}$ のとき，$\boldsymbol{a}$ と垂直なベクトルの公式：$\boldsymbol{b}-\dfrac{\boldsymbol{a}\cdot\boldsymbol{b}}{\|\boldsymbol{a}\|^2}\boldsymbol{a}$ を使って，$\boldsymbol{a}$ と垂直な単位ベクトル $\boldsymbol{e}$ を求めよ。

ヒント！ $\boldsymbol{a}$ と $\boldsymbol{b}$ のなす角を θ とおくと，$\boldsymbol{b}$ の $\boldsymbol{a}$ 上への正射影ベクトルは，

$\|\boldsymbol{b}\|\cos\theta\cdot\dfrac{\boldsymbol{a}}{\|\boldsymbol{a}\|}=\dfrac{\|\boldsymbol{a}\|\|\boldsymbol{b}\|\cos\theta}{\|\boldsymbol{a}\|^2}\boldsymbol{a}=\dfrac{\boldsymbol{a}\cdot\boldsymbol{b}}{\|\boldsymbol{a}\|^2}\boldsymbol{a}$ 　となるんだね。

解答＆解説

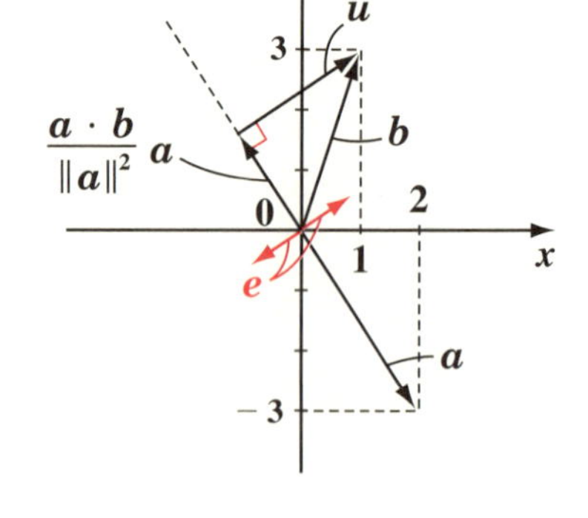

$\boldsymbol{a}=\begin{bmatrix}2\\-3\end{bmatrix}$, $\boldsymbol{b}=\begin{bmatrix}1\\3\end{bmatrix}$ より，

$\boldsymbol{a}\cdot\boldsymbol{b}=2\cdot1+(-3)\cdot3=-7$

$\|\boldsymbol{a}\|^2=2^2+(-3)^2=13$

よって，$\boldsymbol{a}$ と垂直なベクトルを，

$$\boldsymbol{b}-\frac{\boldsymbol{a}\cdot\boldsymbol{b}}{\|\boldsymbol{a}\|^2}\boldsymbol{a}=\boldsymbol{u}$$ ← $\boldsymbol{a}$ と垂直なベクトルの公式

とおくと，

$$\boldsymbol{u}=\begin{bmatrix}1\\3\end{bmatrix}-\frac{-7}{13}\begin{bmatrix}2\\-3\end{bmatrix}=\frac{1}{13}\begin{bmatrix}13+14\\39-21\end{bmatrix}=\frac{1}{13}\begin{bmatrix}27\\18\end{bmatrix}=\frac{9}{13}\begin{bmatrix}3\\2\end{bmatrix}$$

$\boldsymbol{u}\cdot\boldsymbol{a}=\frac{9}{13}\begin{bmatrix}3\\2\end{bmatrix}\cdot\begin{bmatrix}2\\-3\end{bmatrix}=\frac{9}{13}\{3\times2+2\times(-3)\}=0$ となって，$\boldsymbol{u}\perp\boldsymbol{a}$ となる。

ここで，$\|\boldsymbol{u}\|=\dfrac{9}{13}\sqrt{3^2+2^2}=\dfrac{9\sqrt{13}}{13}$

以上より，$\boldsymbol{a}$ と垂直な単位ベクトル $\boldsymbol{e}$ は，

$$\boldsymbol{e}=\pm\frac{1}{\|\boldsymbol{u}\|}\boldsymbol{u}=\pm\frac{13}{9\sqrt{13}}\cdot\frac{9}{13}\begin{bmatrix}3\\2\end{bmatrix}=\pm\frac{1}{\sqrt{13}}\begin{bmatrix}3\\2\end{bmatrix}$$ ……………………(答)

$\boldsymbol{a}=\begin{bmatrix}2\\-3\end{bmatrix}$ と直交するノルムの等しいベクトル $\boldsymbol{c}$ は，$\boldsymbol{c}=\pm\begin{bmatrix}3\\2\end{bmatrix}$ とすぐ求まるので，$\boldsymbol{e}$ を求めるだけならば，本当は $\boldsymbol{b}$ を用いる必要はないね。

演習問題 2　● $\boldsymbol{a}$ と垂直な単位ベクトル(Ⅱ) ●

$\boldsymbol{a}=\begin{bmatrix}1\\2\end{bmatrix}$，$\boldsymbol{b}=\begin{bmatrix}2\\-3\end{bmatrix}$ のとき，$\boldsymbol{a}$ と垂直なベクトルの公式：$\boldsymbol{b}-\dfrac{\boldsymbol{a}\cdot\boldsymbol{b}}{\|\boldsymbol{a}\|^2}\boldsymbol{a}$ を使って，$\boldsymbol{a}$ と垂直な単位ベクトル $\boldsymbol{e}$ を求めよ。

ヒント！ $\boldsymbol{a}$ と垂直なベクトルを $\boldsymbol{u}$ とおいて，$\boldsymbol{e}=\pm\dfrac{1}{\|\boldsymbol{u}\|}\boldsymbol{u}$ を求めればいい。

解答＆解説

$\boldsymbol{a}=\begin{bmatrix}1\\2\end{bmatrix}$，$\boldsymbol{b}=\begin{bmatrix}2\\-3\end{bmatrix}$ より，

$\boldsymbol{a}\cdot\boldsymbol{b}=$ (ア)

$\|\boldsymbol{a}\|^2=$ (イ)

よって，$\boldsymbol{a}$ と垂直なベクトルを，

$$\boldsymbol{b}-\frac{\boldsymbol{a}\cdot\boldsymbol{b}}{\|\boldsymbol{a}\|^2}\boldsymbol{a}=\boldsymbol{u}$$

とおくと，

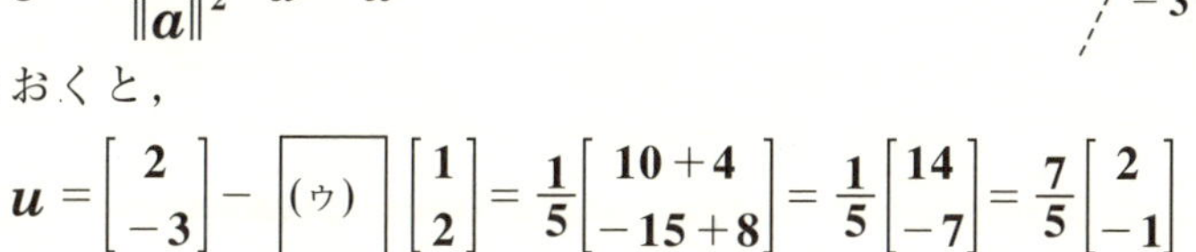

$$\boldsymbol{u}=\begin{bmatrix}2\\-3\end{bmatrix}-\boxed{(ウ)}\begin{bmatrix}1\\2\end{bmatrix}=\frac{1}{5}\begin{bmatrix}10+4\\-15+8\end{bmatrix}=\frac{1}{5}\begin{bmatrix}14\\-7\end{bmatrix}=\frac{7}{5}\begin{bmatrix}2\\-1\end{bmatrix}$$

ここで，$\|\boldsymbol{u}\|=\dfrac{7}{5}\sqrt{2^2+(-1)^2}=\dfrac{7\sqrt{5}}{5}$

以上より，$\boldsymbol{a}$ と垂直な単位ベクトル $\boldsymbol{e}$ は，

$\boldsymbol{e}=\pm\dfrac{1}{\|\boldsymbol{u}\|}\boldsymbol{u}=$ (エ) ……………………(答)

解答 (ア) $1\cdot2+2\cdot(-3)=-4$　(イ) $1^2+2^2=5$

(ウ) $\dfrac{-4}{5}$ $\left(\text{または，}\left(-\dfrac{4}{5}\right)\right)$　(エ) $\pm\dfrac{1}{\sqrt{5}}\begin{bmatrix}2\\-1\end{bmatrix}$

演習問題 3	● $\boldsymbol{a}$ と垂直な単位ベクトル(Ⅲ) ●

$\boldsymbol{a}=\begin{bmatrix}3\\1\\2\end{bmatrix}$，$\boldsymbol{b}=\begin{bmatrix}-1\\2\\4\end{bmatrix}$ について，

(1) $\boldsymbol{b}$ の $\boldsymbol{a}$ 上への正射影ベクトルを求めよ。

(2) (1)の正射影ベクトルを用いて，$\boldsymbol{a}$ と垂直な単位ベクトルを1つ求めよ。

ヒント！ (1) $\boldsymbol{b}$ の $\boldsymbol{a}$ 上への正射影ベクトルの公式：$\dfrac{\boldsymbol{a}\cdot\boldsymbol{b}}{\|\boldsymbol{a}\|^2}\boldsymbol{a}$ を使う。

解答&解説

(1) $\boldsymbol{a}\cdot\boldsymbol{b}=3\cdot(-1)+1\cdot2+2\cdot4=7$

$\|\boldsymbol{a}\|^2=3^2+1^2+2^2=14$

よって，$\boldsymbol{b}$ の $\boldsymbol{a}$ 上への正射影ベクトルは，

$$\frac{\boldsymbol{a}\cdot\boldsymbol{b}}{\|\boldsymbol{a}\|^2}\boldsymbol{a}=\frac{7}{14}\begin{bmatrix}3\\1\\2\end{bmatrix}=\frac{1}{2}\begin{bmatrix}3\\1\\2\end{bmatrix}$$ ……………………(答)

(2) $\boldsymbol{u}=\boldsymbol{b}-\dfrac{\boldsymbol{a}\cdot\boldsymbol{b}}{\|\boldsymbol{a}\|^2}\boldsymbol{a}$ とおくと，$\boldsymbol{u}$ は $\boldsymbol{a}$ と垂直なベクトルである。

$$\boldsymbol{u}=\begin{bmatrix}-1\\2\\4\end{bmatrix}-\frac{1}{2}\begin{bmatrix}3\\1\\2\end{bmatrix}$$

$$=\frac{1}{2}\begin{bmatrix}-2\\4\\8\end{bmatrix}-\frac{1}{2}\begin{bmatrix}3\\1\\2\end{bmatrix}=\frac{1}{2}\begin{bmatrix}-2-3\\4-1\\8-2\end{bmatrix}=\frac{1}{2}\begin{bmatrix}-5\\3\\6\end{bmatrix}$$

$\boldsymbol{u}\cdot\boldsymbol{a}=\frac{1}{2}(-5\cdot3+3\cdot1+6\cdot2)=0$
より，$\boldsymbol{u}\perp\boldsymbol{a}$

ここで，$\|\boldsymbol{u}\|=\dfrac{1}{2}\sqrt{(-5)^2+3^2+6^2}=\dfrac{\sqrt{70}}{2}$

よって，$\boldsymbol{a}$ と垂直な単位ベクトルの1つは，

$$\frac{1}{\|\boldsymbol{u}\|}\boldsymbol{u}=\frac{2}{\sqrt{70}}\cdot\frac{1}{2}\begin{bmatrix}-5\\3\\6\end{bmatrix}=\frac{1}{\sqrt{70}}\begin{bmatrix}-5\\3\\6\end{bmatrix}$$ ……………………(答)

$-\dfrac{1}{\sqrt{70}}\begin{bmatrix}-5\\3\\6\end{bmatrix}$ を
答えとしてもいい。

演習問題 4　● $\boldsymbol{a}$ と垂直な単位ベクトル(Ⅳ) ●

$\boldsymbol{a}=\begin{bmatrix}1\\0\\2\end{bmatrix}$，$\boldsymbol{b}=\begin{bmatrix}4\\-5\\3\end{bmatrix}$ について，

(1) $\boldsymbol{b}$ の $\boldsymbol{a}$ 上への正射影ベクトルを求めよ。

(2) (1)の正射影ベクトルを用いて，$\boldsymbol{a}$ と垂直な単位ベクトルを1つ求めよ。

ヒント！ ベクトル $\boldsymbol{b}-\dfrac{\boldsymbol{a}\cdot\boldsymbol{b}}{\|\boldsymbol{a}\|^2}\boldsymbol{a}$ は，$\boldsymbol{a}$ と垂直だね。

解答＆解説

(1) $\boldsymbol{a}\cdot\boldsymbol{b}=1\cdot4+0\cdot(-5)+2\cdot3=$ (ア)

$\|\boldsymbol{a}\|^2=1^2+2^2=$ (イ)

よって，$\boldsymbol{b}$ の $\boldsymbol{a}$ 上への正射影ベクトルは，

$$\frac{\boldsymbol{a}\cdot\boldsymbol{b}}{\|\boldsymbol{a}\|^2}\boldsymbol{a}=\text{(ウ)}\begin{bmatrix}1\\0\\2\end{bmatrix}=\text{(エ)}$$ ……………………(答)

(2) $\boldsymbol{u}=\boldsymbol{b}-\dfrac{\boldsymbol{a}\cdot\boldsymbol{b}}{\|\boldsymbol{a}\|^2}\boldsymbol{a}$ とおくと，$\boldsymbol{u}\perp\boldsymbol{a}$ である。

$$\boldsymbol{u}=\begin{bmatrix}4\\-5\\3\end{bmatrix}-\begin{bmatrix}2\\0\\4\end{bmatrix}=\begin{bmatrix}2\\-5\\-1\end{bmatrix}$$

← $\boldsymbol{u}\cdot\boldsymbol{a}=2\cdot1+(-5)\cdot0+(-1)\cdot2=0$
$\therefore\ \boldsymbol{u}\perp\boldsymbol{a}$

ここで，$\|\boldsymbol{u}\|=\sqrt{2^2+(-5)^2+(-1)^2}=\sqrt{30}$

よって，$\boldsymbol{a}$ と垂直な単位ベクトルの1つは，

$$\frac{1}{\|\boldsymbol{u}\|}\boldsymbol{u}=\text{(オ)}$$ ……………………(答)

解答

(ア) 10　(イ) 5　(ウ) $\dfrac{10}{5}$ (または，2)　(エ) $\begin{bmatrix}2\\0\\4\end{bmatrix}$

(オ) $\dfrac{1}{\sqrt{30}}\begin{bmatrix}2\\-5\\-1\end{bmatrix}$ $\left(\text{または，}-\dfrac{1}{\sqrt{30}}\begin{bmatrix}2\\-5\\-1\end{bmatrix}\right)$

演習問題 5　●ベクトルの垂直条件●

$\boldsymbol{a} = \begin{bmatrix} 1 \\ -1 \\ 2 \end{bmatrix}$, $\boldsymbol{b} = \begin{bmatrix} 2 \\ 0 \\ 2 \end{bmatrix}$ について，

(1) $\boldsymbol{a}$ と $\boldsymbol{b}$ の両方に垂直な単位ベクトル $\boldsymbol{e}$ を求めよ。

(2) $\boldsymbol{a}$ と $\boldsymbol{b}$ のなす角 θ $(0 \leqq \theta \leqq \pi)$ を求めよ。

ヒント！ (1) $\boldsymbol{a} \perp \boldsymbol{e}$ かつ $\boldsymbol{b} \perp \boldsymbol{e}$ より，$\boldsymbol{a} \cdot \boldsymbol{e} = \boldsymbol{b} \cdot \boldsymbol{e} = 0$ $(\|\boldsymbol{e}\| = 1)$ だね。(2) $\boldsymbol{a} \cdot \boldsymbol{b} = \|\boldsymbol{a}\|\|\boldsymbol{b}\|\cos\theta$ より求める。

解答＆解説

(1) $\boldsymbol{e} = [x, \ y, \ z]$ とおくと，

(i) $\boldsymbol{a} \perp \boldsymbol{e}$ より，

$$\boldsymbol{a} \cdot \boldsymbol{e} = 1 \cdot x - 1 \cdot y + 2 \cdot z = 0 \qquad \therefore x - y + 2z = 0 \quad \cdots\cdots ①$$

(ii) $\boldsymbol{b} \perp \boldsymbol{e}$ より，

$$\boldsymbol{b} \cdot \boldsymbol{e} = 2 \cdot x + 0 \cdot y + 2 \cdot z = 0 \qquad \therefore x + z = 0 \quad \cdots\cdots\cdots\cdots ②$$

① − ② より，

$$-y + z = 0 \qquad \therefore y = z \quad \cdots\cdots ③$$

② より，$x = -z$ ……………………④

③，④ より，

$$\boldsymbol{e} = \begin{bmatrix} x \\ y \\ z \end{bmatrix} = \begin{bmatrix} -z \\ z \\ z \end{bmatrix} = z \begin{bmatrix} -1 \\ 1 \\ 1 \end{bmatrix} \quad \cdots\cdots ⑤$$

$\therefore \|\boldsymbol{e}\| = 1$ より，

$$\|\boldsymbol{e}\| = |z|\sqrt{(-1)^2 + 1^2 + 1^2} = \boxed{\sqrt{3}|z| = 1}$$

$$\therefore |z| = \frac{1}{\sqrt{3}} \text{ より，} z = \pm\frac{1}{\sqrt{3}}$$

よって，⑤ より，

$$\boldsymbol{e} = \pm\frac{1}{\sqrt{3}}\begin{bmatrix} -1 \\ 1 \\ 1 \end{bmatrix} \quad \left(\boldsymbol{e} = \frac{1}{\sqrt{3}}\begin{bmatrix} -1 \\ 1 \\ 1 \end{bmatrix}, \text{ または } -\frac{1}{\sqrt{3}}\begin{bmatrix} -1 \\ 1 \\ 1 \end{bmatrix} \right) \quad \cdots\cdots\cdots (答)$$

(2) $\boldsymbol{a}\cdot\boldsymbol{b}=1\cdot2+(-1)\cdot0+2\cdot2=6$

$\|\boldsymbol{a}\|=\sqrt{1^2+(-1)^2+2^2}=\sqrt{6}$

$\|\boldsymbol{b}\|=\sqrt{2^2+0^2+2^2}=2\sqrt{2}$

$\therefore\ \boldsymbol{a}\cdot\boldsymbol{b}=\|\boldsymbol{a}\|\|\boldsymbol{b}\|\cos\theta$ に代入して，

$6=\sqrt{6}\cdot2\sqrt{2}\cdot\cos\theta$

$\therefore\ \cos\theta=\dfrac{6}{\sqrt{6}\cdot2\sqrt{2}}=\dfrac{\sqrt{3}}{2}$ より，$\theta=\dfrac{\pi}{6}$ ……………………………(答)

(1) の別解

$\boldsymbol{a}$ と $\boldsymbol{b}$ の両方に垂直なベクトルとして，$\boldsymbol{a}$ と $\boldsymbol{b}$ の外積：$\boldsymbol{a}\times\boldsymbol{b}$ がある。これを，$\boldsymbol{c}=\boldsymbol{a}\times\boldsymbol{b}$ とおくと，

$$\boldsymbol{c}=\boldsymbol{a}\times\boldsymbol{b}=\begin{bmatrix}-2\\2\\2\end{bmatrix}$$ となる。

1	−1	2	1
2	0	2	2

, 2]　[−2,　2

z 成分　x 成分　y 成分

外積 $\boldsymbol{c}=\boldsymbol{a}\times\boldsymbol{b}$ のノルム $\|\boldsymbol{c}\|$ は，$\boldsymbol{a}$ と $\boldsymbol{b}$ を 2 辺とする平行四辺の面積 S に等しい。実際，

$$S=\|\boldsymbol{a}\|\|\boldsymbol{b}\|\sin\frac{\pi}{6}=\sqrt{6}\cdot2\sqrt{2}\cdot\frac{1}{2}=2\sqrt{3}=\|\boldsymbol{c}\|$$

ここで，

$\|\boldsymbol{c}\|=\sqrt{(-2)^2+2^2+2^2}=2\sqrt{3}$ より，

$$\boldsymbol{e}=\pm\frac{1}{\|\boldsymbol{c}\|}\boldsymbol{c}=\pm\frac{1}{2\sqrt{3}}\begin{bmatrix}-2\\2\\2\end{bmatrix}=\pm\frac{1}{\sqrt{3}}\begin{bmatrix}-1\\1\\1\end{bmatrix}$$ と，同じ結果が導ける。

演習問題 6　●平面と直線の交点(Ⅰ)●

平面 π：$x-2y+z+3=0$ と平行な平面 α が，点 $A(3,\ -1,\ 1)$ を通るものとする。

(1) 平面 α の方程式を求めよ。

(2) 平面 α と直線 L：$\dfrac{x-2}{2}=y=\dfrac{z+2}{3}$ との交点 B の座標を求めよ。

ヒント！ (1) α は，点 $(3,\ -1,\ 1)$ を通り，法線ベクトル $[1,\ -2,\ 1]$ をもつ平面なんだね。(2) (L の式) $=t$ とおいて，x，y，z を t の式で表す。

解答＆解説

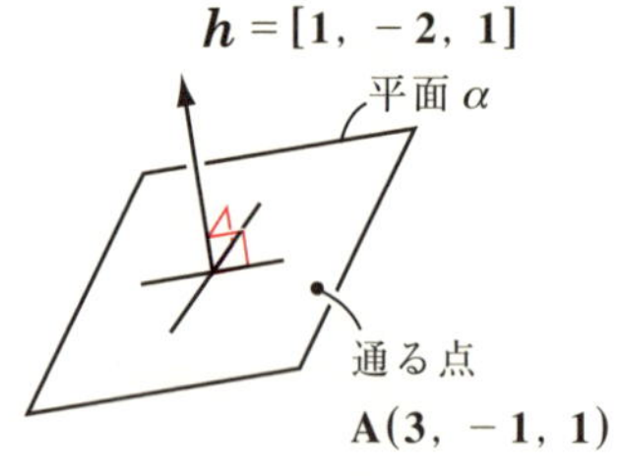

(1) 平面 α は，平面 π：$x-2y+z+3=0$ と平行なので，同じ法線ベクトル $\boldsymbol{h}=[1,\ -2,\ 1]$ をもち，かつ点 $A(3,\ -1,\ 1)$ を通る。

$\therefore\ 1\cdot(x-3)-2(y+1)+1\cdot(z-1)=0$

> 点 $A(x_1,\ y_1,\ z_1)$ を通り，法線ベクトル $\boldsymbol{h}=[a,\ b,\ c]$ の平面の方程式は，$a(x-x_1)+b(y-y_1)+c(z-z_1)=0$ だ。

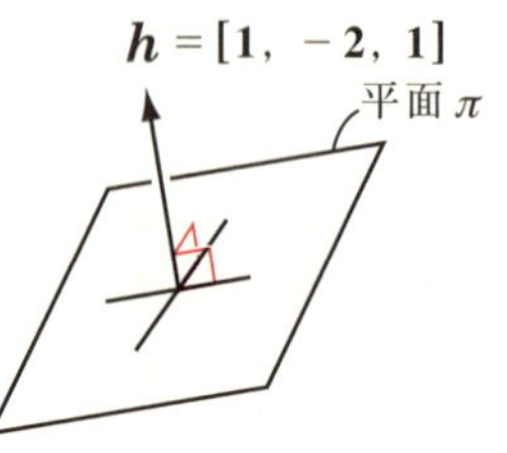

$\therefore$ 平面 α：$x-2y+z-6=0$ ……①……(答)

(2) 直線 L：$\dfrac{x-2}{2}=y=\dfrac{z+2}{3}=t$ とおくと，

$x=2t+2$ ……②

$y=t$ …………③

$z=3t-2$ ……④　となる。

> 媒介変数 t を使うのがポイント

②，③，④を①に代入して，

$2t+2-2t+3t-2-6=0$

$3t-6=0\qquad \therefore\ t=2$

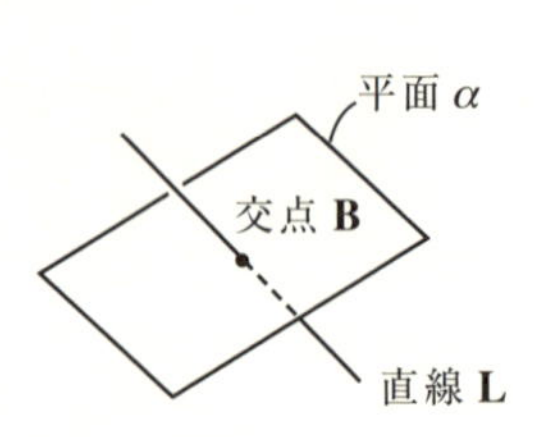

これを②，③，④に代入して，求める交点 B の座標は，$B(6,\ 2,\ 4)$ である。………(答)

演習問題 7 ● 平面と直線の交点(Ⅱ) ●

平面 π : $2x+2y+z+4=0$ と平行な平面 α が，点 $\mathrm{A}(5,\ 1,\ 3)$ を通るものとする。

(1) 平面 α の方程式を求めよ。

(2) 平面 α と直線 L : $\dfrac{x+1}{3}=y+2=\dfrac{z-1}{2}$ との交点 B の座標を求めよ。

ヒント! (1) $\pi /\!/ \alpha$ より，平面 α は平面 π と同じ法線ベクトルをもつ。
(2) (直線 L の方程式) $=t$ とおいて，交点 B の座標を求める。

解答&解説

(1) 平面 α は，平面 π : $2x+2y+z+4=0$ と平行なので，同じ法線ベクトル $\boldsymbol{h}=[2,\ 2,\ 1]$ をもち，かつ点 $\mathrm{A}(5,\ 1,\ 3)$ を通る。

$\therefore$ (ア) $=0$

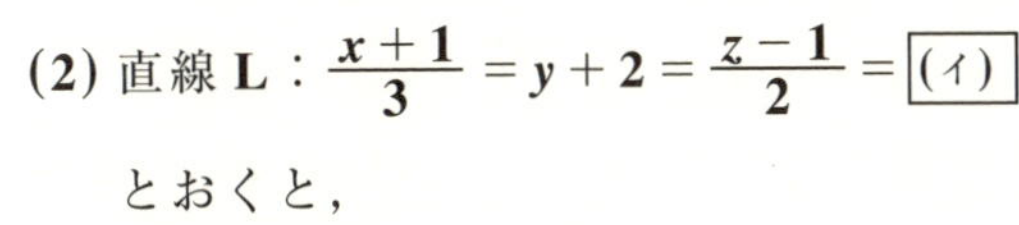

公式 : $a(x-x_1)+b(y-y_1)+c(z-z_1)=0$

$\therefore$ 平面 α : $2x+2y+z-15=0$ …① …(答)

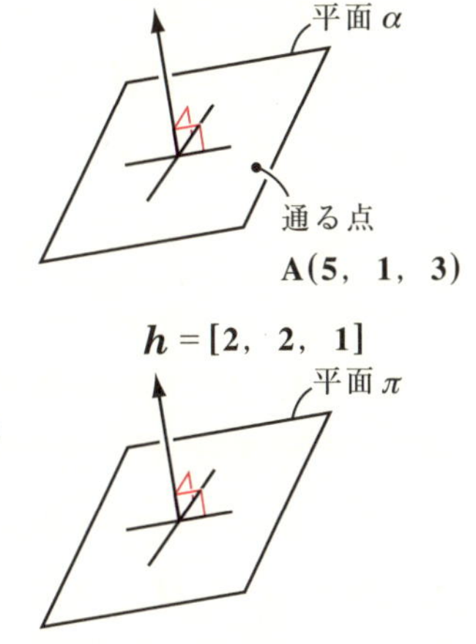

(2) 直線 L : $\dfrac{x+1}{3}=y+2=\dfrac{z-1}{2}=$ (イ)

とおくと，

$x=$ (ウ) ……②

$y=t-2$ ………③

$z=2t+1$ ……④ となる。

②，③，④を①に代入して，

$2(3t-1)+2(t-2)+2t+1-15=0$

$10t-20=0$ $\therefore t=$ (エ)

これを②，③，④に代入して，求める交点 B の座標は，$\mathrm{B}($ (オ) $)$ である。……(答)

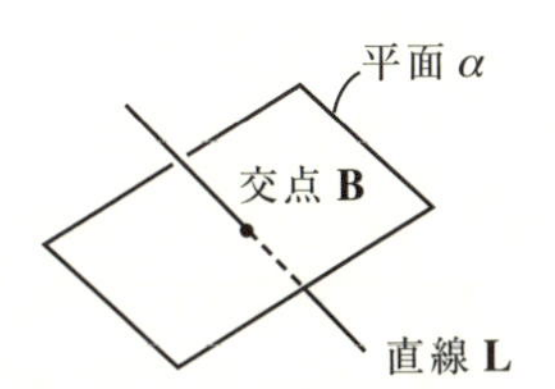

解答 (ア) $2(x-5)+2(y-1)+1\cdot(z-3)$ (イ) t (ウ) $3t-1$
(エ) 2 (オ) $5,\ 0,\ 5$

演習問題 8　●2直線の一方を含み，他方に平行な平面(Ⅰ)●

2直線 $L_1 : \frac{x+1}{-1} = \frac{y-3}{2} = \frac{z-1}{4}$，$L_2 : \frac{x-2}{3} = y+1 = z-2$ について，

L_1 に平行で，かつ L_2 を含む平面 α の方程式を求めよ。

ヒント！ 平面 α は，L_2 上の点 $A(2,\ -1,\ 2)$ を通り，2つの方向ベクトル $\boldsymbol{d}_1 = [-1,\ 2,\ 4]$ と $\boldsymbol{d}_2 = [3,\ 1,\ 1]$ の張る平面なので，その法線ベクトル $\boldsymbol{h}$ は $\boldsymbol{h} = \boldsymbol{d}_1 \times \boldsymbol{d}_2$ で求められる。

解答＆解説

$L_1 : \frac{x+1}{-1} = \frac{y-3}{2} = \frac{z-1}{4}$

の方向ベクトルを $\boldsymbol{d}_1$ とおくと，

$\boldsymbol{d}_1 = [-1,\ 2,\ 4]$

$L_2 : \frac{x-2}{3} = \frac{y+1}{1} = \frac{z-2}{1}$

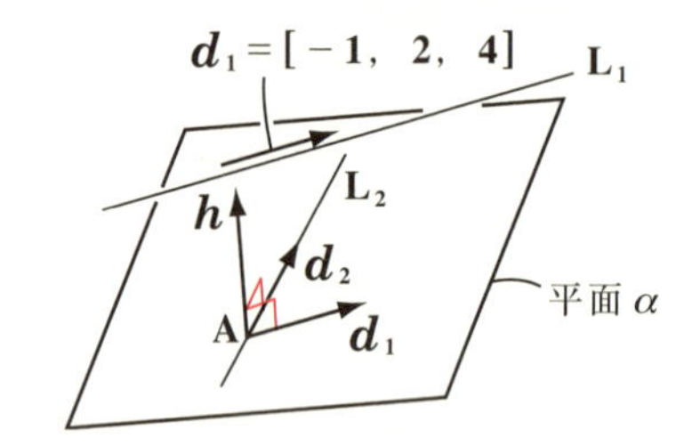

の方向ベクトルを $\boldsymbol{d}_2$ とおくと，

$\boldsymbol{d}_2 = [3,\ 1,\ 1]$　であり，L_2 は，点 $A(2,\ -1,\ 2)$ を通る直線である。そして，平面 α は L_2 を含むので，点 A は α 上の点でもある。

ここで，$\boldsymbol{d}_1$ と $\boldsymbol{d}_2$ は1次独立であり，←（$\boldsymbol{d}_1 = k\boldsymbol{d}_2$ の形にならない。）

平面 α は $\boldsymbol{d}_1$ と $\boldsymbol{d}_2$ のいずれとも平行であるから，α は，$\boldsymbol{d}_1$ と $\boldsymbol{d}_2$ の2つのベクトルで張られる平面である。$\boldsymbol{d}_1$ と $\boldsymbol{d}_2$ の外積を $\boldsymbol{h}$ とおくと，$\boldsymbol{h}$ は，平面 α の法線ベクトルとなる。

$\boldsymbol{h} = \boldsymbol{d}_1 \times \boldsymbol{d}_2 = [-2,\ 13,\ -7]$

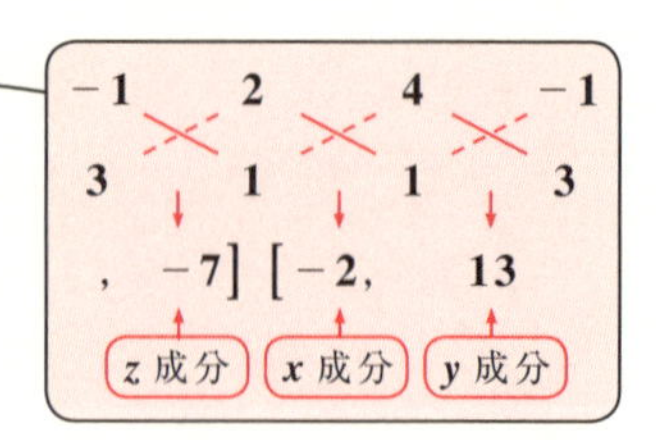

よって，平面 α は点 $A(2,\ -1,\ 2)$ を通り，法線ベクトル $\boldsymbol{h} = [-2,\ 13,\ -7]$ をもつ平面より，

$-2(x-2) + 13(y+1) - 7(z-2) = 0$

$\therefore \alpha : 2x - 13y + 7z - 31 = 0$　……(答)

演習問題 9　● 2直線の一方を含み，他方に平行な平面(Ⅱ) ●

2直線 L_1: $\frac{x-1}{2}=\frac{y+2}{3}=\frac{z-2}{4}$，$L_2$: $\frac{x+2}{5}=\frac{y-3}{2}=z-3$ について，L_1 に平行で，かつ L_2 を含む平面 α の方程式を求めよ。

ヒント！ 平面 α は，点 $A(-2,\ 3,\ 3)$ を通り，その法線ベクトル $\boldsymbol{h}$ は，$\boldsymbol{d}_1=[2,\ 3,\ 4]$ と $\boldsymbol{d}_2=[5,\ 2,\ 1]$ の外積から求められるんだね。

解答＆解説

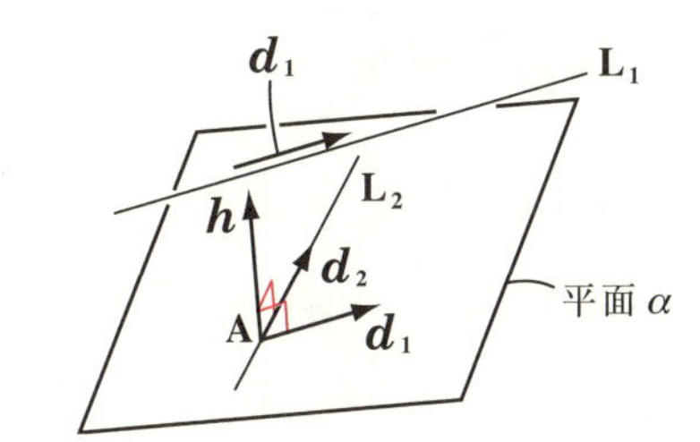

L_1 : $\frac{x-1}{2}=\frac{y+2}{3}=\frac{z-2}{4}$

の方向ベクトルを $\boldsymbol{d}_1$ とおくと，

$\boldsymbol{d}_1=[2,\ 3,\ 4]$

L_2 : $\frac{x+2}{5}=\frac{y-3}{2}=\frac{z-3}{1}$

の方向ベクトルを $\boldsymbol{d}_2$ とおくと，

$\boldsymbol{d}_2=[$ (ア) $]$ であり，L_2 は，点 A((イ)) を通る直線である。

平面 α は L_2 を含むので，点 A は α 上の点でもある。

ここで，$\boldsymbol{d}_1$ と $\boldsymbol{d}_2$ は1次独立であり，← $\boldsymbol{d}_1=k\boldsymbol{d}_2$ の形にならない。

平面 α は $\boldsymbol{d}_1$ と $\boldsymbol{d}_2$ のいずれとも平行であるから，α は，$\boldsymbol{d}_1$ と $\boldsymbol{d}_2$ の2つのベクトルで (ウ) である。$\boldsymbol{d}_1$ と $\boldsymbol{d}_2$ の外積 $\boldsymbol{h}$ は，平面 α の法線ベクトルより，

$\boldsymbol{h}=\boldsymbol{d}_1\times\boldsymbol{d}_2=[-5,\ 18,\ -11]$ ←

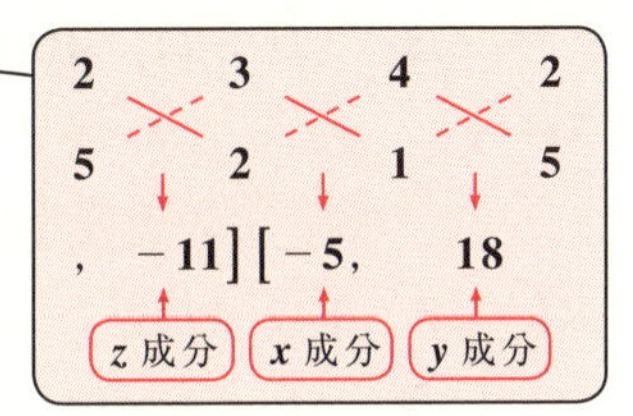

よって，平面 α は点 $A(-2,\ 3,\ 3)$ を通り，法線ベクトル $\boldsymbol{h}=[-5,\ 18,\ -11]$ をもつ平面より，

$-5(x+2)+18(y-3)-11(z-3)=0$

$\therefore\ \alpha$: (エ) $=0$ ……(答)

解答 (ア) 5，2，1　(イ) −2，3，3　(ウ) 張られる平面
(エ) $5x-18y+11z+31$

演習問題 10　●直線の平面への正射影●

直線 $\mathbf{L_0}$：$\dfrac{x+5}{-3}=\dfrac{y-2}{2}=\dfrac{z+1}{2}$ と平面 α：$x-y+4z-7=0$ について，

(1) 直線 $\mathbf{L_0}$ を平面 α へ正射影した直線 $\mathbf{L_1}$ の方程式を求めよ。

(2) 直線 $\mathbf{L_0}$ と平面 α に関して対称な直線 $\mathbf{L_2}$ の方程式を求めよ。

ヒント！ $\mathbf{L_0}$ の方向ベクトル $\boldsymbol{d}_0$ の，α の法線ベクトル $\boldsymbol{h}$ 上への正射影ベクトル：$\dfrac{\boldsymbol{h}\cdot\boldsymbol{d}_0}{\|\boldsymbol{h}\|^2}\boldsymbol{h}$ を用いて，$\mathbf{L_1}$，$\mathbf{L_2}$ それぞれの方向ベクトルを求める。

解答＆解説

直線 $\mathbf{L_0}$：$\dfrac{x+5}{-3}=\dfrac{y-2}{2}=\dfrac{z+1}{2}$ ……①

の方向ベクトル $\boldsymbol{d}_0$ は，

$\boldsymbol{d}_0=[-3,\ 2,\ 2]$

平面 α：$x-y+4z-7=0$ ……………②

の法線ベクトル $\boldsymbol{h}$ は，

$\boldsymbol{h}=[1,\ -1,\ 4]$

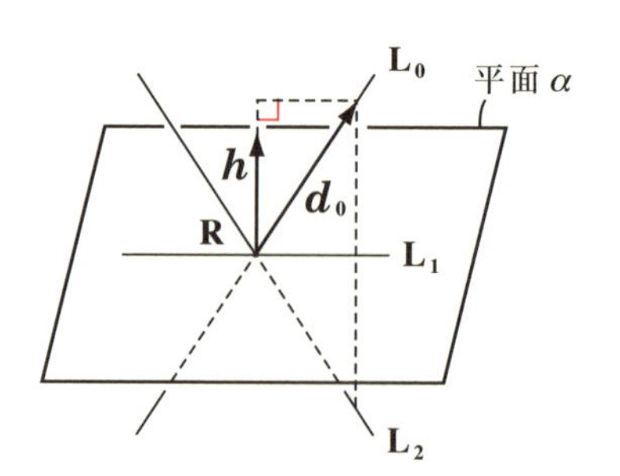

まず，$\mathbf{L_0}$ と α との交点 $\mathbf{R}$ を求める。

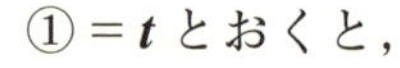

①$=t$ とおくと，

$x=-3t-5$ ……③，$y=2t+2$ ……④，$z=2t-1$ ……⑤

③，④，⑤を②に代入して，

$-3t-5-(2t+2)+4(2t-1)-7=0$

$3t-18=0 \qquad \therefore t=6$

これを③，④，⑤に代入して，$\mathbf{L_0}$ と α との交点 $\mathbf{R}$ の座標は，

$\mathbf{R}(-23,\ 14,\ 11)$ となる。

ここで，$\boldsymbol{h}\cdot\boldsymbol{d}_0=1\cdot(-3)+(-1)\cdot2+4\cdot2=3$

$\|\boldsymbol{h}\|^2=1^2+(-1)^2+4^2=18$

$\therefore$ $\boldsymbol{d}_0$ の $\boldsymbol{h}$ 上への正射影ベクトルは，$\dfrac{\boldsymbol{h}\cdot\boldsymbol{d}_0}{\|\boldsymbol{h}\|^2}\boldsymbol{h}=\dfrac{3}{18}\begin{bmatrix}1\\-1\\4\end{bmatrix}=\dfrac{1}{6}\begin{bmatrix}1\\-1\\4\end{bmatrix}$

(1) 直線 $\mathbf{L_0}$ を平面 α へ正射影した直線 $\mathbf{L_1}$ と平行なベクトルは,

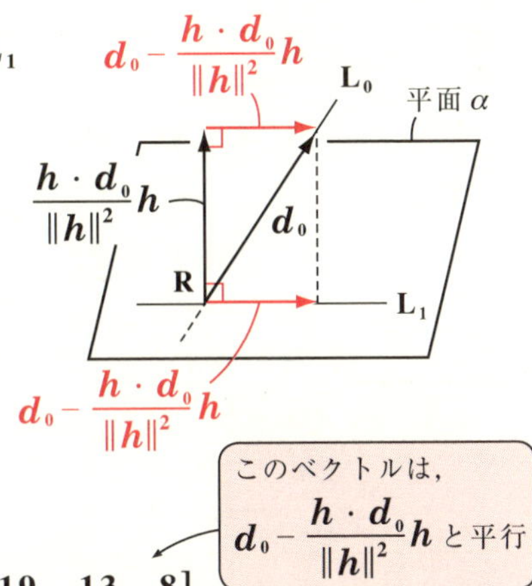

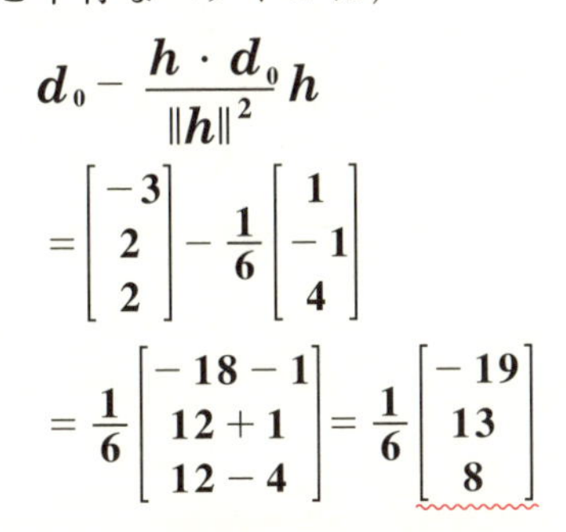

$$\boldsymbol{d}_0 - \frac{\boldsymbol{h} \cdot \boldsymbol{d}_0}{\|\boldsymbol{h}\|^2}\boldsymbol{h}$$

$$= \begin{bmatrix} -3 \\ 2 \\ 2 \end{bmatrix} - \frac{1}{6}\begin{bmatrix} 1 \\ -1 \\ 4 \end{bmatrix}$$

$$= \frac{1}{6}\begin{bmatrix} -18-1 \\ 12+1 \\ 12-4 \end{bmatrix} = \frac{1}{6}\begin{bmatrix} -19 \\ 13 \\ 8 \end{bmatrix}$$

このベクトルは, $\boldsymbol{d}_0 - \dfrac{\boldsymbol{h} \cdot \boldsymbol{d}_0}{\|\boldsymbol{h}\|^2}\boldsymbol{h}$ と平行

よって, 直線 $\mathbf{L_1}$ の方向ベクトルは $[-19,\ 13,\ 8]$ であり, かつ $\mathbf{L_1}$ は点 $\mathbf{R}(-23,\ 14,\ 11)$ を通るから, その方程式は,

$$\mathbf{L_1}:\ \frac{x+23}{-19} = \frac{y-14}{13} = \frac{z-11}{8}$$ である。 ……………………………(答)

(2) 直線 $\mathbf{L_0}$ を平面 α に関して対称移動した直線 $\mathbf{L_2}$ と平行なベクトルは,

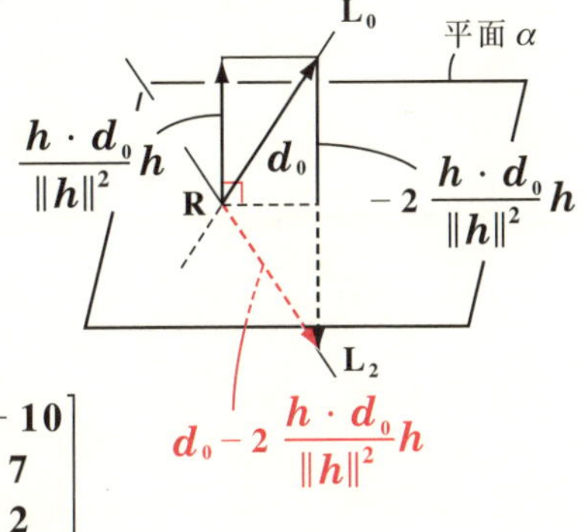

$$\boldsymbol{d}_0 - 2\frac{\boldsymbol{h} \cdot \boldsymbol{d}_0}{\|\boldsymbol{h}\|^2}\boldsymbol{h}$$

$$= \begin{bmatrix} -3 \\ 2 \\ 2 \end{bmatrix} - 2 \cdot \frac{1}{6}\begin{bmatrix} 1 \\ -1 \\ 4 \end{bmatrix}$$

$$= \begin{bmatrix} -3 \\ 2 \\ 2 \end{bmatrix} - \frac{1}{3}\begin{bmatrix} 1 \\ -1 \\ 4 \end{bmatrix} = \frac{1}{3}\begin{bmatrix} -9-1 \\ 6+1 \\ 6-4 \end{bmatrix} = \frac{1}{3}\begin{bmatrix} -10 \\ 7 \\ 2 \end{bmatrix}$$

よって, 直線 $\mathbf{L_2}$ は, 方向ベクトル $[-10,\ 7,\ 2]$ をもち, かつ点 $\mathbf{R}(-23,\ 14,\ 11)$ を通る直線より, その方程式は,

$$\mathbf{L_2}:\ \frac{x+23}{-10} = \frac{y-14}{7} = \frac{z-11}{2}$$ である。 ……………………………(答)

演習問題 11　●スカラー3重積●

座標空間上に 4 点 O，A(2，α，3)，B(1，2，α)，C(-2，2，$-\alpha$) がある。(ただし，α は実数定数とする。) OA，OB，OC を 3 辺とする平行六面体の体積 V が 25 である。このとき，α の値を求めよ。

ヒント！ 右図のように，$\overrightarrow{OA}=\boldsymbol{a}$，$\overrightarrow{OB}=\boldsymbol{b}$，$\overrightarrow{OC}=\boldsymbol{c}$ とおく。$\overrightarrow{OB}$ と $\overrightarrow{OC}$ を 2 辺にもつ平行四辺形の面積を S とおき，$\boldsymbol{b}$ と $\boldsymbol{c}$ の外積を $\boldsymbol{h}$ とおくと，$S=\|\boldsymbol{h}\|=\|\boldsymbol{b}\times\boldsymbol{c}\|$ となる。この S は，$\overrightarrow{OA}$，$\overrightarrow{OB}$，$\overrightarrow{OC}$ を 3 辺にもつ平行六面体の底面積になる。次に，$\boldsymbol{a}$ と $\boldsymbol{h}$ のなす角を $\varphi\left(0<\varphi<\frac{\pi}{2}\right)$ とおくと，A からこの底辺に下した垂線の長さ，すなわち平行六面体の高さは，$\|\boldsymbol{a}\|\cos\varphi$ となる。よって，この平行六面体の体積 V は，

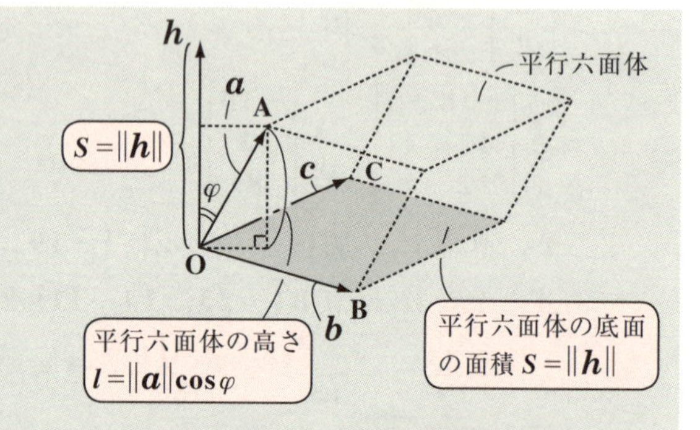

$V=\underset{\text{底面積}\|\boldsymbol{h}\|}{S}\cdot\underset{\text{高さ}}{\|\boldsymbol{a}\|\cos\varphi}=\|\boldsymbol{a}\|\|\boldsymbol{h}\|\cos\varphi=\boldsymbol{a}\cdot\underset{(\boldsymbol{b}\times\boldsymbol{c})}{\boldsymbol{h}}=\boldsymbol{a}\cdot(\boldsymbol{b}\times\boldsymbol{c})$ と表せる。

この $\boldsymbol{a}\cdot(\boldsymbol{b}\times\boldsymbol{c})$ を 3 つのベクトル $\boldsymbol{a}$，$\boldsymbol{b}$，$\boldsymbol{c}$ の "**スカラー3重積**" というんだね。ここで，$\frac{\pi}{2}<\varphi<\pi$ のとき $\cos\varphi<0$ となる。よって，これまで考慮に入れると，この平行六面体の体積 V は，次式で求められるんだね。大丈夫？

$V=|\boldsymbol{a}\cdot(\boldsymbol{b}\times\boldsymbol{c})|$ ……………(＊)

解答＆解説

$\overrightarrow{OA}=\boldsymbol{a}=\begin{bmatrix}2\\\alpha\\3\end{bmatrix}$，$\overrightarrow{OB}=\boldsymbol{b}=\begin{bmatrix}1\\2\\\alpha\end{bmatrix}$，$\overrightarrow{OC}=\boldsymbol{c}=\begin{bmatrix}-2\\2\\-\alpha\end{bmatrix}$ とおくと，OA，OB，OC を 3 辺にもつ平行六面体の体積 $V=25$ より，

$V=|\boldsymbol{a}\cdot(\boldsymbol{b}\times\boldsymbol{c})|=25$ ……………① よって

$\boldsymbol{a}\cdot(\boldsymbol{b}\times\boldsymbol{c})=\pm25$ ………………①′ となる。

ここで，$\boldsymbol{b}\times\boldsymbol{c}=\begin{bmatrix}-4\alpha\\-\alpha\\6\end{bmatrix}$ より，

外積 $\boldsymbol{b}\times\boldsymbol{c}$

1	2	α	1
-2	2	$-\alpha$	-2

$, \underset{z\text{成分}}{6}\,]\;[\,\underset{x\text{成分}}{-4\alpha},\;\underset{y\text{成分}}{-\alpha}$

$$\boldsymbol{a}\cdot(\boldsymbol{b}\times\boldsymbol{c})=\begin{bmatrix}2\\ \alpha\\ 3\end{bmatrix}\cdot\begin{bmatrix}-4\alpha\\ -\alpha\\ 6\end{bmatrix}$$

$=2\cdot(-4\alpha)+\alpha\cdot(-\alpha)+3\cdot6=-\alpha^2-8\alpha+18$ ……②となる。

②を①´に代入して，$-\alpha^2-8\alpha+18=\pm25$ ……③　　よって，③より，

(i) $-\alpha^2-8\alpha+18=25$ のとき，

$\alpha^2+8\alpha+7=0$　　$(\alpha+1)(\alpha+7)=0$

$\therefore\ \alpha=-1,\ -7$

(ii) $-\alpha^2-8\alpha+18=-25$ のとき，

$\alpha^2+8\alpha-43=0$　　$\alpha=-4\pm\sqrt{4^2-1\cdot(-43)}$

$\therefore\ \alpha=-4\pm\sqrt{59}$

$ax^2+2b'x+c=0$ の解
$x=\dfrac{-b'\pm\sqrt{b'^2-ac}}{a}$

以上(i)，(ii)より，求める α の値は，

$\alpha=-1,\ -7,\ -4\pm\sqrt{59}$ である。……………………………………(答)

参考

$\boldsymbol{a}=[x_1,\ y_1,\ z_1]$，$\boldsymbol{b}=[x_2,\ y_2,\ z_2]$，$\boldsymbol{c}=[x_3,\ y_3,\ z_3]$ のスカラー3

行ベクトルで表した！

重積 $\boldsymbol{a}\cdot(\boldsymbol{b}\times\boldsymbol{c})$ は，$\boldsymbol{a}$，$\boldsymbol{b}$，$\boldsymbol{c}$ を順に第1行，第2行，第3行とする行列式(P46)

$$\boldsymbol{a}\cdot(\boldsymbol{b}\times\boldsymbol{c})=\begin{vmatrix}x_1&y_1&z_1\\x_2&y_2&z_2\\x_3&y_3&z_3\end{vmatrix}$$

………(＊)´で表されることも，覚えておくと便利だ。

今回の問題にも，この公式を用いると，

$$\boldsymbol{a}\cdot(\boldsymbol{b}\times\boldsymbol{c})=\begin{vmatrix}2&\alpha&3\\1&2&\alpha\\-2&2&-\alpha\end{vmatrix}$$

3行×3列の行列式なので，サラスの公式(P46)を用いた！

$=2^2\cdot(-\alpha)+\alpha^2\cdot(-2)+3\cdot2\cdot1-3\cdot2\cdot(-2)-2^2\alpha-(-\alpha)\cdot1\cdot\alpha$

$=-4\alpha-2\alpha^2+6+12-4\alpha+\alpha^2$

$=-\alpha^2-8\alpha+18$　となって，同じ結果が導けるんだね。

演習問題 12 ●ベクトル 3 重積 (I)●

$\boldsymbol{a}=\begin{bmatrix}-1\\0\\2\end{bmatrix}$, $\boldsymbol{b}=\begin{bmatrix}1\\-3\\-2\end{bmatrix}$, $\boldsymbol{c}=\begin{bmatrix}3\\1\\1\end{bmatrix}$ について

(1) $\boldsymbol{a}\times(\boldsymbol{b}\times\boldsymbol{c})$ を求めよ。 (2) $(\boldsymbol{a}\cdot\boldsymbol{c})\boldsymbol{b}-(\boldsymbol{a}\cdot\boldsymbol{b})\boldsymbol{c}$ を求めよ。

ヒント! **3** つのベクトル $\boldsymbol{a}$, $\boldsymbol{b}$, $\boldsymbol{c}$ について，$\boldsymbol{a}\times(\boldsymbol{b}\times\boldsymbol{c})$ を "**ベクトル 3 重積**" という。この結果はベクトルで，$\boldsymbol{b}$ と $\boldsymbol{c}$ の **1** 次結合 $\boldsymbol{a}\times(\boldsymbol{b}\times\boldsymbol{c})=(\boldsymbol{a}\cdot\boldsymbol{c})\boldsymbol{b}-(\boldsymbol{a}\cdot\boldsymbol{b})\boldsymbol{c}$ で表されることも覚えておくと便利だ。

($\boldsymbol{a}\cdot\boldsymbol{c}$：定数，$\boldsymbol{a}\cdot\boldsymbol{b}$：定数)

解答&解説

(1) $\boldsymbol{b}\times\boldsymbol{c}=\begin{bmatrix}1\\-3\\-2\end{bmatrix}\times\begin{bmatrix}3\\1\\1\end{bmatrix}=\begin{bmatrix}-1\\-7\\10\end{bmatrix}$ ……①

1 −3 −2 1
3 1 1 3
, 10] [−1, −7
z 成分 x 成分 y 成分

①より，求める $\boldsymbol{a}\times(\boldsymbol{b}\times\boldsymbol{c})$ (ベクトル 3 重積) は，

$$\boldsymbol{a}\times(\boldsymbol{b}\times\boldsymbol{c})=\begin{bmatrix}-1\\0\\2\end{bmatrix}\times\begin{bmatrix}-1\\-7\\10\end{bmatrix}=\begin{bmatrix}14\\8\\7\end{bmatrix}$$

−1 0 2 −1
−1 −7 10 −1
, 7] [14, 8
z 成分 x 成分 y 成分

となる。……………………………………(答)

(2) $\boldsymbol{a}\cdot\boldsymbol{c}=\begin{bmatrix}-1\\0\\2\end{bmatrix}\cdot\begin{bmatrix}3\\1\\1\end{bmatrix}=-1\times3+0\times1+2\times1=-1$ ……………………②

$\boldsymbol{a}\cdot\boldsymbol{b}=\begin{bmatrix}-1\\0\\2\end{bmatrix}\cdot\begin{bmatrix}1\\-3\\-2\end{bmatrix}=-1\times1+0\times(-3)+2\times(-2)=-5$ ……③

よって，②，③を用いて，

$$(\boldsymbol{a}\cdot\boldsymbol{c})\boldsymbol{b}-(\boldsymbol{a}\cdot\boldsymbol{b})\boldsymbol{c}=-1\cdot\begin{bmatrix}1\\-3\\-2\end{bmatrix}+5\begin{bmatrix}3\\1\\1\end{bmatrix}=\begin{bmatrix}-1+15\\3+5\\2+5\end{bmatrix}=\begin{bmatrix}14\\8\\7\end{bmatrix}$$

($\boldsymbol{a}\cdot\boldsymbol{c}$ = −1 (②より)，$\boldsymbol{a}\cdot\boldsymbol{b}$ = −5 (③より))

…………………(答)

公式：$\boldsymbol{a}\times(\boldsymbol{b}\times\boldsymbol{c})=(\boldsymbol{a}\cdot\boldsymbol{c})\boldsymbol{b}-(\boldsymbol{a}\cdot\boldsymbol{b})\boldsymbol{c}$ が成り立つことが確認できたね。

演習問題 13　● ベクトル3重積(Ⅱ) ●

$\boldsymbol{a}=\begin{bmatrix}3\\-1\\0\end{bmatrix}$, $\boldsymbol{b}=\begin{bmatrix}-2\\2\\1\end{bmatrix}$, $\boldsymbol{c}=\begin{bmatrix}-2\\4\\3\end{bmatrix}$ について

(1) $\boldsymbol{a}\times(\boldsymbol{b}\times\boldsymbol{c})$ を求めよ。　(2) $(\boldsymbol{a}\cdot\boldsymbol{c})\boldsymbol{b}-(\boldsymbol{a}\cdot\boldsymbol{b})\boldsymbol{c}$ を求めよ。

ヒント！ 同様に，ベクトル3重積の問題を解いてみよう！

解答＆解説

(1) $$\boldsymbol{b}\times\boldsymbol{c}=\begin{bmatrix}-2\\2\\1\end{bmatrix}\times\begin{bmatrix}-2\\4\\3\end{bmatrix}=\begin{bmatrix}2\\\boxed{(ア)}\\-4\end{bmatrix}\quad\cdots\cdots①$$

-2　2　1　-2
-2　4　3　-2
-4]　[2,　(ア)
z成分　x成分　y成分

①より，求める $\boldsymbol{a}\times(\boldsymbol{b}\times\boldsymbol{c})$ は，

$$\boldsymbol{a}\times(\boldsymbol{b}\times\boldsymbol{c})=\begin{bmatrix}3\\-1\\0\end{bmatrix}\times\begin{bmatrix}2\\\boxed{(ア)}\\-4\end{bmatrix}=\begin{bmatrix}\boxed{(イ)}\\12\\\boxed{(ウ)}\end{bmatrix}$$

3　-1　0　3
2　(ア)　-4　2
(ウ)]　[(イ),　12
z成分　x成分　y成分

となる。 ……………………………………(答)

(2) $$\boldsymbol{a}\cdot\boldsymbol{c}=\begin{bmatrix}3\\-1\\0\end{bmatrix}\cdot\begin{bmatrix}-2\\4\\3\end{bmatrix}=\boxed{(エ)}\quad\cdots\cdots②$$

$$\boldsymbol{a}\cdot\boldsymbol{b}=\begin{bmatrix}3\\-1\\0\end{bmatrix}\cdot\begin{bmatrix}-2\\2\\1\end{bmatrix}=\boxed{(オ)}\quad\cdots\cdots③$$

よって，②，③を用いて，

$$(\boldsymbol{a}\cdot\boldsymbol{c})\boldsymbol{b}-(\boldsymbol{a}\cdot\boldsymbol{b})\boldsymbol{c}=\boxed{(エ)}\begin{bmatrix}-2\\2\\1\end{bmatrix}-\boxed{(オ)}\begin{bmatrix}-2\\4\\3\end{bmatrix}=\begin{bmatrix}\boxed{(イ)}\\12\\\boxed{(ウ)}\end{bmatrix}\quad\cdots\cdots(答)$$

公式：$\boldsymbol{a}\times(\boldsymbol{b}\times\boldsymbol{c})=(\boldsymbol{a}\cdot\boldsymbol{c})\boldsymbol{b}-(\boldsymbol{a}\cdot\boldsymbol{b})\boldsymbol{c}$ が，やっぱり成り立っているね。

解答　(ア) 4　(イ) 4　(ウ) 14　(エ) -10　(オ) -8

行 列

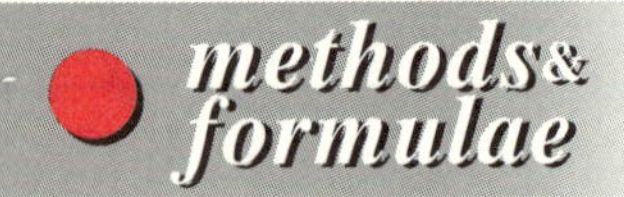

§1. 行列の和と積

$m \times m$ 行列は，正方形状に成分が並ぶので，“m **次正方行列**” と呼ぶ。さらに，m 次正方行列で，その**対角線**上にない成分がすべて 0 である行列を，特に “**対角行列**” という。

(ex) $X = \begin{bmatrix} -1 & 0 & 0 \\ 0 & 2 & 0 \\ 0 & 0 & 1 \end{bmatrix}$ ← 3 次の対角行列の 1 例

対角線 — 行列の対角線は，この右下がりのもののみをいい，右上がりのものを対角線とは呼ばない。

$m \times n$ 行列のすべての成分が 0 のとき，これを “**零行列**” と呼び，$\mathbf{O}$ で表す。

零行列 $\mathbf{O} = \begin{bmatrix} 0 & 0 & \cdots & 0 \\ 0 & 0 & \cdots & 0 \\ \vdots & \vdots & & \vdots \\ 0 & 0 & \cdots & 0 \end{bmatrix}$ $\}$ m 行（n 列）

← これは，行列の演算の中で，実数の 0 と同じ役割を演じる。

一般に，$0A = \mathbf{O}$ となる。（0：実数，$\mathbf{O}$：零行列）

行列の和とスカラー倍の性質

A，B，C を $m \times n$ 行列，k，l を実数とするとき，次の性質が成り立つ。

(Ⅰ) 和の性質

(i) $(A+B)+C = A+(B+C)$ （結合法則）

(ii) $A+B = B+A$ （交換法則）

(iii) $A+\mathbf{O} = \mathbf{O}+A = A$

(iv) $A+(-A) = (-A)+A = \mathbf{O}$

(Ⅱ) スカラー倍の性質

(i) $1 \cdot A = A$

(ii) $k(A+B) = kA+kB$

(iii) $(k+l)A = kA+lA$

(iv) $(kl)A = k(lA)$

一般に，行列の積においては，交換法則 $AB = BA$ は成り立たない。
また，$X \neq O$，$Y \neq O$ でも，$XY = O$ となる場合がある。このとき，
X，Y を "**零因子**" と呼ぶ。
2つの行列 A と B の積 AB においては、A が $(l,\ m)$ 型，B が $(m,\ n)$ 型のように A の列の数 m と，B の行の数 m は同じでなければならない。そして，このとき積 AB の結果は，$(l,\ n)$ 型の行列になる。
ここで，m 次の正方行列の対角線上にのみ 1 が並び，他の成分がすべて 0 であるような行列を "**単位行列**" と呼び，E で表す。

$$\text{単位行列 } E = \underbrace{\begin{bmatrix} 1 & 0 & \cdots & 0 \\ 0 & 1 & \cdots & 0 \\ \vdots & \vdots & \ddots & \vdots \\ 0 & 0 & \cdots & 1 \end{bmatrix}}_{m \text{ 列}} \left.\vphantom{\begin{bmatrix} 1 \\ 0 \\ \vdots \\ 0 \end{bmatrix}}\right\} m \text{ 行}$$

← m 次の正方行列

同じ m 次の正方行列 A に対して，$AE = EA = A$ が成り立つ。この E は，実数の積における 1 と同じ役割を演じている。
また，行列 A が正方行列でなくても，積が定義できる場合，
$AO = OA = O$ （O：零行列）も成り立つ。

行列の積の性質

それぞれの行列の積が定義されているとき，次の性質が成り立つ。

(i) $(AB)C = A(BC)$ （結合法則）

(ii) $A(B + C) = AB + AC$ （分配法則）

(iii) $(A + B)C = AC + BC$

(iv) $AB \neq BA$ （一般に交換法則は成り立たない）

(v) $AE = EA = A$ （A，E：正方行列）

(vi) $AO = OA = O$

交換法則が成り立つ特別な場合

(vii) $X \neq O$ かつ $Y \neq O$ でも，$XY = O$ となることがある。
（X と Y を零因子という）

§2. 行列の積のさまざまな表現法

$(m,\ n)$ 型行列 A の対角線に関して対称に成分を入れ替えた $(n,\ m)$ 型の行列を，A の **“転置行列”** と呼び，${}^tA$ で表す。

(ex) $A = \begin{bmatrix} 3 & 1 & 0 \\ 2 & -3 & 1 \end{bmatrix}$ のとき，${}^tA = \begin{bmatrix} 3 & 2 \\ 1 & -3 \\ 0 & 1 \end{bmatrix}$ （対角線）←（対角線に関して折り返した形になる。）

（対角線）

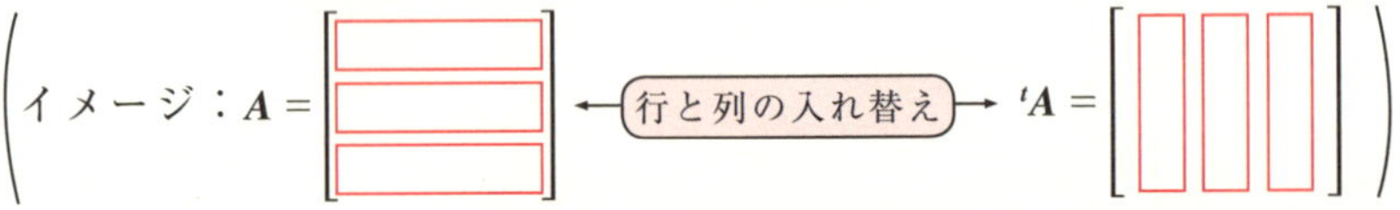

（イメージ：A = [横長の行ブロック3つ] ←（行と列の入れ替え）→ ${}^tA$ = [縦長の列ブロック3つ]）

転置行列の公式

(1) ${}^t({}^tA) = A$

(2) ${}^t(A+B) = {}^tA + {}^tB$

(3) ${}^t(kA) = k\,{}^tA$　（k：実数）

(4) ${}^t(AB) = {}^tB\,{}^tA$

積が定義できる状態になっていれば，行列の積は様々な小ブロックに分割して行うことができる。

行列の列ベクトルによる分割はよく行われる。ここでは例として，

$(3,\ 3)$ 行列 A を，$A = \begin{bmatrix} a_{11} & a_{12} & a_{13} \\ a_{21} & a_{22} & a_{23} \\ a_{31} & a_{32} & a_{33} \end{bmatrix}$ と，3つの列ベクトル $\boldsymbol{x}_1,\ \boldsymbol{x}_2,\ \boldsymbol{x}_3$

（各列 $= \boldsymbol{x}_1,\ \boldsymbol{x}_2,\ \boldsymbol{x}_3$）

に分割してみよう。すると，$A = [\boldsymbol{x}_1,\ \boldsymbol{x}_2,\ \boldsymbol{x}_3]$ と表せる。このとき，

（$(3,\ 3)$ 型の正方行列）

$$[\lambda_1\boldsymbol{x}_1,\ \boldsymbol{x}_1+\lambda_2\boldsymbol{x}_2,\ \boldsymbol{x}_2+\lambda_3\boldsymbol{x}_3] = [\boldsymbol{x}_1,\ \boldsymbol{x}_2,\ \boldsymbol{x}_3]\begin{bmatrix} \lambda_1 & 1 & 0 \\ 0 & \lambda_2 & 1 \\ 0 & 0 & \lambda_3 \end{bmatrix}$$

$$= A\begin{bmatrix} \lambda_1 & 1 & 0 \\ 0 & \lambda_2 & 1 \\ 0 & 0 & \lambda_3 \end{bmatrix} = \begin{bmatrix} a_{11} & a_{12} & a_{13} \\ a_{21} & a_{22} & a_{23} \\ a_{31} & a_{32} & a_{33} \end{bmatrix}\begin{bmatrix} \lambda_1 & 1 & 0 \\ 0 & \lambda_2 & 1 \\ 0 & 0 & \lambda_3 \end{bmatrix}$$ と変形できる。

これは，右辺から左辺へと変形していくと成り立つことが分かると思う。後は，左辺から右辺への変形も自然にできるように，練習しよう。

§3. 2次の正方行列の復習

$AB=BA=E$ をみたす行列 B を A の"**逆行列**"と呼び，A^{-1} で表す。

$A=\begin{bmatrix} a & b \\ c & d \end{bmatrix}$ に対して，行列式 $|A|=ad-bc\neq 0$ のとき，A^{-1} は存在して，

$A^{-1}=\dfrac{1}{ad-bc}\begin{bmatrix} d & -b \\ -c & a \end{bmatrix}$ となる。ここで，(i) $|A|=0$ のとき，A は，"**正則でない**"といい，(ii) $|A|\neq 0$ のとき，A は"**正則である**"という。

行列の n 乗計算の4つの基本パターン

(1) $A^2=kA$ (k：実数) のとき，$A^n=k^{n-1}A$ $(n=1,\ 2,\ \cdots)$

(2) $A=\begin{bmatrix} \alpha & 0 \\ 0 & \beta \end{bmatrix}$ のとき，$A^n=\begin{bmatrix} \alpha^n & 0 \\ 0 & \beta^n \end{bmatrix}$ $(n=1,\ 2,\ \cdots)$

(3) $A=\begin{bmatrix} 1 & a \\ 0 & 1 \end{bmatrix}$ のとき，$A^n=\begin{bmatrix} 1 & na \\ 0 & 1 \end{bmatrix}$ $(n=1,\ 2,\ \cdots)$

(4) $A=\begin{bmatrix} \cos\theta & -\sin\theta \\ \sin\theta & \cos\theta \end{bmatrix}$ のとき，$A^n=\begin{bmatrix} \cos n\theta & -\sin n\theta \\ \sin n\theta & \cos n\theta \end{bmatrix}$ $(n=1,\ 2,\ \cdots)$

これら4つのパターンに乗らない，一般の2次の正方行列 A の n 乗計算についても，ある正則な行列 P を用いて，

(逆行列をもつという意味)

$P^{-1}AP=\begin{bmatrix} \alpha & 0 \\ 0 & \beta \end{bmatrix}$ ……① や，$P^{-1}AP=\begin{bmatrix} \alpha & 1 \\ 0 & \alpha \end{bmatrix}$ ……②

(対角行列)　(ジョルダン標準形)

の形にもち込み，A^n を求める方法がある。

①の変形後，この両辺を n 乗して，

$(P^{-1}AP)^n=\begin{bmatrix} \alpha & 0 \\ 0 & \beta \end{bmatrix}^n$，　$P^{-1}A^nP=\begin{bmatrix} \alpha^n & 0 \\ 0 & \beta^n \end{bmatrix}$ (上の公式(2)より)

$(P^{-1}AP)(P^{-1}AP)\cdots(P^{-1}AP)=P^{-1}AEAE\cdots EAP=P^{-1}A^nP$

この両辺に左から P，右から P^{-1} をかけて，

$A^n=P\begin{bmatrix} \alpha^n & 0 \\ 0 & \beta^n \end{bmatrix}P^{-1}$ を計算すれば，A^n が求まる。②についても同様にして，A^n が求められる。

演習問題 14　● 行列の和とスカラー倍(Ⅰ) ●

$A=\begin{bmatrix}1&3\\2&-1\\0&5\end{bmatrix}$，　$B=\begin{bmatrix}2&9\\-2&-5\\3&1\end{bmatrix}$　のとき，

(1)　$-B=A-3X$ をみたす行列 X を求めよ。

(2)　$2A+3Y=B$ をみたす行列 Y を求めよ。

ヒント！　行列の和の性質，スカラー倍の性質を使って解く。

解答＆解説

(1)　$-B=A-3X$

を変形して，　← 数式の変形と同様に計算できる。

$3X=A+B$

$$\therefore X=\frac{1}{3}(A+B)=\frac{1}{3}\left\{\begin{bmatrix}1&3\\2&-1\\0&5\end{bmatrix}+\begin{bmatrix}2&9\\-2&-5\\3&1\end{bmatrix}\right\}$$

$$=\frac{1}{3}\begin{bmatrix}3&12\\0&-6\\3&6\end{bmatrix}=\begin{bmatrix}1&4\\0&-2\\1&2\end{bmatrix}$$ ……………………(答)

(2)　$2A+3Y=B$

を変形して，

$$Y=\frac{1}{3}(B-2A)=\frac{1}{3}\left\{\begin{bmatrix}2&9\\-2&-5\\3&1\end{bmatrix}-2\begin{bmatrix}1&3\\2&-1\\0&5\end{bmatrix}\right\}$$

$$=\frac{1}{3}\left\{\begin{bmatrix}2&9\\-2&-5\\3&1\end{bmatrix}-\begin{bmatrix}2&6\\4&-2\\0&10\end{bmatrix}\right\}$$

$$=\frac{1}{3}\begin{bmatrix}0&3\\-6&-3\\3&-9\end{bmatrix}=\begin{bmatrix}0&1\\-2&-1\\1&-3\end{bmatrix}$$ ……………………(答)

演習問題 15 ● 行列の和とスカラー倍(Ⅱ)●

$A=\begin{bmatrix}2&1&4\\3&2&0\end{bmatrix}$, $B=\begin{bmatrix}8&0&10\\2&-2&6\end{bmatrix}$ のとき,

(1) $2A-2X=-3B$ をみたす行列 X を求めよ。

(2) $4A=2B+4Y$ をみたす行列 Y を求めよ。

ヒント! 通常の方程式を解く要領で, X, Y が計算できる。

解答&解説

(1) $2A-2X=-3B$

を変形して,

$$X=\frac{1}{2}(2A+3B)=\frac{1}{2}\left\{2\begin{bmatrix}2&1&4\\3&2&0\end{bmatrix}+3\begin{bmatrix}8&0&10\\2&-2&6\end{bmatrix}\right\}$$

$$=\frac{1}{2}\left\{\begin{bmatrix}\boxed{(ア)}\end{bmatrix}+\begin{bmatrix}\boxed{(イ)}\end{bmatrix}\right\}$$

$$=\frac{1}{2}\begin{bmatrix}28&2&38\\12&-2&18\end{bmatrix}=\begin{bmatrix}\boxed{(ウ)}\end{bmatrix}$$ ……(答)

(2) $4A=2B+4Y$

を変形して,

$$Y=A-\frac{1}{2}B=\begin{bmatrix}2&1&4\\3&2&0\end{bmatrix}-\frac{1}{2}\begin{bmatrix}8&0&10\\2&-2&6\end{bmatrix}$$

$$=\begin{bmatrix}2&1&4\\3&2&0\end{bmatrix}-\begin{bmatrix}\boxed{(エ)}\end{bmatrix}$$

$$=\begin{bmatrix}\boxed{(オ)}\end{bmatrix}$$ ……(答)

解答

(ア) $\begin{matrix}4&2&8\\6&4&0\end{matrix}$ (イ) $\begin{matrix}24&0&30\\6&-6&18\end{matrix}$ (ウ) $\begin{matrix}14&1&19\\6&-1&9\end{matrix}$

(エ) $\begin{matrix}4&0&5\\1&-1&3\end{matrix}$ (オ) $\begin{matrix}-2&1&-1\\2&3&-3\end{matrix}$

演習問題 16　●行列の積（Ⅰ）●

次の行列の積を求めよ。

(1) $\begin{bmatrix} -1 & 3 & 1 \\ 4 & 2 & 5 \\ 1 & 1 & 3 \end{bmatrix}\begin{bmatrix} 1 & 8 \\ 0 & 7 \\ 2 & 3 \end{bmatrix}$　　(2) $\begin{bmatrix} 4 & 6 & 2 \\ -1 & 5 & 0 \end{bmatrix}\begin{bmatrix} -3 \\ 1 \\ 2 \end{bmatrix}$

ヒント！ (1) は，(3×3 行列)×(3×2 行列)=(3×2 行列) になる。(2) は，(2×3 行列)×(3×1 行列)=(2×1 行列) になる。大丈夫だね。

解答＆解説

(1) $\begin{bmatrix} -1 & 3 & 1 \\ 4 & 2 & 5 \\ 1 & 1 & 3 \end{bmatrix}\begin{bmatrix} 1 & 8 \\ 0 & 7 \\ 2 & 3 \end{bmatrix}$ ←(3×3 行列)×(3×2 行列)

$$= \begin{bmatrix} -1\times1+3\times0+1\times2 & -1\times8+3\times7+1\times3 \\ 4\times1+2\times0+5\times2 & 4\times8+2\times7+5\times3 \\ 1\times1+1\times0+3\times2 & 1\times8+1\times7+3\times3 \end{bmatrix}$$

$$= \begin{bmatrix} 1 & 16 \\ 14 & 61 \\ 7 & 24 \end{bmatrix}$$ ←3×2 行列 ……………………(答)

(2) $\begin{bmatrix} 4 & 6 & 2 \\ -1 & 5 & 0 \end{bmatrix}\begin{bmatrix} -3 \\ 1 \\ 2 \end{bmatrix}$ ←(2×3 行列)×(3×1 行列)

$$= \begin{bmatrix} 4\times(-3)+6\times1+2\times2 \\ -1\times(-3)+5\times1+0\times2 \end{bmatrix}$$

$$= \begin{bmatrix} -2 \\ 8 \end{bmatrix}$$ ←2×1 行列 ……………………(答)

演習問題 17 ● 行列の積(Ⅱ)●

次の行列の積を求めよ。

(1) $\begin{bmatrix} 4 & 2 & 3 \\ 1 & 0 & -2 \end{bmatrix}\begin{bmatrix} 1 & 8 & 5 \\ 0 & 3 & 6 \\ -2 & 7 & 4 \end{bmatrix}$　　(2) $\begin{bmatrix} 3 \\ 2 \\ -3 \end{bmatrix}\begin{bmatrix} 1 & 4 \end{bmatrix}$

ヒント！ (1) は，(2×3 行列)×(3×3 行列)=(2×3 行列) になる。(2) は，(3×1 行列)×(1×2 行列)=(3×2 行列) になるんだね。

解答＆解説

(1) $\begin{bmatrix} 4 & 2 & 3 \\ 1 & 0 & -2 \end{bmatrix}\begin{bmatrix} 1 & 8 & 5 \\ 0 & 3 & 6 \\ -2 & 7 & 4 \end{bmatrix}$ ←(2×3 行列)×(3×3 行列)

$= \begin{bmatrix} 4\times1+2\times0+3\times(-2) & \boxed{(ア)} & 4\times5+2\times6+3\times4 \\ 1\times1+0\times0+(-2)\times(-2) & 1\times8+0\times3+(-2)\times7 & 1\times5+0\times6+(-2)\times4 \end{bmatrix}$

$= \begin{bmatrix} -2 & \boxed{(イ)} & 44 \\ 5 & -6 & -3 \end{bmatrix}$ ←2×3 行列 ……………………(答)

(2) $\begin{bmatrix} 3 \\ 2 \\ -3 \end{bmatrix}\begin{bmatrix} 1 & 4 \end{bmatrix}$ ←(3×1 行列)×(1×2 行列)

$= \begin{bmatrix} 3\times1 & \boxed{(ウ)} \\ 2\times1 & 2\times4 \\ -3\times1 & -3\times4 \end{bmatrix}$

$= \begin{bmatrix} 3 & \boxed{(エ)} \\ 2 & 8 \\ -3 & -12 \end{bmatrix}$ ←3×2 行列 ……………………(答)

解答　(ア) $4\times8+2\times3+3\times7$　(イ) 59　(ウ) 3×4　(エ) 12

演習問題 18　● 積の結合法則 ●

$A=\begin{bmatrix} 2 & 4 & 1 \\ 3 & 0 & -2 \end{bmatrix}$, $B=\begin{bmatrix} -2 & 0 \\ 1 & 1 \\ 2 & 5 \end{bmatrix}$, $C=\begin{bmatrix} 3 & 2 \\ 6 & 4 \end{bmatrix}$ について，

(ⅰ) $(AB)C$ と (ⅱ) $A(BC)$ を計算せよ。

ヒント！ AB は，$(2\times3$ 行列$)\times(3\times2$ 行列$)=(2\times2$ 行列$)$ になる。よって，$(AB)C$ は，$(2\times2$ 行列$)\times(2\times2$ 行列$)=(2\times2$ 行列$)$ となる。(ⅱ) も同様。

解答＆解説

(ⅰ)
$$(AB)C=\left(\begin{bmatrix} 2 & 4 & 1 \\ 3 & 0 & -2 \end{bmatrix}\begin{bmatrix} -2 & 0 \\ 1 & 1 \\ 2 & 5 \end{bmatrix}\right)\begin{bmatrix} 3 & 2 \\ 6 & 4 \end{bmatrix}$$
$$=\begin{bmatrix} 2\cdot(-2)+4\cdot1+1\cdot2 & 2\cdot0+4\cdot1+1\cdot5 \\ 3\cdot(-2)+0\cdot1+(-2)\cdot2 & 3\cdot0+0\cdot1+(-2)\cdot5 \end{bmatrix}\begin{bmatrix} 3 & 2 \\ 6 & 4 \end{bmatrix}$$
$$=\begin{bmatrix} 2 & 9 \\ -10 & -10 \end{bmatrix}\begin{bmatrix} 3 & 2 \\ 6 & 4 \end{bmatrix}=\begin{bmatrix} 2\cdot3+9\cdot6 & 2\cdot2+9\cdot4 \\ -10\cdot3-10\cdot6 & -10\cdot2-10\cdot4 \end{bmatrix}$$
$$=\begin{bmatrix} 60 & 40 \\ -90 & -60 \end{bmatrix}$$ ……(答)

(ⅱ)
$$A(BC)=\begin{bmatrix} 2 & 4 & 1 \\ 3 & 0 & -2 \end{bmatrix}\left(\begin{bmatrix} -2 & 0 \\ 1 & 1 \\ 2 & 5 \end{bmatrix}\begin{bmatrix} 3 & 2 \\ 6 & 4 \end{bmatrix}\right)$$
$$=\begin{bmatrix} 2 & 4 & 1 \\ 3 & 0 & -2 \end{bmatrix}\begin{bmatrix} -2\cdot3+0\cdot6 & -2\cdot2+0\cdot4 \\ 1\cdot3+1\cdot6 & 1\cdot2+1\cdot4 \\ 2\cdot3+5\cdot6 & 2\cdot2+5\cdot4 \end{bmatrix}$$
$$=\begin{bmatrix} 2 & 4 & 1 \\ 3 & 0 & -2 \end{bmatrix}\begin{bmatrix} -6 & -4 \\ 9 & 6 \\ 36 & 24 \end{bmatrix}=\begin{bmatrix} 2\cdot(-6)+4\cdot9+1\cdot36 & 2\cdot(-4)+4\cdot6+1\cdot24 \\ 3\cdot(-6)+0\cdot9+(-2)\cdot36 & 3\cdot(-4)+0\cdot6+(-2)\cdot24 \end{bmatrix}$$
$$=\begin{bmatrix} 60 & 40 \\ -90 & -60 \end{bmatrix}$$ ……(答)

(ⅰ)(ⅱ) より，積の結合法則 $(AB)C=A(BC)$ が成り立つ。

演習問題 19　● 分配法則 ●

$A=\begin{bmatrix}3&2\\1&0\\4&5\end{bmatrix}$, $B=\begin{bmatrix}-1&6\\0&8\\2&3\end{bmatrix}$, $C=\begin{bmatrix}4&7\\2&3\end{bmatrix}$ について，

(ⅰ) $(A+B)C$ と (ⅱ) $AC+BC$ を計算せよ。

ヒント！ (ⅰ)(ⅱ)共に，計算結果は $(3\times2$ 行列$)$ になる。

解答＆解説

(ⅰ) $(A+B)C=\left(\begin{bmatrix}3&2\\1&0\\4&5\end{bmatrix}+\begin{bmatrix}-1&6\\0&8\\2&3\end{bmatrix}\right)\begin{bmatrix}4&7\\2&3\end{bmatrix}$

$$=\begin{bmatrix}2&8\\1&8\\6&8\end{bmatrix}\begin{bmatrix}4&7\\2&3\end{bmatrix}=\begin{bmatrix}2\cdot4+8\cdot2&2\cdot7+8\cdot3\\1\cdot4+8\cdot2&1\cdot7+8\cdot3\\6\cdot4+8\cdot2&6\cdot7+8\cdot3\end{bmatrix}$$

$$=\begin{bmatrix}24&38\\20&31\\40&66\end{bmatrix}$$ ……………………(答)

(ⅱ) $AC+BC=\begin{bmatrix}3&2\\1&0\\4&5\end{bmatrix}\begin{bmatrix}4&7\\2&3\end{bmatrix}+\begin{bmatrix}-1&6\\0&8\\2&3\end{bmatrix}\begin{bmatrix}4&7\\2&3\end{bmatrix}$

$$=\begin{bmatrix}3\cdot4+2\cdot2&3\cdot7+2\cdot3\\1\cdot4+0\cdot2&1\cdot7+0\cdot3\\4\cdot4+5\cdot2&4\cdot7+5\cdot3\end{bmatrix}+\begin{bmatrix}-1\cdot4+6\cdot2&-1\cdot7+6\cdot3\\0\cdot4+8\cdot2&0\cdot7+8\cdot3\\2\cdot4+3\cdot2&2\cdot7+3\cdot3\end{bmatrix}$$

$$=\begin{bmatrix}16&27\\4&7\\26&43\end{bmatrix}+\begin{bmatrix}8&11\\16&24\\14&23\end{bmatrix}$$

$$=\begin{bmatrix}24&38\\20&31\\40&66\end{bmatrix}$$ ……………………(答)

(ⅰ)(ⅱ)より，分配法則 $(A+B)C=AC+BC$ が成り立つ。
同様に，分配法則 $A(B+C)=AB+AC$ も成り立つ。

演習問題 20　●可換な行列(Ⅰ)●

(1) $A=\begin{bmatrix}\lambda & 1\\ 0 & \lambda\end{bmatrix}$ に対して，$AX=XA$ ……①　をみたす2次の正方行列 X を求めよ。

(2) ①をみたす任意の2つの行列 X_1 と X_2 について，$X_1X_2=X_2X_1$ が成り立つことを示せ。

ヒント！ (1) $A=\lambda E+F$ の形に分解し，これを①に代入するといいんだね。

解答＆解説

(1) $A=\begin{bmatrix}\lambda & 0\\ 0 & \lambda\end{bmatrix}+\begin{bmatrix}0 & 1\\ 0 & 0\end{bmatrix}=\lambda E+F$ とおく。$\left(\text{ただし，} E=\begin{bmatrix}1 & 0\\ 0 & 1\end{bmatrix},\ F=\begin{bmatrix}0 & 1\\ 0 & 0\end{bmatrix}\right)$

・$AX=(\lambda E+F)X=\lambda EX+FX=\lambda X+FX$ ………②

λE：スカラー行列。一般に，$\lambda E\cdot A=A\cdot\lambda E=\lambda A$ となる。

・$XA=X(\lambda E+F)=X\cdot\lambda E+XF=\lambda X+XF$ ………③

②，③を $AX=XA$ ……①　に代入して，$\lambda X+FX=\lambda X+XF$

$\therefore FX=XF$　　ここで，$X=\begin{bmatrix}a & b\\ c & d\end{bmatrix}$ とおくと，

$$\begin{bmatrix}0 & 1\\ 0 & 0\end{bmatrix}\begin{bmatrix}a & b\\ c & d\end{bmatrix}=\begin{bmatrix}a & b\\ c & d\end{bmatrix}\begin{bmatrix}0 & 1\\ 0 & 0\end{bmatrix}$$

$\begin{bmatrix}c & d\\ 0 & 0\end{bmatrix}=\begin{bmatrix}0 & a\\ 0 & c\end{bmatrix}$　　行列の相等により，$c=0$，$d=a$

$\therefore X=\begin{bmatrix}a & b\\ 0 & a\end{bmatrix}$　(a，b：任意の実数)……………………………(答)

(2) $X_1=\begin{bmatrix}a & b\\ 0 & a\end{bmatrix}$，$X_2=\begin{bmatrix}a' & b'\\ 0 & a'\end{bmatrix}$ とおくと，

・$X_1X_2=\begin{bmatrix}a & b\\ 0 & a\end{bmatrix}\begin{bmatrix}a' & b'\\ 0 & a'\end{bmatrix}=\begin{bmatrix}aa' & ab'+ba'\\ 0 & aa'\end{bmatrix}$

・$X_2X_1=\begin{bmatrix}a' & b'\\ 0 & a'\end{bmatrix}\begin{bmatrix}a & b\\ 0 & a\end{bmatrix}=\begin{bmatrix}a'a & a'b+b'a\\ 0 & a'a\end{bmatrix}$

$\therefore X_1X_2=X_2X_1$ が成り立つ。……………………………(終)

演習問題 21　● 可換な行列（Ⅱ）●

(1) $A=\begin{bmatrix}\lambda & 0\\ 1 & \lambda\end{bmatrix}$ に対して，$AX=XA$ ……① をみたす 2 次の正方行列 X を求めよ。

(2) ①をみたす任意の 2 つの行列 X_1 と X_2 について，$X_1X_2=X_2X_1$ が成り立つことを示せ。

ヒント！ (1) $A=\lambda E+G$ の形に分解して，$GX=XG$ を解く。

解答＆解説

(1) $A=\begin{bmatrix}\lambda & 0\\ 0 & \lambda\end{bmatrix}+\begin{bmatrix}0 & 0\\ 1 & 0\end{bmatrix}=\lambda E+G$ とおく。$\left(\text{ただし，} E=\begin{bmatrix}1 & 0\\ 0 & 1\end{bmatrix},\ G=\begin{bmatrix}0 & 0\\ 1 & 0\end{bmatrix}\right)$

- $AX=(\lambda E+G)X=\lambda EX+GX=$ (ア)［　　　］ ………②
- $XA=X(\lambda E+G)=X\cdot\lambda E+XG=\lambda X+XG$ ………③

②，③を $AX=XA$ ……① に代入して，$\lambda X+GX=\lambda X+XG$（$\lambda X$ を消去）

∴ (イ)［　　　］　　ここで，$X=\begin{bmatrix}a & b\\ c & d\end{bmatrix}$ とおくと，

$$\begin{bmatrix}0 & 0\\ 1 & 0\end{bmatrix}\begin{bmatrix}a & b\\ c & d\end{bmatrix}=\begin{bmatrix}a & b\\ c & d\end{bmatrix}\begin{bmatrix}0 & 0\\ 1 & 0\end{bmatrix}$$

$$\begin{bmatrix}0 & 0\\ a & b\end{bmatrix}=\begin{bmatrix}b & 0\\ d & 0\end{bmatrix}$$　　行列の相等により，(ウ)［　　　］，(エ)［　　　］

∴ $X=\begin{bmatrix}a & 0\\ c & a\end{bmatrix}$　（a，c：任意の実数）……………………(答)

(2) $X_1=\begin{bmatrix}a & 0\\ c & a\end{bmatrix}$，$X_2=\begin{bmatrix}a' & 0\\ c' & a'\end{bmatrix}$ とおくと，

- $X_1X_2=\begin{bmatrix}a & 0\\ c & a\end{bmatrix}\begin{bmatrix}a' & 0\\ c' & a'\end{bmatrix}=\begin{bmatrix}aa' & 0\\ ca'+ac' & aa'\end{bmatrix}$
- $X_2X_1=\begin{bmatrix}a' & 0\\ c' & a'\end{bmatrix}\begin{bmatrix}a & 0\\ c & a\end{bmatrix}=\begin{bmatrix}a'a & 0\\ c'a+a'c & a'a\end{bmatrix}$

∴ $X_1X_2=X_2X_1$ が成り立つ。……………………(終)

解答　(ア) $\lambda X+GX$　(イ) $GX=XG$　(ウ) $b=0$　(エ) $d=a$

演習問題 22 ● ブロック化による行列の積(Ⅰ)●

次のように小ブロックに分割して，行列の積を求めよ。

$$\left[\begin{array}{cc|c} 1 & 3 & -2 \\ \hline 2 & 5 & 0 \\ -1 & 4 & 7 \end{array}\right]\left[\begin{array}{cc|cc} 1 & 2 & 0 & 1 \\ 8 & -4 & 9 & 0 \\ \hline -6 & 5 & -1 & -2 \end{array}\right] \cdots\cdots ①$$

ヒント！ 小ブロックの対応する積を計算する。

解答＆解説

求める行列を，$\left[\begin{array}{c|c} C_1 & C_2 \\ \hline C_3 & C_4 \end{array}\right]$ とおくと，

$$\left[\begin{array}{c|c} A_1 & A_2 \\ \hline A_3 & A_4 \end{array}\right]\left[\begin{array}{c|c} B_1 & B_2 \\ \hline B_3 & B_4 \end{array}\right] = \left[\begin{array}{c|c} C_1 & C_2 \\ \hline C_3 & C_4 \end{array}\right]$$

ただし $A_1 = \begin{bmatrix} 1 & 3 \end{bmatrix}$, $A_2 = \begin{bmatrix} -2 \end{bmatrix}$, $A_3 = \begin{bmatrix} 2 & 5 \\ -1 & 4 \end{bmatrix}$, $A_4 = \begin{bmatrix} 0 \\ 7 \end{bmatrix}$, $B_1 = \begin{bmatrix} 1 & 2 \\ 8 & -4 \end{bmatrix}$, $B_2 = \begin{bmatrix} 0 & 1 \\ 9 & 0 \end{bmatrix}$, $B_3 = \begin{bmatrix} -6 & 5 \end{bmatrix}$, $B_4 = \begin{bmatrix} -1 & -2 \end{bmatrix}$

これより，

・$C_1 = \begin{bmatrix} 1 & 3 \end{bmatrix}\begin{bmatrix} 1 & 2 \\ 8 & -4 \end{bmatrix} + \begin{bmatrix} -2 \end{bmatrix}\begin{bmatrix} -6 & 5 \end{bmatrix} = \begin{bmatrix} 25 & -10 \end{bmatrix} + \begin{bmatrix} 12 & -10 \end{bmatrix} = \begin{bmatrix} 37 & -20 \end{bmatrix}$

・$C_2 = \begin{bmatrix} 1 & 3 \end{bmatrix}\begin{bmatrix} 0 & 1 \\ 9 & 0 \end{bmatrix} + \begin{bmatrix} -2 \end{bmatrix}\begin{bmatrix} -1 & -2 \end{bmatrix} = \begin{bmatrix} 27 & 1 \end{bmatrix} + \begin{bmatrix} 2 & 4 \end{bmatrix} = \begin{bmatrix} 29 & 5 \end{bmatrix}$

・$C_3 = \begin{bmatrix} 2 & 5 \\ -1 & 4 \end{bmatrix}\begin{bmatrix} 1 & 2 \\ 8 & -4 \end{bmatrix} + \begin{bmatrix} 0 \\ 7 \end{bmatrix}\begin{bmatrix} -6 & 5 \end{bmatrix} = \begin{bmatrix} 42 & -16 \\ 31 & -18 \end{bmatrix} + \begin{bmatrix} 0 & 0 \\ -42 & 35 \end{bmatrix} = \begin{bmatrix} 42 & -16 \\ -11 & 17 \end{bmatrix}$

・$C_4 = \begin{bmatrix} 2 & 5 \\ -1 & 4 \end{bmatrix}\begin{bmatrix} 0 & 1 \\ 9 & 0 \end{bmatrix} + \begin{bmatrix} 0 \\ 7 \end{bmatrix}\begin{bmatrix} -1 & -2 \end{bmatrix} = \begin{bmatrix} 45 & 2 \\ 36 & -1 \end{bmatrix} + \begin{bmatrix} 0 & 0 \\ -7 & -14 \end{bmatrix} = \begin{bmatrix} 45 & 2 \\ 29 & -15 \end{bmatrix}$

以上より，①は，$\left[\begin{array}{c|c} C_1 & C_2 \\ \hline C_3 & C_4 \end{array}\right] = \left[\begin{array}{cc|cc} 37 & -20 & 29 & 5 \\ \hline 42 & -16 & 45 & 2 \\ -11 & 17 & 29 & -15 \end{array}\right]$ ……………………(答)

演習問題 23　● ブロック化による行列の積(II) ●

次のように小ブロックに分割して，行列の積を求めよ。

$$\left[\begin{array}{c:cc} -1 & 6 & 5 \\ 0 & -2 & 4 \\ \hdashline 3 & 1 & 2 \end{array}\right]\left[\begin{array}{cc:cc} 2 & 7 & 2 & 0 \\ \hdashline 1 & 3 & 4 & 1 \\ -4 & 0 & -3 & -2 \end{array}\right] \quad \cdots\cdots ①$$

ヒント！ 前問同様，対応する小ブロックの積を計算する。

解答＆解説

求める行列を，$\left[\begin{array}{c:c} C_1 & C_2 \\ \hdashline C_3 & C_4 \end{array}\right]$ とおくと，

$$\left[\begin{array}{c:cc} -1 & 6 & 5 \\ 0 & -2 & 4 \\ \hdashline 3 & 1 & 2 \end{array}\right]\left[\begin{array}{cc:cc} 2 & 7 & 2 & 0 \\ \hdashline 1 & 3 & 4 & 1 \\ -4 & 0 & -3 & -2 \end{array}\right] = \left[\begin{array}{c:c} C_1 & C_2 \\ \hdashline C_3 & C_4 \end{array}\right]$$

（$A_1 = \begin{bmatrix} -1 \\ 0 \end{bmatrix}$, $A_2 = \begin{bmatrix} 6 & 5 \\ -2 & 4 \end{bmatrix}$, $A_3 = [3]$, $A_4 = [1 \ \ 2]$, $B_1 = [2 \ \ 7]$, $B_2 = [2 \ \ 0]$, $B_3 = \begin{bmatrix} 1 & 3 \\ -4 & 0 \end{bmatrix}$, $B_4 = \begin{bmatrix} 4 & 1 \\ -3 & -2 \end{bmatrix}$）

これより，

・$C_1 = \begin{bmatrix} -1 \\ 0 \end{bmatrix}[2 \ \ 7] + \begin{bmatrix} 6 & 5 \\ -2 & 4 \end{bmatrix}$ (ア) $= \begin{bmatrix} -2 & -7 \\ 0 & 0 \end{bmatrix} + \begin{bmatrix} -14 & 18 \\ -18 & -6 \end{bmatrix} = \begin{bmatrix} -16 & 11 \\ -18 & -6 \end{bmatrix}$

・$C_2 = \begin{bmatrix} -1 \\ 0 \end{bmatrix}[2 \ \ 0] + \begin{bmatrix} 6 & 5 \\ -2 & 4 \end{bmatrix}$ (イ) $= \begin{bmatrix} -2 & 0 \\ 0 & 0 \end{bmatrix} + \begin{bmatrix} 9 & -4 \\ -20 & -10 \end{bmatrix} = \begin{bmatrix} 7 & -4 \\ -20 & -10 \end{bmatrix}$

・$C_3 = [3][2 \ \ 7] + [1 \ \ 2]\begin{bmatrix} 1 & 3 \\ -4 & 0 \end{bmatrix} =$ (ウ) $+ [-7 \ \ 3] = [-1 \ \ 24]$

・$C_4 = [3][2 \ \ 0] + [1 \ \ 2]\begin{bmatrix} 4 & 1 \\ -3 & -2 \end{bmatrix} = [6 \ \ 0] + [-2 \ \ -3] = [4 \ \ -3]$

以上より，①は，$\left[\begin{array}{c:c} C_1 & C_2 \\ \hdashline C_3 & C_4 \end{array}\right] =$ (エ) ……………………(答)

解答

(ア) $\begin{bmatrix} 1 & 3 \\ -4 & 0 \end{bmatrix}$　(イ) $\begin{bmatrix} 4 & 1 \\ -3 & -2 \end{bmatrix}$　(ウ) $[6 \ \ 21]$　(エ) $\left[\begin{array}{cc:cc} -16 & 11 & 7 & -4 \\ -18 & -6 & -20 & -10 \\ \hdashline -1 & 24 & 4 & -3 \end{array}\right]$

演習問題 24　●行列の列ベクトルによる分割(Ⅰ)●

$$\begin{bmatrix} -a+2 & 2b-1 & c & 2d \\ 2a-1 & 3b+2 & 0 & -d \\ a+1 & b+1 & -c & d \\ 3 & -b & 2c & 3d \end{bmatrix} = A\begin{bmatrix} a & 1 & 0 & 0 \\ 0 & b & 0 & 0 \\ 0 & 0 & c & 0 \\ 1 & 0 & 0 & d \end{bmatrix}$$ のとき，

行列 A と，その転置行列 ${}^tA$ を求めよ。(ただし，$a \neq 0$，$b \neq 0$，$c \neq 0$，$d \neq 0$)

ヒント！ 左辺の行列を，4つの列ベクトルにブロック分割をして考えよう！

解答&解説

$$\boldsymbol{x}_1 = \begin{bmatrix} -1 \\ 2 \\ 1 \\ 0 \end{bmatrix},\ \boldsymbol{x}_2 = \begin{bmatrix} 2 \\ 3 \\ 1 \\ -1 \end{bmatrix},\ \boldsymbol{x}_3 = \begin{bmatrix} 1 \\ 0 \\ -1 \\ 2 \end{bmatrix},\ \boldsymbol{x}_4 = \begin{bmatrix} 2 \\ -1 \\ 1 \\ 3 \end{bmatrix}$$ とおく。

左辺の行列の形から，これを $\boldsymbol{x}_1$，$\boldsymbol{x}_2$，$\boldsymbol{x}_3$，$\boldsymbol{x}_4$ の4つの列ベクトルで表す。特に，第1列と第2列に注意しよう。

与式の左辺 $= [a\boldsymbol{x}_1 + 1\cdot\boldsymbol{x}_4 \quad 1\cdot\boldsymbol{x}_1 + b\boldsymbol{x}_2 \quad c\boldsymbol{x}_3 \quad d\boldsymbol{x}_4]$

$$= \underbrace{[\boldsymbol{x}_1 \quad \boldsymbol{x}_2 \quad \boldsymbol{x}_3 \quad \boldsymbol{x}_4]}_{A}\begin{bmatrix} a & 1 & 0 & 0 \\ 0 & b & 0 & 0 \\ 0 & 0 & c & 0 \\ 1 & 0 & 0 & d \end{bmatrix} = \text{与式の右辺}$$

$a \neq 0$，$b \neq 0$，$c \neq 0$，$d \neq 0$ より，この行列の逆行列は存在する。

$$\therefore A = [\boldsymbol{x}_1 \quad \boldsymbol{x}_2 \quad \boldsymbol{x}_3 \quad \boldsymbol{x}_4] = \begin{bmatrix} -1 & 2 & 1 & 2 \\ 2 & 3 & 0 & -1 \\ 1 & 1 & -1 & 1 \\ 0 & -1 & 2 & 3 \end{bmatrix}$$ ……………………(答)

よって，求める A の転置行列 ${}^tA$ は，

$${}^tA = \begin{bmatrix} -1 & 2 & 1 & 0 \\ 2 & 3 & 1 & -1 \\ 1 & 0 & -1 & 2 \\ 2 & -1 & 1 & 3 \end{bmatrix}$$ ……………………(答)

イメージとして，$A = [\ |\ |\ |\ |\ ]$ に対して，${}^tA = [\ \equiv\ ]$ のように，

行と列を入れ替えるだけで，${}^tA$ は求まる。

演習問題 25　●行列の列ベクトルによる分割（Ⅱ）●

$$\begin{bmatrix} 5a+8 & 8b-2 & -2b & 4c \\ 4 & 4b-1 & -b & 2c \\ 2a-1 & -b+6 & 6b & c \\ 3a & 2 & 2b & -3c \end{bmatrix} = A\begin{bmatrix} a & 0 & 0 & 0 \\ 1 & b & 0 & 0 \\ 0 & 1 & b & 0 \\ 0 & 0 & 0 & c \end{bmatrix}$$ のとき，

行列 A と，その転置行列 ${}^tA$ を求めよ。（ただし，$a \neq 0$，$b \neq 0$，$c \neq 0$）

ヒント！ 左辺を4つの列ベクトルに分割するとき，第1列と第2列がポイントになる！

解答＆解説

$\boldsymbol{x}_1 = \begin{bmatrix} 5 \\ 0 \\ 2 \\ 3 \end{bmatrix}$，$\boldsymbol{x}_2 = \begin{bmatrix} 8 \\ 4 \\ -1 \\ 0 \end{bmatrix}$，$\boldsymbol{x}_3 =$ (ア)［　　］，$\boldsymbol{x}_4 = \begin{bmatrix} 4 \\ 2 \\ 1 \\ -3 \end{bmatrix}$ とおく。

与式の左辺 $=$ [(イ)［　　］ (ウ)［　　］ $b\boldsymbol{x}_3$ $c\boldsymbol{x}_4$]

$$= \underbrace{[\boldsymbol{x}_1 \ \ \boldsymbol{x}_2 \ \ \boldsymbol{x}_3 \ \ \boldsymbol{x}_4]}_{A}\begin{bmatrix} a & 0 & 0 & 0 \\ 1 & b & 0 & 0 \\ 0 & 1 & b & 0 \\ 0 & 0 & 0 & c \end{bmatrix} = \text{与式の右辺}$$

$a \neq 0$，$b \neq 0$，$c \neq 0$ より，この行列の逆行列は存在する。

$$\therefore A = [\boldsymbol{x}_1 \ \ \boldsymbol{x}_2 \ \ \boldsymbol{x}_3 \ \ \boldsymbol{x}_4] = \begin{bmatrix} 5 & 8 & -2 & 4 \\ 0 & 4 & -1 & 2 \\ 2 & -1 & 6 & 1 \\ 3 & 0 & 2 & -3 \end{bmatrix}$$ ……………………（答）

よって，求める A の転置行列 ${}^tA$ は，

${}^tA =$ (エ)［　　］ ……………………（答）

解答

(ア) $\begin{bmatrix} -2 \\ -1 \\ 6 \\ 2 \end{bmatrix}$　(イ) $a\boldsymbol{x}_1 + \boldsymbol{x}_2$　(ウ) $b\boldsymbol{x}_2 + \boldsymbol{x}_3$　(エ) $\begin{bmatrix} 5 & 0 & 2 & 3 \\ 8 & 4 & -1 & 0 \\ -2 & -1 & 6 & 2 \\ 4 & 2 & 1 & -3 \end{bmatrix}$

演習問題 26　● 行列の対角化と n 乗(Ⅰ) ●

$A = \begin{bmatrix} 1 & 2 \\ -1 & 4 \end{bmatrix}$，$P = \begin{bmatrix} 2 & 1 \\ 1 & 1 \end{bmatrix}$ について，次の問いに答えよ。

(1) $P^{-1}AP$ を求めよ。　(2) A^n を求めよ。$(n = 1, 2, 3, \cdots)$

ヒント！ $P^{-1}AP$ を計算すると，対角行列が出てくるんだね。

解答＆解説

(1) $P^{-1} = \dfrac{1}{2 \cdot 1 - 1 \cdot 1}\begin{bmatrix} 1 & -1 \\ -1 & 2 \end{bmatrix} = \begin{bmatrix} 1 & -1 \\ -1 & 2 \end{bmatrix}$

よって，

$$P^{-1}AP = \begin{bmatrix} 1 & -1 \\ -1 & 2 \end{bmatrix}\begin{bmatrix} 1 & 2 \\ -1 & 4 \end{bmatrix}\begin{bmatrix} 2 & 1 \\ 1 & 1 \end{bmatrix}$$

$$= \begin{bmatrix} 2 & -2 \\ -3 & 6 \end{bmatrix}\begin{bmatrix} 2 & 1 \\ 1 & 1 \end{bmatrix}$$

対角行列

$$= \begin{bmatrix} 2 & 0 \\ 0 & 3 \end{bmatrix} \cdots\cdots ①$$ ……(答)

(2) $P^{-1}AP = \begin{bmatrix} 2 & 0 \\ 0 & 3 \end{bmatrix} \cdots\cdots ①$

①の両辺を n 乗して，

$$(P^{-1}AP)^n = \begin{bmatrix} 2 & 0 \\ 0 & 3 \end{bmatrix}^n$$

$P^{-1}A\underbrace{(P \cdot P^{-1})}_{E}A\underbrace{(P \cdot P^{-1})}_{E} \cdot \cdots\cdots \cdot \underbrace{(P \cdot P^{-1})}_{E}AP$
$= P^{-1}A \cdot A \cdot \cdots\cdots \cdot AP = P^{-1}A^nP$

$$\therefore P^{-1}A^nP = \begin{bmatrix} 2^n & 0 \\ 0 & 3^n \end{bmatrix} \cdots\cdots ②$$

公式：$\begin{bmatrix} \alpha & 0 \\ 0 & \beta \end{bmatrix}^n = \begin{bmatrix} \alpha^n & 0 \\ 0 & \beta^n \end{bmatrix}$

②の両辺に左から P，右から P^{-1} をかけて，

$$A^n = P\begin{bmatrix} 2^n & 0 \\ 0 & 3^n \end{bmatrix}P^{-1} = \begin{bmatrix} 2 & 1 \\ 1 & 1 \end{bmatrix}\begin{bmatrix} 2^n & 0 \\ 0 & 3^n \end{bmatrix}\begin{bmatrix} 1 & -1 \\ -1 & 2 \end{bmatrix}$$

$$= \begin{bmatrix} 2^{n+1} & 3^n \\ 2^n & 3^n \end{bmatrix}\begin{bmatrix} 1 & -1 \\ -1 & 2 \end{bmatrix}$$

$$= \begin{bmatrix} 2^{n+1} - 3^n & -2^{n+1} + 2 \cdot 3^n \\ 2^n - 3^n & -2^n + 2 \cdot 3^n \end{bmatrix}$$ ……(答)

演習問題 27 ● 行列の対角化と n 乗 (Ⅱ) ●

$A=\begin{bmatrix}-2 & 1\\ 1 & -2\end{bmatrix}$, $P=\begin{bmatrix}1 & 1\\ -1 & 1\end{bmatrix}$ について，次の問いに答えよ。

(1) $P^{-1}AP$ を求めよ。　　(2) A^n を求めよ。$(n=1,\ 2,\ 3,\ \cdots)$

ヒント！ $P^{-1}AP$ で対角化した後，A^n の計算にもち込めばいい。

解答＆解説

(1) $P^{-1}=\dfrac{1}{1\cdot1-1\cdot(-1)}$ (ア) $=\dfrac{1}{2}\begin{bmatrix}1 & -1\\ 1 & 1\end{bmatrix}$

$$P^{-1}AP=\frac{1}{2}\begin{bmatrix}1 & -1\\ 1 & 1\end{bmatrix}\begin{bmatrix}-2 & 1\\ 1 & -2\end{bmatrix}\begin{bmatrix}1 & 1\\ -1 & 1\end{bmatrix}$$

$$=\frac{1}{2}\begin{bmatrix}-3 & 3\\ -1 & -1\end{bmatrix}\begin{bmatrix}1 & 1\\ -1 & 1\end{bmatrix}=\frac{1}{2}\begin{bmatrix}-6 & 0\\ 0 & -2\end{bmatrix}$$

= (イ) ……① ……(答)　（対角行列）

(2) $P^{-1}AP=$ (イ) ……①　　①の両辺を n 乗して，

$(P^{-1}AP)^n=\begin{bmatrix}-3 & 0\\ 0 & -1\end{bmatrix}^n$　　$\therefore\ P^{-1}A^nP=$ (ウ) ……②

②の両辺に左から P，右から P^{-1} をかけて，

$$A^n=P\begin{bmatrix}(-3)^n & 0\\ 0 & (-1)^n\end{bmatrix}P^{-1}=\begin{bmatrix}1 & 1\\ -1 & 1\end{bmatrix}\begin{bmatrix}(-3)^n & 0\\ 0 & (-1)^n\end{bmatrix}\cdot\frac{1}{2}\begin{bmatrix}1 & -1\\ 1 & 1\end{bmatrix}$$

$=\dfrac{1}{2}\begin{bmatrix}(-3)^n & (-1)^n\\ -(-3)^n & (-1)^n\end{bmatrix}\begin{bmatrix}1 & -1\\ 1 & 1\end{bmatrix}=$ (エ) ……(答)

解答　(ア) $\begin{bmatrix}1 & -1\\ 1 & 1\end{bmatrix}$　(イ) $\begin{bmatrix}-3 & 0\\ 0 & -1\end{bmatrix}$　(ウ) $\begin{bmatrix}(-3)^n & 0\\ 0 & (-1)^n\end{bmatrix}$

(エ) $\dfrac{1}{2}\begin{bmatrix}(-3)^n+(-1)^n & -(-3)^n+(-1)^n\\ -(-3)^n+(-1)^n & (-3)^n+(-1)^n\end{bmatrix}$

演習問題 28 ●ジョルダン標準形の n 乗(Ⅰ)●

$A=\begin{bmatrix}-1 & 1\\ -1 & -3\end{bmatrix}$, $P=\begin{bmatrix}1 & 1\\ -1 & 0\end{bmatrix}$ について，次の問いに答えよ。

(1) $P^{-1}AP$ を求めよ。　(2) A^n を求めよ。($n=1, 2, 3, \cdots$)

ヒント！ $P^{-1}AP$ を計算すると，$\begin{bmatrix}\lambda & 1\\ 0 & \lambda\end{bmatrix}$ のジョルダン標準形になるね。

解答&解説

(1) $P^{-1}=\dfrac{1}{1\cdot 0-1\cdot(-1)}\begin{bmatrix}0 & -1\\ 1 & 1\end{bmatrix}=\begin{bmatrix}0 & -1\\ 1 & 1\end{bmatrix}$

$$P^{-1}AP=\begin{bmatrix}0 & -1\\ 1 & 1\end{bmatrix}\begin{bmatrix}-1 & 1\\ -1 & -3\end{bmatrix}\begin{bmatrix}1 & 1\\ -1 & 0\end{bmatrix}$$

$$=\begin{bmatrix}1 & 3\\ -2 & -2\end{bmatrix}\begin{bmatrix}1 & 1\\ -1 & 0\end{bmatrix}$$

$\begin{bmatrix}\lambda & 1\\ 0 & \lambda\end{bmatrix}$ の形のジョルダン標準形

$$=\begin{bmatrix}-2 & 1\\ 0 & -2\end{bmatrix} \cdots\cdots ① \cdots\cdots (答)$$

(2) $P^{-1}AP=-2\begin{bmatrix}1 & -\frac{1}{2}\\ 0 & 1\end{bmatrix}\cdots\cdots ①$

公式：$\begin{bmatrix}1 & \alpha\\ 0 & 1\end{bmatrix}^n=\begin{bmatrix}1 & n\alpha\\ 0 & 1\end{bmatrix}$ より

①の両辺を n 乗して，

$$(P^{-1}AP)^n=\left\{-2\begin{bmatrix}1 & -\frac{1}{2}\\ 0 & 1\end{bmatrix}\right\}^n \qquad \therefore\ P^{-1}A^nP=(-2)^n\begin{bmatrix}1 & -\frac{n}{2}\\ 0 & 1\end{bmatrix}\cdots\cdots ②$$

②の両辺に左から P，右から P^{-1} をかけて，

$$A^n=P\cdot(-2)^n\begin{bmatrix}1 & -\frac{n}{2}\\ 0 & 1\end{bmatrix}P^{-1}=(-2)^n\cdot\begin{bmatrix}1 & 1\\ -1 & 0\end{bmatrix}\begin{bmatrix}1 & -\frac{n}{2}\\ 0 & 1\end{bmatrix}\begin{bmatrix}0 & -1\\ 1 & 1\end{bmatrix}$$

$$=(-2)^n\cdot\begin{bmatrix}1 & -\frac{n}{2}+1\\ -1 & \frac{n}{2}\end{bmatrix}\begin{bmatrix}0 & -1\\ 1 & 1\end{bmatrix}=(-2)^n\cdot\begin{bmatrix}-\frac{n}{2}+1 & -\frac{n}{2}\\ \frac{n}{2} & \frac{n}{2}+1\end{bmatrix}$$

$\cdots\cdots\cdots\cdots\cdots$(答)

演習問題 29 ● ジョルダン標準形の n 乗 (Ⅱ) ●

$A=\begin{bmatrix}1 & -1\\ 4 & 5\end{bmatrix}$，$P=\begin{bmatrix}1 & 0\\ -2 & -1\end{bmatrix}$ について，次の問いに答えよ。

(1) $P^{-1}AP$ を求めよ。　　(2) A^n を求めよ。$(n=1,\ 2,\ 3,\ \cdots)$

ヒント！ $P^{-1}AP$ でジョルダン標準形にした後，A^n を計算する。

解答&解説

$$P^{-1}=\frac{1}{1\cdot(-1)-0\cdot(-2)}\begin{bmatrix}-1 & 0\\ 2 & 1\end{bmatrix}=\frac{1}{-1}\begin{bmatrix}-1 & 0\\ 2 & 1\end{bmatrix}=\begin{bmatrix}1 & 0\\ -2 & -1\end{bmatrix}$$

$$P^{-1}AP=\begin{bmatrix}1 & 0\\ -2 & -1\end{bmatrix}\begin{bmatrix}1 & -1\\ 4 & 5\end{bmatrix}\begin{bmatrix}1 & 0\\ -2 & -1\end{bmatrix}$$

$$=\begin{bmatrix}1 & -1\\ -6 & -3\end{bmatrix}\begin{bmatrix}1 & 0\\ -2 & -1\end{bmatrix}=\boxed{(ア)\qquad}\ \cdots\cdots①\ \cdots\cdots\cdots\cdots(答)$$

（ジョルダン標準形）

(2) $P^{-1}AP=3\boxed{(イ)\qquad}\ \cdots\cdots①$　　①の両辺を n 乗して，

$$(P^{-1}AP)^n=\left\{3\begin{bmatrix}1 & \frac{1}{3}\\ 0 & 1\end{bmatrix}\right\}^n\qquad \therefore\ P^{-1}A^nP=\boxed{(ウ)\qquad}\ \cdots\cdots②$$

②の両辺に左から P，右から P^{-1} をかけて，

（今回は，P と P^{-1} は同じ行列だ。）

$$A^n=P\cdot 3^n\begin{bmatrix}1 & \frac{n}{3}\\ 0 & 1\end{bmatrix}P^{-1}=3^n\cdot\begin{bmatrix}1 & 0\\ -2 & -1\end{bmatrix}\begin{bmatrix}1 & \frac{n}{3}\\ 0 & 1\end{bmatrix}\begin{bmatrix}1 & 0\\ -2 & -1\end{bmatrix}$$

$$=3^n\cdot\begin{bmatrix}1 & \frac{n}{3}\\ -2 & -\frac{2}{3}n-1\end{bmatrix}\begin{bmatrix}1 & 0\\ -2 & -1\end{bmatrix}=\boxed{(エ)\qquad\qquad}$$

$\cdots\cdots\cdots\cdots\cdots$(答)

解答　(ア) $\begin{bmatrix}3 & 1\\ 0 & 3\end{bmatrix}$　(イ) $\begin{bmatrix}1 & \frac{1}{3}\\ 0 & 1\end{bmatrix}$　(ウ) $3^n\begin{bmatrix}1 & \frac{n}{3}\\ 0 & 1\end{bmatrix}$

(エ) $3^n\begin{bmatrix}1-\frac{2}{3}n & -\frac{n}{3}\\ \frac{4}{3}n & \frac{2}{3}n+1\end{bmatrix}$

演習問題 30　●ジョルダン標準形の n 乗（Ⅲ）●

$A=\begin{bmatrix}\lambda & 1 & 0\\ 0 & \lambda & 1\\ 0 & 0 & \lambda\end{bmatrix}$ について，次の問いに答えよ。

(1) A^2 を求めよ。　　(2) A^n を求めよ。$(n=1,\ 2,\ 3,\ \cdots)$

ヒント！ 行列 A と B が，$AB=BA$ をみたす場合，数の 2 項定理と同様の式：$(A+B)^n=A^n+{}_nC_1A^{n-1}B+{}_nC_2A^{n-2}B^2+\cdots+B^n$ $(n=2,\ 3,\ \cdots)$ が成り立つ。

解答＆解説

(1) $A=\begin{bmatrix}\lambda & 0 & 0\\ 0 & \lambda & 0\\ 0 & 0 & \lambda\end{bmatrix}+\begin{bmatrix}0 & 1 & 0\\ 0 & 0 & 1\\ 0 & 0 & 0\end{bmatrix}=\lambda E+F$ とおくと，

$\left(\text{ただし，}E=\begin{bmatrix}1 & 0 & 0\\ 0 & 1 & 0\\ 0 & 0 & 1\end{bmatrix},\ F=\begin{bmatrix}0 & 1 & 0\\ 0 & 0 & 1\\ 0 & 0 & 0\end{bmatrix}\right)$

$A^2=(\lambda E+F)^2=(\lambda E+F)(\lambda E+F)$

$=(\lambda E)^2+(\lambda E)F+F(\lambda E)+F^2$

$(\lambda E)^2=\lambda^2E^2=\lambda^2E$，$(\lambda E)F=\lambda F$，$F(\lambda E)=\lambda F$

$=\lambda^2E+\lambda F+\lambda F+F^2$

$=\lambda^2E+2\lambda F+F^2$ ……①

ここで，

$F^2=\begin{bmatrix}0 & 1 & 0\\ 0 & 0 & 1\\ 0 & 0 & 0\end{bmatrix}\begin{bmatrix}0 & 1 & 0\\ 0 & 0 & 1\\ 0 & 0 & 0\end{bmatrix}=\begin{bmatrix}0 & 0 & 1\\ 0 & 0 & 0\\ 0 & 0 & 0\end{bmatrix}$ ……②

②を①に代入して，

$A^2=\lambda^2\begin{bmatrix}1 & 0 & 0\\ 0 & 1 & 0\\ 0 & 0 & 1\end{bmatrix}+2\lambda\begin{bmatrix}0 & 1 & 0\\ 0 & 0 & 1\\ 0 & 0 & 0\end{bmatrix}+\begin{bmatrix}0 & 0 & 1\\ 0 & 0 & 0\\ 0 & 0 & 0\end{bmatrix}=\begin{bmatrix}\lambda^2 & 2\lambda & 1\\ 0 & \lambda^2 & 2\lambda\\ 0 & 0 & \lambda^2\end{bmatrix}$ …(答)

もちろん直接，$A^2=\begin{bmatrix}\lambda & 1 & 0\\ 0 & \lambda & 1\\ 0 & 0 & \lambda\end{bmatrix}\begin{bmatrix}\lambda & 1 & 0\\ 0 & \lambda & 1\\ 0 & 0 & \lambda\end{bmatrix}=\begin{bmatrix}\lambda^2 & 2\lambda & 1\\ 0 & \lambda^2 & 2\lambda\\ 0 & 0 & \lambda^2\end{bmatrix}$ としてもいい。

参考

行列の和と積の計算で，数の計算と異なるのは，積の交換法則：$AB = BA$ が一般的には成り立たないということだけで，これを除けば，数の計算と同様なんだ。だから，$AB = BA$ をみたす A，B については，数の 2 項定理と同様に次式が成り立つ。

$$(A+B)^n = A^n + {}_nC_1A^{n-1}B + {}_nC_2A^{n-2}B^2 + \cdots + B^n \quad (n = 2,\ 3,\ \cdots)$$

$AB = BA$ をみたすとき，"A，B は可換"という。

(2) E と F は交換可能なので，$n \geqq 2$ のとき，

$$A^n = (\lambda E + F)^n$$
$$= (\lambda E)^n + {}_nC_1(\lambda E)^{n-1}F + {}_nC_2(\lambda E)^{n-2}F^2 + {}_nC_3(\lambda E)^{n-3}F^3 + \cdots + F^n$$
$$= \lambda^n \underbrace{E^n}_{E} + {}_nC_1(\lambda^{n-1}\underbrace{E^{n-1}}_{E})F + {}_nC_2(\lambda^{n-2}\underbrace{E^{n-2}}_{E})F^2 + {}_nC_3(\lambda^{n-3}\underbrace{E^{n-3}}_{E})F^3 + \cdots + F^n$$
$$= \lambda^n E + \underbrace{{}_nC_1}_{n}\lambda^{n-1}F + \underbrace{{}_nC_2}_{\frac{n(n-1)}{2}}\lambda^{n-2}F^2 + {}_nC_3\lambda^{n-3}\underbrace{F^3}_{O} + \cdots + \underbrace{F^n}_{O} \quad \cdots\cdots③$$

ここで，

$$F^3 = F^2F = \begin{bmatrix} 0 & 0 & 1 \\ 0 & 0 & 0 \\ 0 & 0 & 0 \end{bmatrix}\begin{bmatrix} 0 & 1 & 0 \\ 0 & 0 & 1 \\ 0 & 0 & 0 \end{bmatrix} = \begin{bmatrix} 0 & 0 & 0 \\ 0 & 0 & 0 \\ 0 & 0 & 0 \end{bmatrix} = O$$

$\therefore\ F^4 = F^5 = F^6 = \cdots = O$　となる。

よって，③より，

$$A^n = \lambda^n \begin{bmatrix} 1 & 0 & 0 \\ 0 & 1 & 0 \\ 0 & 0 & 1 \end{bmatrix} + n\lambda^{n-1}\begin{bmatrix} 0 & 1 & 0 \\ 0 & 0 & 1 \\ 0 & 0 & 0 \end{bmatrix} + \frac{n(n-1)}{2}\lambda^{n-2}\begin{bmatrix} 0 & 0 & 1 \\ 0 & 0 & 0 \\ 0 & 0 & 0 \end{bmatrix}$$

$$= \begin{bmatrix} \lambda^n & n\lambda^{n-1} & \frac{1}{2}n(n-1)\lambda^{n-2} \\ 0 & \lambda^n & n\lambda^{n-1} \\ 0 & 0 & \lambda^n \end{bmatrix} \quad \cdots\cdots\cdots\cdots(答)$$

← $n = 2$ とおくと，(1) と同じ結果だね。

(これは，$n = 1$ のときも成り立つ。)

講義 Lecture 3 行列式 methods & formulae

§1. 3次の行列式とサラスの公式

一般に，n 次正方行列 A の行列式 $|A|$ が $|A| \neq 0$ をみたすとき，A を "**正則な行列**" といい，これは必ず逆行列 A^{-1} をもつ。

(ⅰ) $n=1$ のとき，

行列 $A=[a]$ の行列式は，$|A|=a$

(ⅱ) $n=2$ のとき，

(ⅰ)⊕　(ⅱ)⊖

行列 $A=\begin{bmatrix} a & b \\ c & d \end{bmatrix}$ の行列式は，$|A|=ad-bc$

(ⅲ) $n=3$ のとき，［サラスの公式］

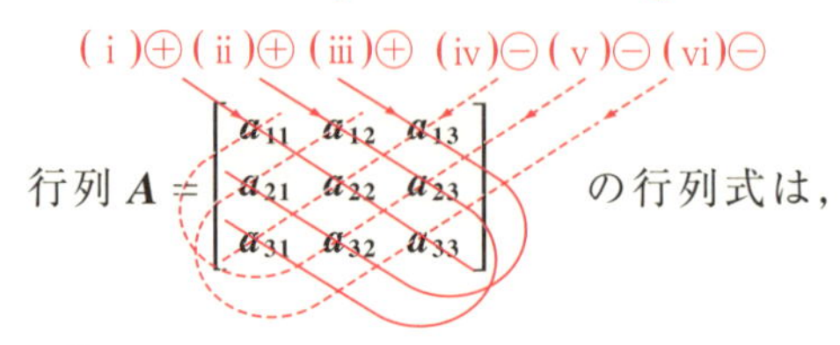

行列 $A=\begin{bmatrix} a_{11} & a_{12} & a_{13} \\ a_{21} & a_{22} & a_{23} \\ a_{31} & a_{32} & a_{33} \end{bmatrix}$ の行列式は，

$$|A| = \underbrace{a_{11}a_{22}a_{33}}_{(ⅰ)} + \underbrace{a_{12}a_{23}a_{31}}_{(ⅱ)} + \underbrace{a_{13}a_{21}a_{32}}_{(ⅲ)}$$

$$\underbrace{-a_{13}a_{22}a_{31}}_{(ⅳ)} \underbrace{-a_{11}a_{23}a_{32}}_{(ⅴ)} \underbrace{-a_{12}a_{21}a_{33}}_{(ⅵ)} \cdots\cdots①$$ となる。

§2. n 次の行列式の定義

"**置換**" とは，1 から n までの自然数を，同じ 1 から n までの自然数のいずれかに 1 対 1 に対応させる変換のことをいい，次のように表す。

$$\begin{pmatrix} 1 & 2 & 3 & \cdots & n \\ i_1 & i_2 & i_3 & \cdots & i_n \end{pmatrix}$$ ←上段 ←下段

（$i_1,\ i_2,\ \cdots,\ i_n$ は，$1,\ 2,\ \cdots,\ n$ のいずれかを表す。）

置換のイメージ

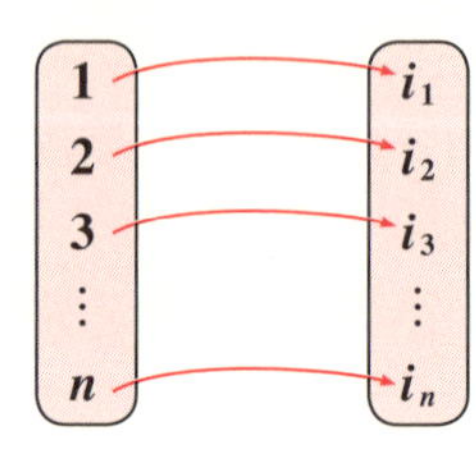

(ex) $n=3$ のときのすべての置換

上段→ 下段→ $\begin{pmatrix} 1 & 2 & 3 \\ 1 & 2 & 3 \end{pmatrix}$, $\begin{pmatrix} 1 & 2 & 3 \\ 1 & 3 & 2 \end{pmatrix}$, $\begin{pmatrix} 1 & 2 & 3 \\ 2 & 1 & 3 \end{pmatrix}$,

上段→ 下段→ $\begin{pmatrix} 1 & 2 & 3 \\ 2 & 3 & 1 \end{pmatrix}$, $\begin{pmatrix} 1 & 2 & 3 \\ 3 & 1 & 2 \end{pmatrix}$, $\begin{pmatrix} 1 & 2 & 3 \\ 3 & 2 & 1 \end{pmatrix}$

下段の **1**, **2**, **3** の並べ替えより，全部で $3!=6$ 通りある。

ここで，$\begin{pmatrix} 1 & 2 \\ 1 & 2 \end{pmatrix}$ ($n=2$ の場合）や $\begin{pmatrix} 1 & 2 & 3 \\ 1 & 2 & 3 \end{pmatrix}$，一般には $\begin{pmatrix} 1 & 2 & \cdots & n \\ 1 & 2 & \cdots & n \end{pmatrix}$ のように，どの自然数も動かさない置換を“**恒等置換**”という。また，ある置換とちょうど逆の数の対応を行う変換を“**逆置換**”という。

(ex) $\begin{pmatrix} 1 & 2 & 3 \\ 3 & 1 & 2 \end{pmatrix}$ —上段と下段を入れ替える→ $\begin{pmatrix} 3 & 1 & 2 \\ 1 & 2 & 3 \end{pmatrix}$ —上段が **1**, **2**, **3** と並べ替える→ $\begin{pmatrix} 1 & 2 & 3 \\ 2 & 3 & 1 \end{pmatrix}$

元の置換　　　これがすでに逆置換　　　逆置換の完成

下段の **1**, **2**, …, n のうち，任意の **2** つだけを入れ替える置換のことを特に“**互換**（ごかん）”という。任意のどんな置換も，恒等置換 $\begin{pmatrix} 1 & 2 & \cdots & n \\ 1 & 2 & \cdots & n \end{pmatrix}$ にこの互換を繰り返すことによって得られる。

そして，この互換を奇数回行って出来る置換を“**奇置換**”，偶数回行って出来る置換を“**偶置換**”という。

置換と逆置換の関係

(i) 元の置換が偶置換ならば，その逆置換も偶置換である。

(ii) 元の置換が奇置換ならば，その逆置換も奇置換である。

((i)(ii) 共に，その逆の命題も成り立つ。)

符号 sgn の定義

置換 $\begin{pmatrix} 1, & 2, & 3, & \cdots, & n \\ i_1, & i_2, & i_3, & \cdots, & i_n \end{pmatrix}$ について，

(i) これが偶置換のとき，$\mathrm{sgn}\begin{pmatrix} 1, & 2, & 3, & \cdots, & n \\ i_1, & i_2, & i_3, & \cdots, & i_n \end{pmatrix}=+1$

(ii) これが奇置換のとき，$\mathrm{sgn}\begin{pmatrix} 1, & 2, & 3, & \cdots, & n \\ i_1, & i_2, & i_3, & \cdots, & i_n \end{pmatrix}=-1$ とする。

n 次の行列式の定義

行列 $A = \begin{bmatrix} a_{11} & a_{12} & \cdots & a_{1n} \\ a_{21} & a_{22} & \cdots & a_{2n} \\ \vdots & \vdots & & \vdots \\ a_{n1} & a_{n2} & \cdots & a_{nn} \end{bmatrix}$ の行列式 $|A|$ は，

$|A| = \sum \mathrm{sgn}\begin{pmatrix} 1 & 2 & 3 & \cdots & n \\ i_1 & i_2 & i_3 & \cdots & i_n \end{pmatrix} a_{1i_1}a_{2i_2}a_{3i_3}\cdots a_{ni_n}$ と表される。

（$\sum$：i_1, i_2, $\cdots$, i_n の並べ替えの数 $n!$ 通りのすべてにわたって和を求めるという意味）

$n=3$ のとき，これはサラスの公式①と一致する。

一般に，n 次の正方行列 A の行列式 $|A|$ は，この転置行列 ${}^tA$ の行列式 $|{}^tA|$ と等しい。すなわち，$|A| = |{}^tA|$ が成り立つ。

§3. n 次の行列式の計算

3 次の正方行列 A の行列式 $|A|$ は，サラスの公式①より，

$$|A| = a_{11}a_{22}a_{33} + a_{12}a_{23}a_{31} + a_{13}a_{21}a_{32} - a_{13}a_{22}a_{31} - a_{11}a_{23}a_{32} - a_{12}a_{21}a_{33}$$

（行列 A の第 1 行）

これを，それぞれ a_{11}, a_{12}, a_{13} でまとめると，

$$= a_{11}(a_{22}a_{33} - a_{23}a_{32}) - a_{12}(a_{21}a_{33} - a_{23}a_{31}) + a_{13}(a_{21}a_{32} - a_{22}a_{31})$$

$$a_{22}a_{33} - a_{23}a_{32} = \begin{vmatrix} a_{22} & a_{23} \\ a_{32} & a_{33} \end{vmatrix},\quad a_{21}a_{33} - a_{23}a_{31} = \begin{vmatrix} a_{21} & a_{23} \\ a_{31} & a_{33} \end{vmatrix},\quad a_{21}a_{32} - a_{22}a_{31} = \begin{vmatrix} a_{21} & a_{22} \\ a_{31} & a_{32} \end{vmatrix}$$

$$\therefore \begin{vmatrix} a_{11} & a_{12} & a_{13} \\ a_{21} & a_{22} & a_{23} \\ a_{31} & a_{32} & a_{33} \end{vmatrix} = a_{11}\begin{vmatrix} a_{22} & a_{23} \\ a_{32} & a_{33} \end{vmatrix} - a_{12}\begin{vmatrix} a_{21} & a_{23} \\ a_{31} & a_{33} \end{vmatrix} + a_{13}\begin{vmatrix} a_{21} & a_{22} \\ a_{31} & a_{32} \end{vmatrix}$$ となる。

$$\begin{vmatrix} a_{11} & a_{12} & a_{13} \\ a_{21} & a_{22} & a_{23} \\ a_{31} & a_{32} & a_{33} \end{vmatrix} \quad \begin{vmatrix} a_{11} & a_{12} & a_{13} \\ a_{21} & a_{22} & a_{23} \\ a_{31} & a_{32} & a_{33} \end{vmatrix} \quad \begin{vmatrix} a_{11} & a_{12} & a_{13} \\ a_{21} & a_{22} & a_{23} \\ a_{31} & a_{32} & a_{33} \end{vmatrix}$$

この式は，左辺の 3 次の行列式を，右辺の 2 次の行列式で展開している。正確には，これは，「3 次の行列式 $|A|$ を，その第 1 行によって余因子展開したものである」という。そして，3 次の行列式だけでなく，一般に n 次の行列式を，$n-1$ 次の行列式で余因子展開することが出来る。

n 次の正方行列 A の $(i,\ j)$ 成分である a_{ij} を中心に，第 i 行と第 j 列を取り除いた $(n-1)$ 次の行列式をつくり，それに $(-1)^{i+j}$ をかけたものを，行列 A の "$(i,\ j)$ **余因子**" といい，A_{ij} で表す。この余因子 A_{ij} を用いて，n 次の行列式 $|A|$ を $n-1$ 次の行列式で次のように展開できる。

(Ⅰ) 第 i 行による展開：$|A| = a_{i1}A_{i1} + a_{i2}A_{i2} + \cdots + a_{in}A_{in}\ (i=1,\ 2,\ \cdots,\ n)$

(Ⅱ) 第 j 列による展開：$|A| = a_{1j}A_{1j} + a_{2j}A_{2j} + \cdots + a_{nj}A_{nj}\ (j=1,\ 2,\ \cdots,\ n)$

行列式の列に関する性質

(Ⅰ)
$$\begin{vmatrix} a_{11} & \cdots & a_{1k}+b_{1k} & \cdots & a_{1n} \\ \vdots & & \vdots & & \vdots \\ a_{n1} & \cdots & a_{nk}+b_{nk} & \cdots & a_{nn} \end{vmatrix} = \begin{vmatrix} a_{11} & \cdots & a_{1k} & \cdots & a_{1n} \\ \vdots & & \vdots & & \vdots \\ a_{n1} & \cdots & a_{nk} & \cdots & a_{nn} \end{vmatrix} + \begin{vmatrix} a_{11} & \cdots & b_{1k} & \cdots & a_{1n} \\ \vdots & & \vdots & & \vdots \\ a_{n1} & \cdots & b_{nk} & \cdots & a_{nn} \end{vmatrix}$$

(Ⅱ)
$$\begin{vmatrix} a_{11} & \cdots & ca_{1k} & \cdots & a_{1n} \\ \vdots & & \vdots & & \vdots \\ a_{n1} & \cdots & ca_{nk} & \cdots & a_{nn} \end{vmatrix} = c\begin{vmatrix} a_{11} & \cdots & a_{1k} & \cdots & a_{1n} \\ \vdots & & \vdots & & \vdots \\ a_{n1} & \cdots & a_{nk} & \cdots & a_{nn} \end{vmatrix}$$

(Ⅲ)
$$\begin{vmatrix} a_{11} & \cdots & a_{1k} & \cdots & a_{1l} & \cdots & a_{1n} \\ \vdots & & \vdots & & \vdots & & \vdots \\ a_{n1} & \cdots & a_{nk} & \cdots & a_{nl} & \cdots & a_{nn} \end{vmatrix} = -\begin{vmatrix} a_{11} & \cdots & a_{1l} & \cdots & a_{1k} & \cdots & a_{1n} \\ \vdots & & \vdots & & \vdots & & \vdots \\ a_{n1} & \cdots & a_{nl} & \cdots & a_{nk} & \cdots & a_{nn} \end{vmatrix}$$

第 k 列　第 l 列

第 k 列と第 l 列を入れ替えると行列式の符号が変わる。

(Ⅳ)
$$\begin{vmatrix} a_{11} & \cdots & a_{1k} & \cdots & a_{1k} & \cdots & a_{1n} \\ \vdots & & \vdots & & \vdots & & \vdots \\ a_{n1} & \cdots & a_{nk} & \cdots & a_{nk} & \cdots & a_{nn} \end{vmatrix} = 0$$

第 k 列　第 l 列

第 k 列と第 l 列が等しい行列の行列式は 0 になる。

(Ⅴ)
$$\begin{vmatrix} a_{11} & \cdots & a_{1k} & \cdots & a_{1l} & \cdots & a_{1n} \\ \vdots & & \vdots & & \vdots & & \vdots \\ a_{n1} & \cdots & a_{nk} & \cdots & a_{nl} & \cdots & a_{nn} \end{vmatrix} = \begin{vmatrix} a_{11} & \cdots & a_{1k} & \cdots & a_{1l} \pm ca_{1k} & \cdots & a_{1n} \\ \vdots & & \vdots & & \vdots & & \vdots \\ a_{n1} & \cdots & a_{nk} & \cdots & a_{nl} \pm ca_{nk} & \cdots & a_{nn} \end{vmatrix}$$

第 k 列　第 l 列

第 k 列を c 倍して第 l 列にたして（引いて）も，行列式の値は変化しない。

公式 $|A| = |{}^tA|$ より，「列で言えるものは，行でも言える」ので，行列式の行に関する性質も同様に成り立つ。

また，2 つの n 次の正方行列 A，B について，$|AB| = |A||B|$ が成り立つ。

演習問題 31　● 行列式の計算 (Ⅰ) ●

次の各行列の行列式の値を求めよ。

(1) $A = \begin{bmatrix} 2 & -1 \\ 3 & 4 \end{bmatrix}$　(2) $B = \begin{bmatrix} 1 & 5 & 2 \\ 0 & 7 & -1 \\ 4 & 3 & 2 \end{bmatrix}$　(3) $C = \begin{bmatrix} 4 & 3 & 2 \\ 0 & 7 & -1 \\ 1 & 5 & 2 \end{bmatrix}$

ヒント！ (2)(3) はサラスの公式通りに計算する。(3) では，(2) の行列の第 1 行と第 3 行を入れ替えた行列であることに注意しよう。

解答＆解説

(1) $|A| = \begin{vmatrix} 2 & -1 \\ 3 & 4 \end{vmatrix} = 2 \cdot 4 - (-1) \cdot 3 = 8 + 3 = 11$ ……………………………(答)

(2) $|B| = \begin{vmatrix} 1 & 5 & 2 \\ 0 & 7 & -1 \\ 4 & 3 & 2 \end{vmatrix}$　← サラスの公式

(i)(ii)(iii)　(iv)(v)(vi)

$= \underbrace{1 \cdot 7 \cdot 2}_{(\mathrm{i})} + \underbrace{5 \cdot (-1) \cdot 4}_{(\mathrm{ii})} + \underbrace{2 \cdot 3 \cdot 0}_{(\mathrm{iii})} \underbrace{- 2 \cdot 7 \cdot 4}_{(\mathrm{iv})} \underbrace{- (-1) \cdot 3 \cdot 1}_{(\mathrm{v})} \underbrace{- 2 \cdot 0 \cdot 5}_{(\mathrm{vi})}$

$= 14 - 20 - 56 + 3 = -59$ ………………………………………(答)

(i)(ii)(iii)　(iv)(v)(vi)

(3) $|C| = \begin{vmatrix} 4 & 3 & 2 \\ 0 & 7 & -1 \\ 1 & 5 & 2 \end{vmatrix}$

$= 4 \cdot 7 \cdot 2 + 3 \cdot (-1) \cdot 1 + 2 \cdot 5 \cdot 0 - 2 \cdot 7 \cdot 1 - (-1) \cdot 5 \cdot 4 - 2 \cdot 0 \cdot 3$

$= 56 - 3 - 14 + 20 = 59$　$[= -|B|]$ ……………………………(答)

$|C|$ は，次のように $|B|$ から求めてもいいよ。

$|B| = \begin{vmatrix} b_{11} & b_{12} & b_{13} \\ b_{21} & b_{22} & b_{23} \\ b_{31} & b_{32} & b_{33} \end{vmatrix}$ とおくと，$|C| = \begin{vmatrix} b_{31} & b_{32} & b_{33} \\ b_{21} & b_{22} & b_{23} \\ b_{11} & b_{12} & b_{13} \end{vmatrix} = -|B| = -(-59) = 59$

演習問題 32 ● 行列式の計算(Ⅱ)●

次の各行列の行列式の値を求めよ。

(1) $A=\begin{bmatrix}3&7\\1&2\end{bmatrix}$　(2) $B=\begin{bmatrix}6&0&5\\3&2&2\\1&4&1\end{bmatrix}$　(3) $C=\begin{bmatrix}6&5&0\\3&2&2\\1&1&4\end{bmatrix}$

ヒント! (3) は，(2) で第 2 列と第 3 列を入れ替えた行列だね。

解答＆解説

(1) $|A|=\begin{vmatrix}3&7\\1&2\end{vmatrix}=$ (ア) ……………………(答)

(2) $|B|=\begin{vmatrix}6&0&5\\3&2&2\\1&4&1\end{vmatrix}$ ← サラスの公式

$=6\cdot2\cdot1+\cancel{0\cdot2\cdot1}+5\cdot4\cdot3-5\cdot2\cdot1-$ (イ) $-\cancel{1\cdot3\cdot0}$

$=12+60-10-48=$ (ウ) ……………………(答)

(3) $|C|=\begin{vmatrix}6&5&0\\3&2&2\\1&1&4\end{vmatrix}$

$=6\cdot2\cdot4+5\cdot2\cdot1+$ (エ) $-\cancel{0\cdot2\cdot1}-2\cdot1\cdot6-4\cdot3\cdot5$

$=48+10-12-60=$ (オ) ……………………(答)

$|C|$ は，次のように $|B|$ から求めてもいい。

$|B|=\begin{vmatrix}b_{11}&b_{12}&b_{13}\\b_{21}&b_{22}&b_{23}\\b_{31}&b_{32}&b_{33}\end{vmatrix}$ とおくと，$|C|=\begin{vmatrix}b_{11}&b_{13}&b_{12}\\b_{21}&b_{23}&b_{22}\\b_{31}&b_{33}&b_{32}\end{vmatrix}=-|B|=-14$

解答　(ア) $3\cdot2-7\cdot1=-1$　(イ) $2\cdot4\cdot6$　(ウ) 14　(エ) $0\cdot1\cdot3$　(オ) -14

演習問題 33　● 行列式の計算（Ⅲ）●

次の各行列の行列式の値を求めよ。

(1) $A=\begin{bmatrix}1&3&6\\-2&5&1\\0&2&3\end{bmatrix}$　(2) $B=\begin{bmatrix}1&3&6\\-4&10&2\\0&2&3\end{bmatrix}$　(3) $C=\begin{bmatrix}1&3&6\\-6&15&3\\0&2&3\end{bmatrix}$

ヒント！ (2)，(3) は，(1) で第 2 行の各成分をそれぞれ 2 倍，3 倍した行列となっている。

解答＆解説

(1) $|A|=\begin{vmatrix}1&3&6\\-2&5&1\\0&2&3\end{vmatrix}=1\cdot5\cdot3+3\cdot1\cdot0+6\cdot2\cdot(-2)-6\cdot5\cdot0-1\cdot2\cdot1-3\cdot(-2)\cdot3$ （サラス）

$=15-24-2+18=7$ ……………………(答)

(2) $|B|=\begin{vmatrix}1&3&6\\-4&10&2\\0&2&3\end{vmatrix}=1\cdot10\cdot3+3\cdot2\cdot0+6\cdot2\cdot(-4)-6\cdot10\cdot0-2\cdot2\cdot1-3\cdot(-4)\cdot3$

$=30-48-4+36=14$ ……………………(答)

$|A|=\begin{vmatrix}a_{11}&a_{12}&a_{13}\\a_{21}&a_{22}&a_{23}\\a_{31}&a_{32}&a_{33}\end{vmatrix}$ とおくと，$|B|=\begin{vmatrix}a_{11}&a_{12}&a_{13}\\2a_{21}&2a_{22}&2a_{23}\\a_{31}&a_{32}&a_{33}\end{vmatrix}=2|A|=2\cdot7=14$

(3) $|C|=\begin{vmatrix}1&3&6\\-6&15&3\\0&2&3\end{vmatrix}=1\cdot15\cdot3+3\cdot3\cdot0+6\cdot2\cdot(-6)-6\cdot15\cdot0-3\cdot2\cdot1-3\cdot(-6)\cdot3$

$=45-72-6+54=21$ ……………………(答)

$|C|=3|A|$ と求めてもいいし，次のように $|A|$，$|B|$ から求めてもいい。

$|C|=\begin{vmatrix}a_{11}&a_{12}&a_{13}\\a_{21}+b_{21}&a_{22}+b_{22}&a_{23}+b_{23}\\a_{31}&a_{32}&a_{33}\end{vmatrix}=\underbrace{\begin{vmatrix}a_{11}&a_{12}&a_{13}\\a_{21}&a_{22}&a_{23}\\a_{31}&a_{32}&a_{33}\end{vmatrix}}_{|A|}+\underbrace{\begin{vmatrix}b_{11}&b_{12}&b_{13}\\b_{21}&b_{22}&b_{23}\\b_{31}&b_{32}&b_{33}\end{vmatrix}}_{|B|}$

（$a_{11}=b_{11}$，$a_{12}=b_{12}$，$a_{13}=b_{13}$，$a_{31}=b_{31}$，$a_{32}=b_{32}$，$a_{33}=b_{33}$）

$=|A|+|B|=7+14=21$ となる。

演習問題 34 ● 行列式の計算 (Ⅳ) ●

次の各行列の行列式の値を求めよ。

(1) $A=\begin{bmatrix} 7 & 3 & 6 \\ -1 & 2 & 1 \\ 2 & 5 & 3 \end{bmatrix}$ (2) $B=\begin{bmatrix} 7 & 3 & 6 \\ -1 & 2 & 1 \\ 0 & 9 & 5 \end{bmatrix}$ (3) $C=\begin{bmatrix} 3 & -1 & 3 \\ 6 & 5 & 6 \\ 2 & 0 & 2 \end{bmatrix}$

ヒント！ (2) 行列 B は，行列 A の第 3 行に，第 2 行の 2 倍を加えただけの行列だね。(3) 行列 C の第 1 列と第 3 列に着目しよう。

解答＆解説

(1) $|A|=\begin{vmatrix} 7 & 3 & 6 \\ -1 & 2 & 1 \\ 2 & 5 & 3 \end{vmatrix}=7\cdot2\cdot3+3\cdot1\cdot2+6\cdot5\cdot(-1)-6\cdot2\cdot2-1\cdot5\cdot7-3\cdot(-1)\cdot3$ （サラス）

$=42+6-30-24-35+9=-32$ ……（答）

(2) $|B|=\begin{vmatrix} 7 & 3 & 6 \\ -1 & 2 & 1 \\ 0 & 9 & 5 \end{vmatrix}$

$=7\cdot2\cdot5+\cancel{3\cdot1\cdot0}+6\cdot9\cdot(-1)-\cancel{6\cdot2\cdot0}-1\cdot9\cdot7-5\cdot(-1)\cdot3$

$=70-54-63+15=-32$ ……（答）

気付けば，次のように $|B|$ を求めることもできる。

$|A|=\begin{vmatrix} a_{11} & a_{12} & a_{13} \\ a_{21} & a_{22} & a_{23} \\ a_{31} & a_{32} & a_{33} \end{vmatrix}$ とおくと，$|B|=\begin{vmatrix} a_{11} & a_{12} & a_{13} \\ a_{21} & a_{22} & a_{23} \\ a_{31}+2a_{21} & a_{32}+2a_{22} & a_{33}+2a_{23} \end{vmatrix}=|A|=-32$

(3) $|C|=\begin{vmatrix} 3 & -1 & 3 \\ 6 & 5 & 6 \\ 2 & 0 & 2 \end{vmatrix}=3\cdot5\cdot2+(-1)\cdot6\cdot2+\cancel{3\cdot0\cdot6}-3\cdot5\cdot2-\cancel{6\cdot0\cdot3}-2\cdot6\cdot(-1)$

$=\cancel{30}-\cancel{12}-\cancel{30}+\cancel{12}=0$ ……（答）

次のようにアッサリと求めてもいい。

$|C|=\begin{vmatrix} c_{11} & c_{12} & c_{11} \\ c_{21} & c_{22} & c_{21} \\ c_{31} & c_{32} & c_{31} \end{vmatrix}=0$ だね。

演習問題 35	● 3 次正方行列の行列式 (I) ●

次の各行列の行列式を計算せよ。

(1) $\begin{bmatrix} 1 & -1 & 2 \\ -2 & 9 & -7 \\ 3 & 4 & 3 \end{bmatrix}$　(2) $\begin{bmatrix} \lambda+3 & \lambda & 1 \\ 1 & 2\lambda+2 & 1 \\ 1 & \lambda & \lambda+3 \end{bmatrix}$ （これは λ の式で表せばよい。）

ヒント！ (1) 行列式 $=0$ となる。(2) ①$'$+②$'$+③$'$ により，第 1 列がすべて $2\lambda+4$ になる。

解答＆解説

①，②，… などは，第 1 行，第 2 行，… などを表す。以下同様だ！

(1) $\begin{vmatrix} 1 & -1 & 2 \\ -2 & 9 & -7 \\ 3 & 4 & 3 \end{vmatrix} \underset{③-3\times①}{\overset{②+2\times①}{=}} \begin{vmatrix} 1 & -1 & 2 \\ 0 & 7 & -3 \\ 0 & 7 & -3 \end{vmatrix} = 0$ ……………………（答）

第 2 行と第 3 行は同じなので，行列式は 0

①$'$，②$'$，… などは，第 1 列，第 2 列，… などを表す。以下同様だ！

(2) $\begin{vmatrix} \lambda+3 & \lambda & 1 \\ 1 & 2\lambda+2 & 1 \\ 1 & \lambda & \lambda+3 \end{vmatrix} \overset{①'+②'+③'}{=} \begin{vmatrix} \lambda+3+\lambda+1 & \lambda & 1 \\ 1+2\lambda+2+1 & 2\lambda+2 & 1 \\ 1+\lambda+\lambda+3 & \lambda & \lambda+3 \end{vmatrix}$

第 1 列①$'$ に第 2，3 列②$'$，③$'$ をたすと，第 1 列の成分がすべて $2(\lambda+2)$ となるので，この新たな第 1 列から $2(\lambda+2)$ をくくり出せる。

$= \begin{vmatrix} 2\lambda+4 & \lambda & 1 \\ 2\lambda+4 & 2\lambda+2 & 1 \\ 2\lambda+4 & \lambda & \lambda+3 \end{vmatrix} = 2(\lambda+2)\begin{vmatrix} 1 & \lambda & 1 \\ 1 & 2\lambda+2 & 1 \\ 1 & \lambda & \lambda+3 \end{vmatrix}$

$\underset{③-①}{\overset{②-①}{=}} 2(\lambda+2)\begin{vmatrix} 1 & \lambda & 1 \\ 0 & \lambda+2 & 0 \\ 0 & 0 & \lambda+2 \end{vmatrix}$

$= 2(\lambda+2)\cdot 1 \cdot (-1)^{1+1}\begin{vmatrix} \lambda+2 & 0 \\ 0 & \lambda+2 \end{vmatrix}$ ← 第 1 列による余因子展開

$= 2(\lambda+2)\{(\lambda+2)^2-0^2\}$

$= 2(\lambda+2)^3$ ……………………………………（答）

演習問題 36 ● 3 次正方行列の行列式 (Ⅱ) ●

次の各行列の行列式を計算せよ。

(1) $\begin{bmatrix} 1 & 5 & 2 \\ 4 & 10 & 3 \\ 2 & 0 & -1 \end{bmatrix}$　(2) $\begin{bmatrix} 1+\lambda & -\lambda & -2 \\ -\lambda & 1+\lambda & 1 \\ -2 & 1 & 1+\lambda \end{bmatrix}$　(これは λ の式で表せばよい。)

ヒント! (1) 行列式 $=0$ となる。(2) 第 2 行，第 3 行に第 1 列をたしてみよう。

解答&解説

(①，②，… などは，第 1 行，第 2 行，… などを表す。以下同様だ！)

(1) $\begin{vmatrix} 1 & 5 & 2 \\ 4 & 10 & 3 \\ 2 & 0 & -1 \end{vmatrix} \underset{③-2\times①}{\overset{②-4\times①}{=}} \begin{vmatrix} 1 & 5 & 2 \\ 0 & -10 & -5 \\ 0 & -10 & -5 \end{vmatrix} =$ (ア) ……………(答)

(第 2 行と第 3 行は同じ)

(2) $\begin{vmatrix} 1+\lambda & -\lambda & -2 \\ -\lambda & 1+\lambda & 1 \\ -2 & 1 & 1+\lambda \end{vmatrix} \underset{③+①}{\overset{②+①}{=}} \begin{vmatrix} 1+\lambda & -\lambda & -2 \\ 1 & 1 & -1 \\ -1+\lambda & 1-\lambda & -1+\lambda \end{vmatrix}$

$= \begin{vmatrix} 1+\lambda & -\lambda & -2 \\ 1 & 1 & -1 \\ \lambda-1 & -(\lambda-1) & \lambda-1 \end{vmatrix} =$ (イ) $\begin{vmatrix} \lambda+1 & -\lambda & -2 \\ 1 & 1 & -1 \\ 1 & -1 & 1 \end{vmatrix}$

(第 3 行から $\lambda-1$ をくくり出す。)

(①´，②´，… などは，第 1 列，第 2 列，… などを表す。以下同様だ！)

$\overset{②'+③'}{=} (\lambda-1) \begin{vmatrix} \lambda+1 & -\lambda-2 & -2 \\ 1 & 0 & -1 \\ 1 & 0 & 1 \end{vmatrix}$

$= (\lambda-1)\cdot(-\lambda-2)\cdot(-1)^{1+2} \begin{vmatrix} 1 & -1 \\ 1 & 1 \end{vmatrix}$ ← (第 2 列による余因子展開)

$= (\lambda-1)(\lambda+2)\{1^2-(-1)\cdot 1\}$

$=$ (ウ) ……………(答)

解答　(ア) 0　(イ) $(\lambda-1)$　(ウ) $2(\lambda-1)(\lambda+2)$

演習問題 37　●4次正方行列の行列式(Ⅰ)●

行列式 $\begin{vmatrix} 1 & 4 & 5 & 4 \\ 1 & 3 & 6 & 3 \\ 2 & 1 & 1 & 13 \\ -2 & 2 & 2 & 0 \end{vmatrix}$ の値を求めよ。

ヒント！ 行列式の性質をフルに使って，計算していこう。

解答＆解説

$$\begin{vmatrix} 1 & 4 & 5 & 4 \\ 1 & 3 & 6 & 3 \\ 2 & 1 & 1 & 13 \\ -2 & 2 & 2 & 0 \end{vmatrix} = 2\begin{vmatrix} 1 & 4 & 5 & 4 \\ 1 & 3 & 6 & 3 \\ 2 & 1 & 1 & 13 \\ -1 & 1 & 1 & 0 \end{vmatrix}$$

← 第4行から2をくくり出す。

$$\underset{④+①}{\overset{②-①}{\overset{③-2\times①}{=}}} 2\begin{vmatrix} 1 & 4 & 5 & 4 \\ 0 & -1 & 1 & -1 \\ 0 & -7 & -9 & 5 \\ 0 & 5 & 6 & 4 \end{vmatrix}$$

$$= 2\cdot 1\cdot(-1)^{1+1}\begin{vmatrix} -1 & 1 & -1 \\ -7 & -9 & 5 \\ 5 & 6 & 4 \end{vmatrix}$$

← 第1列による余因子展開

$$\underset{③+5\times①}{\overset{②-7\times①}{=}} 2\begin{vmatrix} -1 & 1 & -1 \\ 0 & -16 & 12 \\ 0 & 11 & -1 \end{vmatrix}$$

$$= 2\cdot(-1)\cdot(-1)^{1+1}\begin{vmatrix} -16 & 12 \\ 11 & -1 \end{vmatrix}$$

← 第1列による余因子展開

$$= -2\cdot 4\begin{vmatrix} -4 & 3 \\ 11 & -1 \end{vmatrix}$$

← 第1行から4をくくり出す。

$$= -8\cdot\{(-4)\cdot(-1)-3\cdot 11\} = -8\cdot(-29) = 232$$ ……………………(答)

演習問題 38　● 4 次正方行列の行列式(Ⅱ) ●

行列式 $\begin{vmatrix} 1 & 4 & 5 & 3 \\ 2 & 6 & 7 & 2 \\ -1 & -2 & 2 & 9 \\ 3 & 8 & 3 & 3 \end{vmatrix}$ の値を求めよ。

ヒント！ まず，第 2 列から 2 をくくり出すことから始めよう！

解答＆解説

$$\begin{vmatrix} 1 & 4 & 5 & 3 \\ 2 & 6 & 7 & 2 \\ -1 & -2 & 2 & 9 \\ 3 & 8 & 3 & 3 \end{vmatrix} = 2\begin{vmatrix} 1 & 2 & 5 & 3 \\ 2 & 3 & 7 & 2 \\ -1 & -1 & 2 & 9 \\ 3 & 4 & 3 & 3 \end{vmatrix}$$

$$\underset{④-3\times①}{\overset{②-2\times①}{\overset{③+①}{=}}} 2\begin{vmatrix} 1 & 2 & 5 & 3 \\ 0 & -1 & -3 & -4 \\ 0 & 1 & 7 & 12 \\ 0 & -2 & -12 & -6 \end{vmatrix} = \boxed{(ア)\qquad} \begin{vmatrix} -1 & -3 & -4 \\ 1 & 7 & 12 \\ -2 & -12 & -6 \end{vmatrix}$$

← 第 1 列による余因子展開

$$= 2\cdot(-2)\begin{vmatrix} -1 & -3 & -4 \\ 1 & 7 & 12 \\ 1 & 6 & 3 \end{vmatrix}$$

← 第 3 行から -2 をくくり出す。

$$\underset{③+①}{\overset{②+①}{=}} -4\begin{vmatrix} -1 & -3 & -4 \\ 0 & 4 & 8 \\ 0 & 3 & -1 \end{vmatrix} = \boxed{(イ)\qquad} \begin{vmatrix} 4 & 8 \\ 3 & -1 \end{vmatrix}$$

← 第 1 列による余因子展開

$$= 4\cdot 4\begin{vmatrix} 1 & 2 \\ 3 & -1 \end{vmatrix}$$

← 第 1 行から 4 をくくり出す。

$$= 16\cdot\{1\cdot(-1)-2\cdot 3\} = 16\cdot(-7) = \boxed{(ウ)\qquad}$$ ………………………(答)

解答　(ア) $2\cdot1\cdot(-1)^{1+1}$ (または 2)　(イ) $-4\cdot(-1)\cdot(-1)^{1+1}$ (または 4)　(ウ) -112

演習問題 39　● 4次正方行列の行列式(Ⅲ) ●

行列式 $\begin{vmatrix} 1 & 1 & 1 & 1 \\ a & b & c & d \\ a^2 & b^2 & c^2 & d^2 \\ a^3 & b^3 & c^3 & d^3 \end{vmatrix}$ を因数分解した形で表せ。

ヒント！ まず，②´－①´，③´－①´，④´－①´により，第1行に0の成分を作っていこう！

解答＆解説

$$\begin{vmatrix} 1 & 1 & 1 & 1 \\ a & b & c & d \\ a^2 & b^2 & c^2 & d^2 \\ a^3 & b^3 & c^3 & d^3 \end{vmatrix} \underset{④'-①'}{\overset{②'-①'}{\underset{③'-①'}{=}}} \begin{vmatrix} 1 & 0 & 0 & 0 \\ a & b-a & c-a & d-a \\ a^2 & b^2-a^2 & c^2-a^2 & d^2-a^2 \\ a^3 & b^3-a^3 & c^3-a^3 & d^3-a^3 \end{vmatrix}$$

第1行による余因子展開

$$= 1 \cdot (-1)^{1+1} \begin{vmatrix} b-a & c-a & d-a \\ (b-a)(b+a) & (c-a)(c+a) & (d-a)(d+a) \\ (b-a)(b^2+ba+a^2) & (c-a)(c^2+ca+a^2) & (d-a)(d^2+da+a^2) \end{vmatrix}$$

$$= (b-a)(c-a)(d-a) \begin{vmatrix} 1 & 1 & 1 \\ b+a & c+a & d+a \\ b^2+ba+a^2 & c^2+ca+a^2 & d^2+da+a^2 \end{vmatrix}$$

第1，2，3列から，それぞれ$(b-a)$，$(c-a)$，$(d-a)$をくくり出す。

$$\underset{③'-①'}{\overset{②'-①'}{=}} (b-a)(c-a)(d-a) \begin{vmatrix} 1 & 0 & 0 \\ b+a & c-b & d-b \\ b^2+ba+a^2 & c^2-b^2+ca-ba & d^2-b^2+da-ba \end{vmatrix}$$

$$= (b-a)(c-a)(d-a) \cdot 1 \cdot (-1)^{1+1} \begin{vmatrix} c-b & d-b \\ (c-b)(c+b+a) & (d-b)(d+b+a) \end{vmatrix}$$

第1行による余因子展開

$$= (b-a)(c-a)(d-a)(c-b)(d-b) \begin{vmatrix} 1 & 1 \\ c+b+a & d+b+a \end{vmatrix}$$

第1，2列から，それぞれ$c-b$，$d-b$をくくり出す。

$$= (b-a)(c-a)(d-a)(c-b)(d-b)\{(d+\cancel{b+a})-(c+\cancel{b+a})\}$$

$$= (b-a)(c-a)(d-a)(c-b)(d-b)(d-c)$$ ……………………………(答)

演習問題 40　● 4次正方行列の行列式(Ⅳ) ●

演習問題 **39** の結果と公式 $|{}^t\!A|=|A|$ を用いて,

行列式 $\begin{vmatrix} a & a^2 & a^3 & 1 \\ b & b^2 & b^3 & 1 \\ c & c^2 & c^3 & 1 \\ d & d^2 & d^3 & 1 \end{vmatrix}$ を因数分解した形で表せ。

ヒント！ **2** つの行を **1** 回入れ換える毎に，行列式の値は符号が変わる！

解答＆解説

$$\underbrace{\begin{vmatrix} a & a^2 & a^3 & 1 \\ b & b^2 & b^3 & 1 \\ c & c^2 & c^3 & 1 \\ d & d^2 & d^3 & 1 \end{vmatrix}}_{|A|\text{とおくと}} = \underbrace{\begin{vmatrix} a & b & c & d \\ a^2 & b^2 & c^2 & d^2 \\ a^3 & b^3 & c^3 & d^3 \\ 1 & 1 & 1 & 1 \end{vmatrix}}_{|{}^t\!A|}$$

← 公式：$|{}^t\!A|=|A|$ より

$$= (-1)\begin{vmatrix} a & b & c & d \\ a^2 & b^2 & c^2 & d^2 \\ 1 & 1 & 1 & 1 \\ a^3 & b^3 & c^3 & d^3 \end{vmatrix} = (-1)^2\begin{vmatrix} a & b & c & d \\ 1 & 1 & 1 & 1 \\ a^2 & b^2 & c^2 & d^2 \\ a^3 & b^3 & c^3 & d^3 \end{vmatrix}$$

← 演習問題 **39** の行列式

$$= (-1)^3\underbrace{\begin{vmatrix} 1 & 1 & 1 & 1 \\ a & b & c & d \\ a^2 & b^2 & c^2 & d^2 \\ a^3 & b^3 & c^3 & d^3 \end{vmatrix}}_{(b-a)(c-a)(d-a)(c-b)(d-b)(d-c)}$$

$= -(b-a)(c-a)(d-a)(c-b)(d-b)(d-c)$ ……………………………(答)

演習問題 41　●4次正方行列の行列式(V)●

行列式 $\begin{vmatrix} a_0 & -1 & 0 & 0 \\ a_1 & x & -1 & 0 \\ a_2 & 0 & x & -1 \\ a_3 & 0 & 0 & x \end{vmatrix}$ を x の整式で表せ。

ヒント！ 与式を第1行で余因子展開する。

解答＆解説

$$\begin{vmatrix} a_0 & -1 & 0 & 0 \\ a_1 & x & -1 & 0 \\ a_2 & 0 & x & -1 \\ a_3 & 0 & 0 & x \end{vmatrix} = \underbrace{a_0\cdot(-1)^{1+1}\begin{vmatrix} x & -1 & 0 \\ 0 & x & -1 \\ 0 & 0 & x \end{vmatrix} + (-1)\cdot(-1)^{1+2}\begin{vmatrix} a_1 & -1 & 0 \\ a_2 & x & -1 \\ a_3 & 0 & x \end{vmatrix}}_{\text{第1行による余因子展開}}$$

$$= a_0\underbrace{\begin{vmatrix} x & -1 & 0 \\ 0 & x & -1 \\ 0 & 0 & x \end{vmatrix}}_{(\mathrm{i})} + \underbrace{\begin{vmatrix} a_1 & -1 & 0 \\ a_2 & x & -1 \\ a_3 & 0 & x \end{vmatrix}}_{(\mathrm{ii})} \quad \cdots\cdots ①$$

ここで,

(i) $\begin{vmatrix} x & -1 & 0 \\ 0 & x & -1 \\ 0 & 0 & x \end{vmatrix} = x^3$ ……② （サラスの公式）

(ii) $\begin{vmatrix} a_1 & -1 & 0 \\ a_2 & x & -1 \\ a_3 & 0 & x \end{vmatrix} = a_1\cdot(-1)^{1+1}\underbrace{\begin{vmatrix} x & -1 \\ 0 & x \end{vmatrix}}_{x^2} + (-1)\cdot(-1)^{1+2}\underbrace{\begin{vmatrix} a_2 & -1 \\ a_3 & x \end{vmatrix}}_{a_2x-(-a_3)}$ （第1行による余因子展開）

$= a_1x^2 + a_2x + a_3$ ……③

②, ③を①に代入して,

$$\begin{vmatrix} a_0 & -1 & 0 & 0 \\ a_1 & x & -1 & 0 \\ a_2 & 0 & x & -1 \\ a_3 & 0 & 0 & x \end{vmatrix} = a_0\underbrace{x^3}_{(\mathrm{i})} + \underbrace{a_1x^2 + a_2x + a_3}_{(\mathrm{ii})}$$ ……………………………………(答)

演習問題 42 ● 4次正方行列の行列式(Ⅵ) ●

行列式 $\begin{vmatrix} 2x & x & x & x \\ x & 2x & x & x \\ x & x & 2x & x \\ x & x & x & 2x \end{vmatrix}$ を x の整式で表せ。

ヒント！ 第1列に，第2，3，4列を加える。

解答＆解説

$$\begin{vmatrix} 2x & x & x & x \\ x & 2x & x & x \\ x & x & 2x & x \\ x & x & x & 2x \end{vmatrix} = \boxed{(ア)} \begin{vmatrix} 2 & 1 & 1 & 1 \\ 1 & 2 & 1 & 1 \\ 1 & 1 & 2 & 1 \\ 1 & 1 & 1 & 2 \end{vmatrix}$$

← 第1，2，3，4列から それぞれ x をくくり出す。

$$\overset{①'+②'+③'+④'}{=} x^4 \begin{vmatrix} 2+1+1+1 & 1 & 1 & 1 \\ 1+2+1+1 & 2 & 1 & 1 \\ 1+1+2+1 & 1 & 2 & 1 \\ 1+1+1+2 & 1 & 1 & 2 \end{vmatrix}$$

← 第1列に第2，3，4列を加える。

$$= x^4 \begin{vmatrix} 5 & 1 & 1 & 1 \\ 5 & 2 & 1 & 1 \\ 5 & 1 & 2 & 1 \\ 5 & 1 & 1 & 2 \end{vmatrix} = \boxed{(イ)} \begin{vmatrix} 1 & 1 & 1 & 1 \\ 1 & 2 & 1 & 1 \\ 1 & 1 & 2 & 1 \\ 1 & 1 & 1 & 2 \end{vmatrix}$$

← 第1列から 5をくくり出す。

$$\overset{②-①,\ ③-①,\ ④-①}{=} 5x^4 \begin{vmatrix} 1 & 1 & 1 & 1 \\ 0 & 1 & 0 & 0 \\ 0 & 0 & 1 & 0 \\ 0 & 0 & 0 & 1 \end{vmatrix} = \boxed{(ウ)\qquad} \begin{vmatrix} 1 & 0 & 0 \\ 0 & 1 & 0 \\ 0 & 0 & 1 \end{vmatrix}$$

← 第1列による余因子展開

$\begin{vmatrix} 1 & 0 & 0 \\ 0 & 1 & 0 \\ 0 & 0 & 1 \end{vmatrix} = 1^3$ (サラス)

$= \boxed{(エ)}$

解答 (ア) x^4　(イ) $5x^4$　(ウ) $5x^4 \cdot 1 \cdot (-1)^{1+1}$ (または $5x^4$)　(エ) $5x^4$

演習問題 43　●5次正方行列の行列式（I）●

行列式 $\begin{vmatrix} 1 & 4 & -1 & 1 & 1 \\ -2 & 2 & 3 & 2 & 2 \\ 1 & -2 & 1 & 2 & -1 \\ 3 & 2 & 2 & 1 & 1 \\ 1 & 2 & 1 & 3 & 1 \end{vmatrix}$ の値を求めよ。

ヒント！ 第 **2** 列が偶数列より，**2** でくくり出すことからスタートする。

解答&解説

$$\begin{vmatrix} 1 & 4 & -1 & 1 & 1 \\ -2 & 2 & 3 & 2 & 2 \\ 1 & -2 & 1 & 2 & -1 \\ 3 & 2 & 2 & 1 & 1 \\ 1 & 2 & 1 & 3 & 1 \end{vmatrix} = 2\begin{vmatrix} 1 & 2 & -1 & 1 & 1 \\ -2 & 1 & 3 & 2 & 2 \\ 1 & -1 & 1 & 2 & -1 \\ 3 & 1 & 2 & 1 & 1 \\ 1 & 1 & 1 & 3 & 1 \end{vmatrix}$$

第 **2** 列から **2** をくくり出す。

$$\overset{②'-⑤'}{=} 2\begin{vmatrix} 1 & 1 & -1 & 1 & 1 \\ -2 & -1 & 3 & 2 & 2 \\ 1 & 0 & 1 & 2 & -1 \\ 3 & 0 & 2 & 1 & 1 \\ 1 & 0 & 1 & 3 & 1 \end{vmatrix} \overset{②+①}{=} 2\begin{vmatrix} 1 & 1 & -1 & 1 & 1 \\ -1 & 0 & 2 & 3 & 3 \\ 1 & 0 & 1 & 2 & -1 \\ 3 & 0 & 2 & 1 & 1 \\ 1 & 0 & 1 & 3 & 1 \end{vmatrix}$$

$$= 2\cdot 1\cdot(-1)^{1+2}\begin{vmatrix} -1 & 2 & 3 & 3 \\ 1 & 1 & 2 & -1 \\ 3 & 2 & 1 & 1 \\ 1 & 1 & 3 & 1 \end{vmatrix}$$

第 **2** 列による余因子展開

$$\overset{\substack{①+④\\②-④\\③-3\times④}}{=} -2\cdot\begin{vmatrix} 0 & 3 & 6 & 4 \\ 0 & 0 & -1 & -2 \\ 0 & -1 & -8 & -2 \\ 1 & 1 & 3 & 1 \end{vmatrix} = -2\cdot 1\cdot(-1)^{4+1}\begin{vmatrix} 3 & 6 & 4 \\ 0 & -1 & -2 \\ -1 & -8 & -2 \end{vmatrix}$$

$$\overset{①+3\times③}{=} 2\cdot\begin{vmatrix} 0 & -18 & -2 \\ 0 & -1 & -2 \\ -1 & -8 & -2 \end{vmatrix} = 2\cdot(-1)\cdot(-1)^{3+1}\begin{vmatrix} -18 & -2 \\ -1 & -2 \end{vmatrix}$$

第 **1** 列による余因子展開

$$= -2\cdot\{-18\cdot(-2)-(-2)\cdot(-1)\} = -2\times 34 = -68 \quad\cdots\cdots\cdots\text{(答)}$$

演習問題 44 ● 5次正方行列の行列式(Ⅱ)●

行列式 $\begin{vmatrix} 1 & 1 & 2 & 3 & 4 \\ 1 & 4 & 1 & 5 & 4 \\ 2 & 0 & 3 & 1 & 7 \\ -1 & 1 & 2 & 2 & 9 \\ 2 & -2 & 4 & 6 & 8 \end{vmatrix}$ の値を求めよ。

ヒント! 行列式の性質をフルに使って，最終結果まで頑張って出してみよう！

解答&解説

$$\begin{vmatrix} 1 & 1 & 2 & 3 & 4 \\ 1 & 4 & 1 & 5 & 4 \\ 2 & 0 & 3 & 1 & 7 \\ -1 & 1 & 2 & 2 & 9 \\ 2 & -2 & 4 & 6 & 8 \end{vmatrix} = 2\begin{vmatrix} 1 & 1 & 2 & 3 & 4 \\ 1 & 4 & 1 & 5 & 4 \\ 2 & 0 & 3 & 1 & 7 \\ -1 & 1 & 2 & 2 & 9 \\ 1 & -1 & 2 & 3 & 4 \end{vmatrix}$$

← 第5行から2をくくり出す。

$$\underset{①-⑤}{=} 2\begin{vmatrix} 0 & 2 & 0 & 0 & 0 \\ 1 & 4 & 1 & 5 & 4 \\ 2 & 0 & 3 & 1 & 7 \\ -1 & 1 & 2 & 2 & 9 \\ 1 & -1 & 2 & 3 & 4 \end{vmatrix} = \boxed{(ア)\qquad}\begin{vmatrix} 1 & 1 & 5 & 4 \\ 2 & 3 & 1 & 7 \\ -1 & 2 & 2 & 9 \\ 1 & 2 & 3 & 4 \end{vmatrix}$$

← 第1行による余因子展開

$$\underset{\substack{②-2\times① \\ ③+① \\ ④-①}}{=} -4\begin{vmatrix} 1 & 1 & 5 & 4 \\ 0 & 1 & -9 & -1 \\ 0 & 3 & 7 & 13 \\ 0 & 1 & -2 & 0 \end{vmatrix} = \boxed{(イ)\qquad}\begin{vmatrix} 1 & -9 & -1 \\ 3 & 7 & 13 \\ 1 & -2 & 0 \end{vmatrix}$$

← 第1列による余因子展開

$$\underset{\substack{②-3\times① \\ ③-①}}{=} -4\cdot\begin{vmatrix} 1 & -9 & -1 \\ 0 & 34 & 16 \\ 0 & 7 & 1 \end{vmatrix} = \boxed{(ウ)\qquad}\begin{vmatrix} 34 & 16 \\ 7 & 1 \end{vmatrix}$$

← 第1列による余因子展開

$= \boxed{(エ)\qquad}(34\cdot 1 - 16\cdot 7) = \boxed{(オ)\qquad}$ ……………………(答)

解答 (ア) $2\cdot 2\cdot(-1)^{1+2}$ (または -4)　(イ) $-4\cdot 1\cdot(-1)^{1+1}$ (または -4)

(ウ) $-4\cdot 1\cdot(-1)^{1+1}$ (または -4)　(エ) -4　(オ) 312

演習問題 45　●三角行列式●

次の三角行列式の値を求めよ。

(i) $\begin{vmatrix} a & x & y & z \\ 0 & b & u & v \\ 0 & 0 & c & w \\ 0 & 0 & 0 & d \end{vmatrix}$　　(ii) $\begin{vmatrix} a & 0 & 0 & 0 \\ x & b & 0 & 0 \\ y & u & c & 0 \\ z & v & w & d \end{vmatrix}$

ヒント！ (i)(ii)の形の行列式を**三角行列式**という。余因子展開する。

解答＆解説

(i) $\begin{vmatrix} a & x & y & z \\ 0 & b & u & v \\ 0 & 0 & c & w \\ 0 & 0 & 0 & d \end{vmatrix} = a\cdot(-1)^{1+1}\begin{vmatrix} b & u & v \\ 0 & c & w \\ 0 & 0 & d \end{vmatrix}$ ←第1列による余因子展開

$= a\cdot b\cdot(-1)^{1+1}\begin{vmatrix} c & w \\ 0 & d \end{vmatrix} = ab(cd - w\cdot 0) = abcd$ ……(答)

(ii) この行列は(i)の行列の転置行列より，公式 $|{}^tA| = |A|$ を用いて，

$\underbrace{\begin{vmatrix} a & 0 & 0 & 0 \\ x & b & 0 & 0 \\ y & u & c & 0 \\ z & v & w & d \end{vmatrix}}_{|{}^tA|} = \underbrace{\begin{vmatrix} a & x & y & z \\ 0 & b & u & v \\ 0 & 0 & c & w \\ 0 & 0 & 0 & d \end{vmatrix}}_{|A|} = abcd$ ……………………(答)

(i)

参考

同様に余因子展開することで，n 次の三角行列式の値は，対角成分の積に等しくなる。これは，公式として覚えよう！

$$\underbrace{\begin{vmatrix} a_{11} & a_{12} & a_{13} & \cdots & a_{1n} \\ 0 & a_{22} & a_{23} & \cdots & a_{2n} \\ 0 & 0 & a_{33} & \cdots & a_{3n} \\ \cdots & \cdots & \cdots & \cdots & \cdots \\ 0 & 0 & 0 & \cdots & a_{nn} \end{vmatrix}}_{\text{上三角行列式}} = \underbrace{\begin{vmatrix} a_{11} & 0 & 0 & \cdots & 0 \\ a_{21} & a_{22} & 0 & \cdots & 0 \\ a_{31} & a_{32} & a_{33} & \cdots & 0 \\ \cdots & \cdots & \cdots & \cdots & \cdots \\ a_{n1} & a_{n2} & a_{n3} & \cdots & a_{nn} \end{vmatrix}}_{\text{下三角行列式という。}} = a_{11}a_{22}a_{33}\cdots a_{nn}$$

演習問題 46 ● 三角行列式の応用 ●

次の各行列式の値を求めよ。

(i) $\begin{vmatrix} 0 & 0 & a \\ 0 & b & x \\ c & u & y \end{vmatrix}$　　(ii) $\begin{vmatrix} 0 & 0 & 0 & a \\ 0 & 0 & b & x \\ 0 & c & u & y \\ d & w & v & z \end{vmatrix}$

ヒント！ 2つの行(列)を入れ替える操作を順次行って，三角行列式にもち込む。

解答＆解説

(i) $\begin{vmatrix} 0 & 0 & a \\ 0 & b & x \\ c & u & y \end{vmatrix} = (-1)\begin{vmatrix} 0 & 0 & a \\ b & 0 & x \\ u & c & y \end{vmatrix} = (-1)^2\begin{vmatrix} 0 & a & 0 \\ b & x & 0 \\ u & y & c \end{vmatrix} = (-1)^2(-1)\begin{vmatrix} a & 0 & 0 \\ x & b & 0 \\ y & u & c \end{vmatrix} = -abc$ …(答)

もちろん，サラスの公式からでもスグに求まる。

$\begin{vmatrix} a & 0 & 0 \\ x & b & 0 \\ y & u & c \end{vmatrix} = abc$ （∵三角行列式）

(ii) $\begin{vmatrix} 0 & 0 & 0 & a \\ 0 & 0 & b & x \\ 0 & c & u & y \\ d & w & v & z \end{vmatrix} = (-1)^3\begin{vmatrix} 0 & 0 & a & 0 \\ 0 & b & x & 0 \\ c & u & y & 0 \\ w & v & z & d \end{vmatrix} = (-1)^3(-1)^2\begin{vmatrix} 0 & a & 0 & 0 \\ b & x & 0 & 0 \\ u & y & c & 0 \\ v & z & w & d \end{vmatrix}$

$= (-1)^3(-1)^2(-1)\begin{vmatrix} a & 0 & 0 & 0 \\ x & b & 0 & 0 \\ y & u & c & 0 \\ z & v & w & d \end{vmatrix} = (-1)^6 abcd = abcd$

…………(答)

$\begin{vmatrix} a & 0 & 0 & 0 \\ x & b & 0 & 0 \\ y & u & c & 0 \\ z & v & w & d \end{vmatrix} = abcd$ （∵三角行列式）

参考

同様に，

$$\begin{vmatrix} 0 & \cdots & 0 & 0 & a_{1n} \\ 0 & \cdots & 0 & a_{2n-1} & a_{2n} \\ 0 & \cdots & a_{3n-2} & a_{3n-1} & a_{3n} \\ \cdots & \cdots & \cdots & \cdots & \cdots \\ a_{n1} & \cdots & a_{nn-2} & a_{nn-1} & a_{nn} \end{vmatrix} = (-1)^{\frac{n(n-1)}{2}} a_{1n}a_{2n-1}a_{3n-2}\cdots a_{n1}$$

$(n-1)+(n-2)+\cdots+2+1 = \frac{\{(n-1)+1\}(n-1)}{2}$

が成り立つ。

演習問題 47	●定点を通る平面の方程式(Ⅰ)●

点 $\mathrm{Q}(c_1,\ c_2,\ c_3)$ を通り，1次独立な2つのベクトル $\boldsymbol{a}=[a_1,\ a_2,\ a_3]$，$\boldsymbol{b}=[b_1,\ b_2,\ b_3]$ が張る平面 α の方程式は，

$$\begin{vmatrix} x-c_1 & y-c_2 & z-c_3 \\ a_1 & a_2 & a_3 \\ b_1 & b_2 & b_3 \end{vmatrix}=0 \quad \cdots(*)$$ であることを示せ。

ヒント！ $(*)$の左辺を第1行で余因子展開すると，外積 $\boldsymbol{a}\times\boldsymbol{b}$ の成分が現れる。$(*)$は，平面の方程式の公式として覚えておこう！

解答＆解説

$$\begin{vmatrix} x-c_1 & y-c_2 & z-c_3 \\ a_1 & a_2 & a_3 \\ b_1 & b_2 & b_3 \end{vmatrix}=(x-c_1)\begin{vmatrix} a_2 & a_3 \\ b_2 & b_3 \end{vmatrix}-(y-c_2)\begin{vmatrix} a_1 & a_3 \\ b_1 & b_3 \end{vmatrix}+(z-c_3)\begin{vmatrix} a_1 & a_2 \\ b_1 & b_2 \end{vmatrix}$$

（$(x-c_1)(-1)^{1+1}$，$(y-c_2)(-1)^{1+2}$，$(z-c_3)(-1)^{1+3}$；第1行による余因子展開）

$$=(x-c_1)\begin{vmatrix} a_2 & a_3 \\ b_2 & b_3 \end{vmatrix}+(y-c_2)\begin{vmatrix} a_3 & a_1 \\ b_3 & b_1 \end{vmatrix}+(z-c_3)\begin{vmatrix} a_1 & a_2 \\ b_1 & b_2 \end{vmatrix}$$

$$=\underbrace{(a_2b_3-a_3b_2)}_{\alpha}(x-c_1)+\underbrace{(a_3b_1-a_1b_3)}_{\beta}(y-c_2)+\underbrace{(a_1b_2-a_2b_1)}_{\gamma}(z-c_3)$$

$$=\alpha(x-c_1)+\beta(y-c_2)+\gamma(z-c_3)$$

（ただし，$\alpha=a_2b_3-a_3b_2$，$\beta=a_3b_1-a_1b_3$，$\gamma=a_1b_2-a_2b_1$ とおく。）

これより，$(*)$は次式と同値となる。

$$\alpha(x-c_1)+\beta(y-c_2)+\gamma(z-c_3)=0 \quad \cdots①$$

①は，点 $\mathrm{Q}(c_1,\ c_2,\ c_3)$ を通り，法線ベクトル $\boldsymbol{h}=[\alpha,\ \beta,\ \gamma]$ をもつ平面を表す。

ここで，$\boldsymbol{h}$ は $\boldsymbol{a}$ と $\boldsymbol{b}$ の外積 $\boldsymbol{a}\times\boldsymbol{b}$ より，

$$\boldsymbol{h}\perp\boldsymbol{a} \quad かつ \quad \boldsymbol{h}\perp\boldsymbol{b} \leftarrow \boxed{\boldsymbol{h}\cdot\boldsymbol{a}=\boldsymbol{h}\cdot\boldsymbol{b}=0}$$

（外積の成分：$a_1\ a_2\ a_3\ a_1$ / $b_1\ b_2\ b_3\ b_1$ → $[a_2b_3-a_3b_2\ (\alpha),\ a_3b_1-a_1b_3\ (\beta),\ a_1b_2-a_2b_1\ (\gamma)]$）

したがって，①，すなわち$(*)$は，点 Q を通り，2つの1次独立なベクトル $\boldsymbol{a}$，$\boldsymbol{b}$ が張る平面 α の方程式である。………(終)

平面：α
$\boldsymbol{h}=[\alpha,\ \beta,\ \gamma]$
$\boldsymbol{b}=[b_1,\ b_2,\ b_3]$
$\boldsymbol{a}=[a_1,\ a_2,\ a_3]$
$\mathrm{Q}(c_1,\ c_2,\ c_3)$

演習問題 48 ● 定点を通る平面の方程式(Ⅱ) ●

点Q$(1,\ 4,\ -2)$を通り，$\boldsymbol{a}=[2,\ 1,\ -1]$，$\boldsymbol{b}=[1,\ 3,\ 5]$が張る平面の方程式を求めよ。

ヒント！ 行列式による平面の方程式$(*)$を作り，これを変形する。

解答＆解説

点Q$(1,\ 4,\ -2)$を通り，2つの1次独立なベクトル$\boldsymbol{a}=[2,\ 1,\ -1]$，$\boldsymbol{b}=[1,\ 3,\ 5]$の張る平面の方程式は，演習問題47の公式$(*)$より，

$$\begin{vmatrix} x-1 & y-4 & z-(-2) \\ 2 & 1 & -1 \\ 1 & 3 & 5 \end{vmatrix} = \boxed{(ア)} \quad \cdots\cdots①$$ となる。

①を変形して，

$$(x-1)\begin{vmatrix} 1 & -1 \\ 3 & 5 \end{vmatrix} \boxed{(イ)} \begin{vmatrix} 2 & -1 \\ 1 & 5 \end{vmatrix} + (z+2)\boxed{(ウ)} = 0$$ ← 第1行による余因子展開

$$\{1\cdot 5-(-1)\cdot 3\}(x-1)-\{2\cdot 5-(-1)\cdot 1\}(y-4)+(2\cdot 3-1\cdot 1)(z+2)=0$$

$$8(x-1)-11(y-4)+5(z+2)=0$$

よって，求める平面の方程式は，

$\boxed{(エ)}=0$ ……………………………………………(答)

一般に，$\boldsymbol{\alpha}=[\alpha_1,\ \alpha_2,\ \alpha_3]$，$\boldsymbol{\beta}=[\beta_1,\ \beta_2,\ \beta_3]$，$\boldsymbol{\gamma}=[\gamma_1,\ \gamma_2,\ \gamma_3]$が同一平面内にあるとき，これらを"**共面**(きょうめん)**ベクトル**"といい，

$$\begin{vmatrix} \boldsymbol{\alpha} \\ \boldsymbol{\beta} \\ \boldsymbol{\gamma} \end{vmatrix} = \begin{vmatrix} \alpha_1 & \alpha_2 & \alpha_3 \\ \beta_1 & \beta_2 & \beta_3 \\ \gamma_1 & \gamma_2 & \gamma_3 \end{vmatrix} = 0 \quad \cdots\cdots(**)$$ が成り立つ。$(*)$の平面の方程式も，

$(**)$に$\boldsymbol{\alpha}=[x-c_1,\ y-c_2,\ z-c_3]$，$\boldsymbol{\beta}=\boldsymbol{a}$，$\boldsymbol{\gamma}=\boldsymbol{b}$を代入したものだ！

解答 (ア) 0　(イ) $-(y-4)$　(ウ) $\begin{vmatrix} 2 & 1 \\ 1 & 3 \end{vmatrix}$　(エ) $8x-11y+5z+46$

§ 1. 逆行列と連立1次方程式の基本

逆行列 A^{-1}

n 次の正方行列 A が正則，すなわち $|A| \neq 0$ のとき，その逆行列 A^{-1} は，余因子行列 $\widetilde{A}$，余因子 A_{11}，A_{12}，…，A_{nn} を用いて，

$$逆行列 A^{-1} = \frac{1}{|A|}\widetilde{A} = \frac{1}{|A|}\underbrace{\begin{bmatrix} A_{11} & A_{21} & \cdots & A_{n1} \\ A_{12} & A_{22} & \cdots & A_{n2} \\ \vdots & \vdots & & \vdots \\ A_{1n} & A_{2n} & \cdots & A_{nn} \end{bmatrix}}_{\widetilde{A}：余因子行列} と表せる。$$

未知数 x_1，x_2，…，x_n に対して，次のような n 個の式からなる連立1次方程式を考えてみよう。

$$\begin{cases} a_{11}x_1 + a_{12}x_2 + \cdots + a_{1n}x_n = b_1 \\ a_{21}x_1 + a_{22}x_2 + \cdots + a_{2n}x_n = b_2 \\ \cdots\cdots\cdots\cdots\cdots\cdots\cdots\cdots\cdots \\ a_{n1}x_1 + a_{n2}x_2 + \cdots + a_{nn}x_n = b_n \end{cases} \quad \cdots\cdots(*)$$

この $(*)$ 式は，次のように変形できる。

$$\begin{bmatrix} a_{11} & a_{12} & \cdots & a_{1n} \\ a_{21} & a_{22} & \cdots & a_{2n} \\ \vdots & \vdots & & \vdots \\ a_{n1} & a_{n2} & \cdots & a_{nn} \end{bmatrix} \begin{bmatrix} x_1 \\ x_2 \\ \vdots \\ x_n \end{bmatrix} = \begin{bmatrix} b_1 \\ b_2 \\ \vdots \\ b_n \end{bmatrix} \quad \cdots\cdots(*)'$$

ここで，$A = \begin{bmatrix} a_{11} & a_{12} & \cdots & a_{1n} \\ a_{21} & a_{22} & \cdots & a_{2n} \\ \vdots & \vdots & & \vdots \\ a_{n1} & a_{n2} & \cdots & a_{nn} \end{bmatrix}$ を"**係数行列**"という。

また，$\boldsymbol{x} = \begin{bmatrix} x_1 \\ \vdots \\ x_n \end{bmatrix}$，$\boldsymbol{b} = \begin{bmatrix} b_1 \\ \vdots \\ b_n \end{bmatrix}$ とおくと，方程式 $(*)'$ はさらに，

$A\boldsymbol{x} = \boldsymbol{b}$ ……$(*)''$ と簡潔に表せる。

クラメルの公式

$|A| \neq 0$ のとき，n 元1次の連立方程式 $(*)$ の解は，

$x_i = \dfrac{|A_i|}{|A|} \quad (i = 1, 2, \cdots, n)$ と表せる。

$$\left(\text{ただし，} |A_i| = \begin{vmatrix} a_{11} & a_{12} & \cdots & b_1 & \cdots & a_{1n} \\ a_{21} & a_{22} & \cdots & b_2 & \cdots & a_{2n} \\ \vdots & \vdots & & \vdots & & \vdots \\ a_{n1} & a_{n2} & \cdots & b_n & \cdots & a_{nn} \end{vmatrix} \text{とする。} \right)$$

行列 A の第 i 列に $\boldsymbol{b}$ が割り込んだ形の行列式

n 元1次の連立方程式 $A\boldsymbol{x} = \boldsymbol{b}$ ……$(*)''$ のより実践的な解法として，“**掃き出し法**”がある。係数行列 A に定数項の列ベクトル $\boldsymbol{b}$ を加えた行列 $[A|\boldsymbol{b}]$ を“**拡大係数行列**”と呼び，A_a と表すことにする。これに次の“**行基本変形**”を加え，

augmented matrix（拡大行列）より

$[A|\boldsymbol{b}] \xrightarrow{\text{行基本変形}} [E|\boldsymbol{u}]$ と変形して，解 $\boldsymbol{x} = \boldsymbol{u}$ が求められる。

行基本変形

(i) 2つの行を入れ替える。

(ii) 1つの行を c 倍（スカラー倍）する。$(c \neq 0)$

(iii) 1つの行を c 倍（スカラー倍）したものを，他の行にたす。

他の行から“引いて”もいい。

この行基本変形を行う際に，対角成分の1を使って，他の行の成分を0に掃き出す感じになるので，“掃き出し法”と呼ぶ。

この“掃き出し法”は，逆行列 A^{-1} を求めるより実践的な方法でもある。

掃き出し法による逆行列 A^{-1} の計算

n 次の正方行列 A が正則のとき，$AA^{-1} = A^{-1}A = E$ をみたす逆行列 A^{-1} が存在し，それは，

$[A|E] \xrightarrow{\text{行基本変形}} [E|A^{-1}]$

によって，計算することができる。

§ 2. 行列の階数と，一般の連立 1 次方程式

階数(ランク)の決定

(m, n) 型行列 A に行基本変形を行って階段行列にしたとき，少なくとも 1 つは 0 でない成分をもつ行の個数 r を，行列 A の "**階数(ランク)**" と呼び，$rank\,A = r$ と表す。$(0 \leqq r \leqq m)$

一般に，n 次の正方行列 A について，次が成り立つ。

$$\begin{cases} (\text{i}) \ rank\,A = n \iff A \text{ は正則である } (|A| \neq 0) \iff A^{-1} \text{ あり} \\ (\text{ii}) \ rank\,A < n \iff A \text{ は正則でない } (|A| = 0) \iff A^{-1} \text{ なし} \end{cases}$$

n 個の未知数 $x_1, x_2, \cdots, x_n$ に対して，m 個の方程式からなる連立 1 次方程式で，その右辺の定数項がすべて 0 であるものを，"**同次連立 1 次方程式**" と呼ぶ。

$$\begin{cases} a_{11}x_1 + a_{12}x_2 + \cdots + a_{1n}x_n = 0 \\ a_{21}x_1 + a_{22}x_2 + \cdots + a_{2n}x_n = 0 \\ \cdots\cdots\cdots\cdots\cdots\cdots\cdots\cdots\cdots\cdots \\ a_{m1}x_1 + a_{m2}x_2 + \cdots + a_{mn}x_n = 0 \end{cases} \quad \cdots\cdots(*1)$$

(i) $m < n$，(ii) $m = n$，(iii) $m > n$ のいずれの場合でも，
$x_1 = x_2 = \cdots = x_n = 0$ のとき $(*1)$ は成り立つ。これを "**自明な解**" という。
それでは，$(*1)$ が自明な解以外の解をもつのはどういう場合なのだろうか。

(m, n) 型　$(n, 1)$ 型　$(m, 1)$ 型

ここで，$A = \begin{bmatrix} a_{11} & a_{12} & \cdots & a_{1n} \\ a_{21} & a_{22} & \cdots & a_{2n} \\ \vdots & \vdots & & \vdots \\ a_{m1} & a_{m2} & \cdots & a_{mn} \end{bmatrix}$，　$\boldsymbol{x} = \begin{bmatrix} x_1 \\ x_2 \\ \vdots \\ x_n \end{bmatrix}$，　$\boldsymbol{0} = \begin{bmatrix} 0 \\ 0 \\ \vdots \\ 0 \end{bmatrix}$ とおくと，

$(*1)$ は，$A\boldsymbol{x} = \boldsymbol{0}$ となり，$\boldsymbol{x} = \boldsymbol{0}$ が自明な解ということになる。
この同次連立 1 次方程式について，次が成り立つ。

(Ⅰ) $(*1)$ の実質的な方程式の個数は，$rank\,A$ に等しい。

(Ⅱ) 自由度 $= n - rank\,A$ （n：未知数の個数）

(Ⅲ) $\begin{cases} (\text{i}) \text{ 自由度} = 0 \text{ のとき，} (*1) \text{ は自明な解のみを解にもつ。} \\ (\text{ii}) \text{ 自由度} > 0 \text{ のとき，} (*1) \text{ は自明な解以外にも解をもつ。} \end{cases}$

連立1次方程式で，右辺の定数項のうち少なくとも1つが0でないものを，"**非同次連立1次方程式**"という。

$$\begin{cases} a_{11}x_1+a_{12}x_2+\cdots+a_{1n}x_n=b_1 \\ a_{21}x_1+a_{22}x_2+\cdots+a_{2n}x_n=b_2 \\ \cdots\cdots\cdots\cdots\cdots\cdots\cdots\cdots\cdots\cdots \\ a_{m1}x_1+a_{m2}x_2+\cdots+a_{mn}x_n=b_m \end{cases} \quad\cdots\cdots(*2)$$

$b_1, b_2, \cdots, b_m$ のうち少なくとも1つは0でない。

今回は，$x_1=x_2=\cdots=x_n=0$ の自明な解は存在しない。

$$A=\begin{bmatrix} a_{11} & a_{12} & \cdots & a_{1n} \\ a_{21} & a_{22} & \cdots & a_{2n} \\ \vdots & \vdots & & \vdots \\ a_{m1} & a_{m2} & \cdots & a_{mn} \end{bmatrix}, \quad \boldsymbol{x}=\begin{bmatrix} x_1 \\ x_2 \\ \vdots \\ x_n \end{bmatrix}, \quad \boldsymbol{0}=\begin{bmatrix} b_1 \\ b_2 \\ \vdots \\ b_m \end{bmatrix}$$ とおく。

今回の解法には，拡大係数行列 $A_a=[A|\boldsymbol{b}]$，すなわち

$$A_a=\left[\begin{array}{cccc|c} a_{11} & a_{12} & \cdots & a_{1n} & b_1 \\ a_{21} & a_{22} & \cdots & a_{2n} & b_2 \\ \vdots & \vdots & & \vdots & \vdots \\ a_{m1} & a_{m2} & \cdots & a_{mn} & b_m \end{array}\right]$$ を利用する。

A が (m, n) 型行列に対して，A_a は $(m, n+1)$ 型行列になる。

これに行基本変形を行って，

$\underbrace{[A|\boldsymbol{b}]}_{A_a} \xrightarrow{\text{行基本変形}} \underbrace{[A'|\boldsymbol{b}']}_{A_a'}$ とする。ここで，もし

A' から求める　A_a' から求める

$\begin{cases} (\text{I})\ rank\ A < rank\ A_a \text{ であれば，解は存在しない。} \\ (\text{II})\ rank\ A = rank\ A_a \text{ であれば，解は存在する。} \end{cases}$

そして，(II) のとき，$rank\ A_a=r$ とおくと，自由度 $=n-r$ に対して，方程式 $(*2)$ は，

(i) 自由度 $=0$ のとき，ただ1組の解をもつ。

(ii) 自由度 >0 のとき，不定解をもつ。

演習問題 49　●3次正方行列の逆行列(Ⅰ)●

$A=\begin{bmatrix}0 & -1 & 1\\ 1 & 2 & -1\\ 2 & 1 & 2\end{bmatrix}$ の逆行列 A^{-1} を，公式 $A^{-1}=\frac{1}{|A|}\widetilde{A}$ ($\widetilde{A}$：余因子行列) から求めよ。

ヒント！ 行列式 $|A|$ と余因子 $A_{11}, A_{12}, \cdots, A_{33}$ を計算して，A^{-1} を求めよう。

解答＆解説

$$|A|=\begin{vmatrix}0 & -1 & 1\\ 1 & 2 & -1\\ 2 & 1 & 2\end{vmatrix}=0+2+1-4-0+2=1$$

サラスの公式より

$$A_{11}=(-1)^{1+1}\begin{vmatrix}2 & -1\\ 1 & 2\end{vmatrix}=5 \qquad A_{12}=(-1)^{1+2}\begin{vmatrix}1 & -1\\ 2 & 2\end{vmatrix}=-4$$

$$A_{13}=(-1)^{1+3}\begin{vmatrix}1 & 2\\ 2 & 1\end{vmatrix}=-3 \qquad A_{21}=(-1)^{2+1}\begin{vmatrix}-1 & 1\\ 1 & 2\end{vmatrix}=3$$

$$A_{22}=(-1)^{2+2}\begin{vmatrix}0 & 1\\ 2 & 2\end{vmatrix}=-2 \qquad A_{23}=(-1)^{2+3}\begin{vmatrix}0 & -1\\ 2 & 1\end{vmatrix}=-2$$

$$A_{31}=(-1)^{3+1}\begin{vmatrix}-1 & 1\\ 2 & -1\end{vmatrix}=-1 \qquad A_{32}=(-1)^{3+2}\begin{vmatrix}0 & 1\\ 1 & -1\end{vmatrix}=1$$

$$A_{33}=(-1)^{3+3}\begin{vmatrix}0 & -1\\ 1 & 2\end{vmatrix}=1$$

以上より，求める逆行列 A^{-1} は，

$$A^{-1}=\frac{1}{|A|}\widetilde{A}=\frac{1}{1}\begin{bmatrix}A_{11} & A_{21} & A_{31}\\ A_{12} & A_{22} & A_{32}\\ A_{13} & A_{23} & A_{33}\end{bmatrix}=\begin{bmatrix}5 & 3 & -1\\ -4 & -2 & 1\\ -3 & -2 & 1\end{bmatrix}$$ ……………………(答)

演習問題 50　● 3次正方行列の逆行列(Ⅱ) ●

$B=\begin{bmatrix} 2 & 3 & 1 \\ 1 & 1 & 0 \\ 1 & -1 & -1 \end{bmatrix}$ の逆行列 B^{-1} を，公式 $B^{-1}=\frac{1}{|B|}\widetilde{B}$ （$\widetilde{B}$：余因子行列）から求めよ。

ヒント！ $|B|$ と余因子 B_{11}，B_{12}，…，B_{33} を求めよう。

解答＆解説

$$|B|=\begin{vmatrix} 2 & 3 & 1 \\ 1 & 1 & 0 \\ 1 & -1 & -1 \end{vmatrix}=\boxed{(ア)\qquad}$$ ←サラスの公式より

$$B_{11}=(-1)^{1+1}\begin{vmatrix} 1 & 0 \\ -1 & -1 \end{vmatrix}=-1 \qquad B_{12}=(-1)^{1+2}\begin{vmatrix} 1 & 0 \\ 1 & -1 \end{vmatrix}=1$$

$$B_{13}=\boxed{(イ)\qquad}\begin{vmatrix} 1 & 1 \\ 1 & -1 \end{vmatrix}=-2 \qquad B_{21}=(-1)^{2+1}\begin{vmatrix} 3 & 1 \\ -1 & -1 \end{vmatrix}=2$$

$$B_{22}=(-1)^{2+2}\begin{vmatrix} 2 & 1 \\ 1 & -1 \end{vmatrix}=-3 \qquad B_{23}=(-1)^{2+3}\begin{vmatrix} 2 & 3 \\ 1 & -1 \end{vmatrix}=\boxed{(ウ)\quad}$$

$$B_{31}=(-1)^{3+1}\begin{vmatrix} 3 & 1 \\ 1 & 0 \end{vmatrix}=-1 \qquad B_{32}=(-1)^{3+2}\begin{vmatrix} 2 & 1 \\ 1 & 0 \end{vmatrix}=1$$

$$B_{33}=(-1)^{3+3}\begin{vmatrix} 2 & 3 \\ 1 & 1 \end{vmatrix}=-1$$

以上より，求める逆行列 B^{-1} は，

$$B^{-1}=\frac{1}{|B|}\widetilde{B}=\frac{1}{-1}\boxed{(エ)\qquad}=-\begin{bmatrix} -1 & 2 & -1 \\ 1 & -3 & 1 \\ -2 & 5 & -1 \end{bmatrix}=\begin{bmatrix} 1 & -2 & 1 \\ -1 & 3 & -1 \\ 2 & -5 & 1 \end{bmatrix}$$

……………………………(答)

解答

(ア) $-2+0-1-1-0+3=-1$　(イ) $(-1)^{1+3}$　(ウ) 5　(エ) $\begin{bmatrix} B_{11} & B_{21} & B_{31} \\ B_{12} & B_{22} & B_{32} \\ B_{13} & B_{23} & B_{33} \end{bmatrix}$

演習問題 51 ● 3次正方行列の逆行列(Ⅲ)●

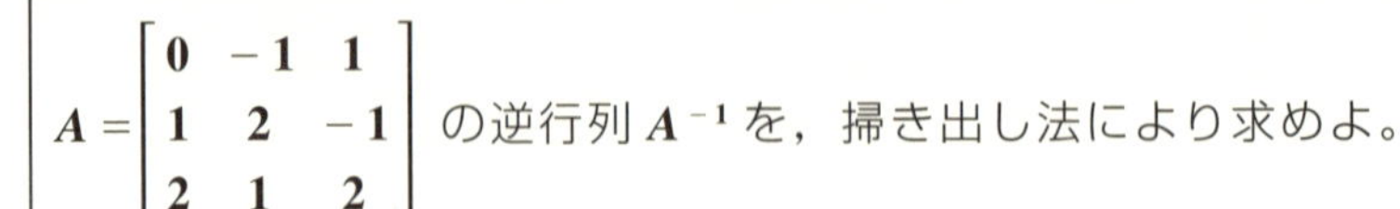

$A=\begin{bmatrix} 0 & -1 & 1 \\ 1 & 2 & -1 \\ 2 & 1 & 2 \end{bmatrix}$ の逆行列 A^{-1} を，掃き出し法により求めよ。

ヒント！ 行基本変形により，$[A|E] \rightarrow [E|A^{-1}]$ と変形するんだね。

解答＆解説

$$[A|E]=\left[\begin{array}{ccc|ccc} 0 & -1 & 1 & 1 & 0 & 0 \\ 1 & 2 & -1 & 0 & 1 & 0 \\ 2 & 1 & 2 & 0 & 0 & 1 \end{array}\right] \xrightarrow{①\leftrightarrow②} \left[\begin{array}{ccc|ccc} 1 & 2 & -1 & 0 & 1 & 0 \\ 0 & -1 & 1 & 1 & 0 & 0 \\ 2 & 1 & 2 & 0 & 0 & 1 \end{array}\right]$$

1を使って掃き出す。

$$\xrightarrow{③-2\times①} \left[\begin{array}{ccc|ccc} 1 & 2 & -1 & 0 & 1 & 0 \\ 0 & -1 & 1 & 1 & 0 & 0 \\ 0 & -3 & 4 & 0 & -2 & 1 \end{array}\right] \xrightarrow{-1\times②} \left[\begin{array}{ccc|ccc} 1 & 2 & -1 & 0 & 1 & 0 \\ 0 & 1 & -1 & -1 & 0 & 0 \\ 0 & -3 & 4 & 0 & -2 & 1 \end{array}\right]$$

1を使って掃き出す。

$$\xrightarrow[③+3\times②]{①-2\times②} \left[\begin{array}{ccc|ccc} 1 & 0 & 1 & 2 & 1 & 0 \\ 0 & 1 & -1 & -1 & 0 & 0 \\ 0 & 0 & 1 & -3 & -2 & 1 \end{array}\right]$$

1を使って掃き出す。

$$\xrightarrow[②+③]{①-③} \left[\begin{array}{ccc|ccc} 1 & 0 & 0 & 5 & 3 & -1 \\ 0 & 1 & 0 & -4 & -2 & 1 \\ 0 & 0 & 1 & -3 & -2 & 1 \end{array}\right] = [E|A^{-1}]$$

∴求める逆行列 A^{-1} は，$A^{-1}=\begin{bmatrix} 5 & 3 & -1 \\ -4 & -2 & 1 \\ -3 & -2 & 1 \end{bmatrix}$ ……………………(答)

演習問題 **49** と同じ結果が導けた！

演習問題 52　● 3 次正方行列の逆行列 (Ⅳ) ●

$B=\begin{bmatrix}2&3&1\\1&1&0\\1&-1&-1\end{bmatrix}$ の逆行列 B^{-1} を，掃き出し法により求めよ。

ヒント！ 行基本変形を行い，$[B|E]\to[E|B^{-1}]$ と変形する。行基本変形をする際，対角成分の 1 を使って，他の行の成分を 0 に掃き出していけばいいんだね。

解答＆解説

$$[B|E]=\left[\begin{array}{ccc|c}2&3&1&\\1&1&0&(ア)\\1&-1&-1&\end{array}\right]\xrightarrow{①\leftrightarrow②}\left[\begin{array}{ccc|ccc}1&1&0&0&1&0\\2&3&1&1&0&0\\1&-1&-1&0&0&1\end{array}\right]$$

$$\xrightarrow{②\leftrightarrow③}\left[\begin{array}{ccc|ccc}1&1&0&0&1&0\\1&-1&-1&0&0&1\\2&3&1&1&0&0\end{array}\right]\xrightarrow[③-2\times①]{②-①}\left[\begin{array}{c|ccc}&0&1&0\\(イ)&0&-1&1\\&1&-2&0\end{array}\right]$$

1 を使って掃き出す。

$$\xrightarrow{②\leftrightarrow③}\left[\begin{array}{ccc|ccc}1&1&0&0&1&0\\0&1&1&1&-2&0\\0&-2&-1&0&-1&1\end{array}\right]\xrightarrow[③+2\times②]{①-②}\left[\begin{array}{ccc|c}1&0&-1&\\0&1&1&(ウ)\\0&0&1&\end{array}\right]$$

1 を使って掃き出す。　1 を使って掃き出す。

$$\xrightarrow[②-③]{①+③}\left[\begin{array}{ccc|c}1&0&0&\\0&1&0&(エ)\\0&0&1&\end{array}\right]=[E|B^{-1}]$$

演習問題 50 と同じ結果が導けた！

∴ 求める逆行列 B^{-1} は，$B^{-1}=\begin{bmatrix}1&-2&1\\-1&3&-1\\2&-5&1\end{bmatrix}$ ……………………………(答)

解答　(ア) $\begin{matrix}1&0&0\\0&1&0\\0&0&1\end{matrix}$　(イ) $\begin{matrix}1&1&0\\0&-2&-1\\0&1&1\end{matrix}$　(ウ) $\begin{matrix}-1&3&0\\1&-2&0\\2&-5&1\end{matrix}$　(エ) $\begin{matrix}1&-2&1\\-1&3&-1\\2&-5&1\end{matrix}$

演習問題 53 ● 4次正方行列の逆行列 (Ⅰ) ●

$A=\begin{bmatrix}1&2&1&2\\-1&-1&0&-1\\-2&-1&2&0\\2&6&1&4\end{bmatrix}$ の逆行列 A^{-1} を，公式 $A^{-1}=\frac{1}{|A|}\widetilde{A}$ ($\widetilde{A}$：余因子行列)から求めよ。

ヒント！ $|A|$ を求めた後，A_{11}，A_{12}，…，A_{44} を順に計算して，A^{-1} を求めるんだね。

解答＆解説

$$|A|=\begin{vmatrix}1&2&1&2\\-1&-1&0&-1\\-2&-1&2&0\\2&6&1&4\end{vmatrix}\underset{④-2\times①}{\overset{②+①}{\underset{=}{③+2\times①}}}\begin{vmatrix}1&2&1&2\\0&1&1&1\\0&3&4&4\\0&2&-1&0\end{vmatrix}$$

$$=1\cdot(-1)^{1+1}\begin{vmatrix}1&1&1\\3&4&4\\2&-1&0\end{vmatrix}$$ ← 第1列による余因子展開

$$=0+8-3-8+4-0=1$$ ← サラスの公式

$$A_{11}=(-1)^{1+1}\begin{vmatrix}-1&0&-1\\-1&2&0\\6&1&4\end{vmatrix}=5$$

$$\begin{vmatrix}1&2&1&2\\-1&-1&0&-1\\-2&-1&2&0\\2&6&1&4\end{vmatrix}$$

$$A_{12}=(-1)^{1+2}\begin{vmatrix}-1&0&-1\\-2&2&0\\2&1&4\end{vmatrix}=2$$

$$\begin{vmatrix}1&2&1&2\\-1&-1&0&-1\\-2&-1&2&0\\2&6&1&4\end{vmatrix}$$

$$A_{13}=(-1)^{1+3}\begin{vmatrix}-1&-1&-1\\-2&-1&0\\2&6&4\end{vmatrix}=6$$

$4+12-2-8=6$ ← サラス

$$A_{14}=(-1)^{1+4}\begin{vmatrix}-1&-1&0\\-2&-1&2\\2&6&1\end{vmatrix}=-7$$

$1-4+12-2=7$ ← サラス

$$A_{21}=(-1)^{2+1}\begin{vmatrix} 2 & 1 & 2 \\ -1 & 2 & 0 \\ 6 & 1 & 4 \end{vmatrix}=6$$

$16-2-24+4=-6$ ← サラス

$$A_{22}=(-1)^{2+2}\begin{vmatrix} 1 & 1 & 2 \\ -2 & 2 & 0 \\ 2 & 1 & 4 \end{vmatrix}=4$$

$8-4-8+8=4$ ← サラス

$$A_{23}=(-1)^{2+3}\begin{vmatrix} 1 & 2 & 2 \\ -2 & -1 & 0 \\ 2 & 6 & 4 \end{vmatrix}=8$$

$-4-24+4+16=-8$

$$A_{24}=(-1)^{2+4}\begin{vmatrix} 1 & 2 & 1 \\ -2 & -1 & 2 \\ 2 & 6 & 1 \end{vmatrix}=-11$$

$-1+8-12+2-12+4=-11$

$$A_{31}=(-1)^{3+1}\begin{vmatrix} 2 & 1 & 2 \\ -1 & 0 & -1 \\ 6 & 1 & 4 \end{vmatrix}=-2$$

$-6-2+2+4=-2$

$$A_{32}=(-1)^{3+2}\begin{vmatrix} 1 & 1 & 2 \\ -1 & 0 & -1 \\ 2 & 1 & 4 \end{vmatrix}=-1$$

$-2-2+1+4=1$

$$A_{33}=(-1)^{3+3}\begin{vmatrix} 1 & 2 & 2 \\ -1 & -1 & -1 \\ 2 & 6 & 4 \end{vmatrix}=-2$$

$-4-4-12+4+6+8=-2$

$$A_{34}=(-1)^{3+4}\begin{vmatrix} 1 & 2 & 1 \\ -1 & -1 & 0 \\ 2 & 6 & 1 \end{vmatrix}=3$$

$-1-6+2+2=-3$

$$A_{41}=(-1)^{4+1}\begin{vmatrix} 2 & 1 & 2 \\ -1 & 0 & -1 \\ -1 & 2 & 0 \end{vmatrix}=-1$$

$1-4+4=1$

$$A_{42}=(-1)^{4+2}\begin{vmatrix} 1 & 1 & 2 \\ -1 & 0 & -1 \\ -2 & 2 & 0 \end{vmatrix}=0$$

$2-4+2=0$

$$A_{43}=(-1)^{4+3}\begin{vmatrix} 1 & 2 & 2 \\ -1 & -1 & -1 \\ -2 & -1 & 0 \end{vmatrix}=-1$$

$4+2-4-1=1$

$$A_{44}=(-1)^{4+4}\begin{vmatrix} 1 & 2 & 1 \\ -1 & -1 & 0 \\ -2 & -1 & 2 \end{vmatrix}=1$$

$-2+1-2+4=1$

以上より，求める逆行列 A^{-1} は，

$$A^{-1}=\frac{1}{|A|}\widetilde{A}=\frac{1}{|A|}\begin{bmatrix} A_{11} & A_{21} & A_{31} & A_{41} \\ A_{12} & A_{22} & A_{32} & A_{42} \\ A_{13} & A_{23} & A_{33} & A_{43} \\ A_{14} & A_{24} & A_{34} & A_{44} \end{bmatrix}=\frac{1}{1}\begin{bmatrix} 5 & 6 & -2 & -1 \\ 2 & 4 & -1 & 0 \\ 6 & 8 & -2 & -1 \\ -7 & -11 & 3 & 1 \end{bmatrix}$$

$$\therefore A^{-1}=\begin{bmatrix} 5 & 6 & -2 & -1 \\ 2 & 4 & -1 & 0 \\ 6 & 8 & -2 & -1 \\ -7 & -11 & 3 & 1 \end{bmatrix}$$ ……………………(答)

演習問題 54　●4次正方行列の逆行列(Ⅱ)●

$A = \begin{bmatrix} 1 & 2 & 1 & 2 \\ -1 & -1 & 0 & -1 \\ -2 & -1 & 2 & 0 \\ 2 & 6 & 1 & 4 \end{bmatrix}$ の逆行列 A^{-1} を，掃き出し法により求めよ。

ヒント！ 行基本変形を行い，対角成分の **1** を使って，他の行の成分を **0** に掃き出していく。$[A|E]$ からスタートし，$[E|A^{-1}]$ まで変形できたら終了だね。

解答＆解説

$$[A|E] = \left[\begin{array}{cccc|c} 1 & 2 & 1 & 2 & \\ -1 & -1 & 0 & -1 & \\ -2 & -1 & 2 & 0 & (ア) \\ 2 & 6 & 1 & 4 & \end{array}\right]$$

1を使って掃き出す。

$$\xrightarrow[④-2\times①]{②+① \\ ③+2\times①} \left[\begin{array}{cccc|cccc} 1 & 2 & 1 & 2 & 1 & 0 & 0 & 0 \\ 0 & 1 & 1 & 1 & 1 & 1 & 0 & 0 \\ 0 & 3 & 4 & 4 & 2 & 0 & 1 & 0 \\ 0 & 2 & -1 & 0 & -2 & 0 & 0 & 1 \end{array}\right]$$

(4行目)$-2\times$(1行目)
$[2\ 6\ 1\ 4\ |\ 0\ 0\ 0\ 1]$
$-2[1\ 2\ 1\ 2\ |\ 1\ 0\ 0\ 0]$
$=[0\ 2\ -1\ 0\ |\ -2\ 0\ 0\ 1]$

1を使って掃き出す。

$$\xrightarrow[④-2\times②]{①-2\times② \\ ③-3\times②} \left[\begin{array}{cccc|cccc} 1 & 0 & -1 & 0 & -1 & -2 & 0 & 0 \\ 0 & 1 & 1 & 1 & 1 & 1 & 0 & 0 \\ 0 & 0 & 1 & 1 & -1 & -3 & 1 & 0 \\ 0 & 0 & -3 & -2 & -4 & -2 & 0 & 1 \end{array}\right]$$

(3行目)$-3\times$(2行目)
$[0\ 3\ 4\ 4\ |\ 2\ 0\ 1\ 0]$
$-3[0\ 1\ 1\ 1\ |\ 1\ 1\ 0\ 0]$
$=[0\ 0\ 1\ 1\ |\ -1\ -3\ 1\ 0]$

1を使って掃き出す。

$$\xrightarrow[④+3\times③]{①+③ \\ ②-③} \left[\begin{array}{cccc|c} 1 & 0 & 0 & 1 & \\ 0 & 1 & 0 & 0 & \\ 0 & 0 & 1 & 1 & (イ) \\ 0 & 0 & 0 & 1 & \end{array}\right]$$

1を使って掃き出す。

$$\xrightarrow[③-④]{①-④}\left[\begin{array}{cccc|cccc} 1 & 0 & 0 & 0 & 5 & 6 & -2 & -1 \\ 0 & 1 & 0 & 0 & 2 & 4 & -1 & 0 \\ 0 & 0 & 1 & 0 & 6 & 8 & -2 & -1 \\ 0 & 0 & 0 & 1 & -7 & -11 & 3 & 1 \end{array}\right]=[E|A^{-1}]$$

演習問題 **53** と同じ結果が導けた！

$\therefore A$ の逆行列は，$A^{-1}=\left[\ \boxed{(ウ)}\ \right]$ ……………………………(答)

この結果が正しいかどうかを，検算しておこう。

$$AA^{-1}=\begin{bmatrix} 1 & 2 & 1 & 2 \\ -1 & -1 & 0 & -1 \\ -2 & -1 & 2 & 0 \\ 2 & 6 & 1 & 4 \end{bmatrix}\begin{bmatrix} 5 & 6 & -2 & -1 \\ 2 & 4 & -1 & 0 \\ 6 & 8 & -2 & -1 \\ -7 & -11 & 3 & 1 \end{bmatrix}$$

$$=\begin{bmatrix} 5+4+6-14 & 6+8+8-22 & -2-2-2+6 & -1+0-1+2 \\ -5-2+0+7 & -6-4+0+11 & 2+1+0-3 & 1+0+0-1 \\ -10-2+12+0 & -12-4+16+0 & 4+1-4+0 & 2+0-2+0 \\ 10+12+6-28 & 12+24+8-44 & -4-6-2+12 & -2+0-1+4 \end{bmatrix}$$

$$=\begin{bmatrix} 1 & 0 & 0 & 0 \\ 0 & 1 & 0 & 0 \\ 0 & 0 & 1 & 0 \\ 0 & 0 & 0 & 1 \end{bmatrix}=E$$

となるので，A^{-1} の結果に間違いないね。

解答

(ア) $\begin{matrix} 1 & 0 & 0 & 0 \\ 0 & 1 & 0 & 0 \\ 0 & 0 & 1 & 0 \\ 0 & 0 & 0 & 1 \end{matrix}$　(イ) $\begin{matrix} -2 & -5 & 1 & 0 \\ 2 & 4 & -1 & 0 \\ -1 & -3 & 1 & 0 \\ -7 & -11 & 3 & 1 \end{matrix}$　(ウ) $\begin{matrix} 5 & 6 & -2 & -1 \\ 2 & 4 & -1 & 0 \\ 6 & 8 & -2 & -1 \\ -7 & -11 & 3 & 1 \end{matrix}$

演習問題 55　　● 連立1次方程式（クラメルの公式）●

連立方程式 $\begin{cases} x_1 - 2x_2 + x_3 = -6 \\ 2x_1 + x_2 + 3x_3 = -5 \\ x_1 - x_2 - 2x_3 = 5 \end{cases}$ を，クラメルの公式を用いて解け。

ヒント！ $A\boldsymbol{x} = \boldsymbol{b}$ の形にし，$|A|$，$|A_1|$，$|A_2|$，$|A_3|$ の値を求めて，解けばいい。

解答＆解説

与連立方程式を変形して，

$$\begin{bmatrix} 1 & -2 & 1 \\ 2 & 1 & 3 \\ 1 & -1 & -2 \end{bmatrix}\begin{bmatrix} x_1 \\ x_2 \\ x_3 \end{bmatrix} = \begin{bmatrix} -6 \\ -5 \\ 5 \end{bmatrix}$$ とし，

$$A = \begin{bmatrix} 1 & -2 & 1 \\ 2 & 1 & 3 \\ 1 & -1 & -2 \end{bmatrix},\ \boldsymbol{x} = \begin{bmatrix} x_1 \\ x_2 \\ x_3 \end{bmatrix},\ \boldsymbol{b} = \begin{bmatrix} -6 \\ -5 \\ 5 \end{bmatrix}$$ とおく。

ここで，

$$|A| = \begin{vmatrix} 1 & -2 & 1 \\ 2 & 1 & 3 \\ 1 & -1 & -2 \end{vmatrix} = -16$$

$-2-6-2-1+3-8$ ← サラス

$$|A_1| = \begin{vmatrix} -6 & -2 & 1 \\ -5 & 1 & 3 \\ 5 & -1 & -2 \end{vmatrix} = -16$$

（第1列 $= \boldsymbol{b}$）

$12-30+\cancel{5}-\cancel{5}-18+20$ ← サラス

$$|A_2| = \begin{vmatrix} 1 & -6 & 1 \\ 2 & -5 & 3 \\ 1 & 5 & -2 \end{vmatrix} = -32$$

（第2列 $= \boldsymbol{b}$）

$10-18+\cancel{10}+\cancel{5}-\cancel{15}-24$ ← サラス

$$|A_3| = \begin{vmatrix} 1 & -2 & -6 \\ 2 & 1 & -5 \\ 1 & -1 & 5 \end{vmatrix} = 48$$

（第3列 $= \boldsymbol{b}$）

$\cancel{5}+10+12+6-\cancel{5}+20$ ← サラス

以上より，求める解は，

$$x_1 = \frac{|A_1|}{|A|} = \frac{-16}{-16} = 1,\quad x_2 = \frac{|A_2|}{|A|} = \frac{-32}{-16} = 2,\quad x_3 = \frac{|A_3|}{|A|} = \frac{48}{-16} = -3$$

$\therefore\ x_1 = 1,\ x_2 = 2,\ x_3 = -3$ ……………………………………（答）

演習問題 56	● 連立1次方程式(クラメルの公式)●

連立方程式 $\begin{cases} -x_1+2x_2-x_3=-4 \\ 2x_1+3x_2+x_3=11 \\ x_1-x_2+2x_3=9 \end{cases}$ を，クラメルの公式を用いて解け。

ヒント！ $A\boldsymbol{x}=\boldsymbol{b}$ の形にし，$|A|$, $|A_1|$, $|A_2|$, $|A_3|$ を計算して，解けるんだよ。

解答&解説

与連立方程式を変形して，

$$\begin{bmatrix} -1 & 2 & -1 \\ 2 & 3 & 1 \\ 1 & -1 & 2 \end{bmatrix}\begin{bmatrix} x_1 \\ x_2 \\ x_3 \end{bmatrix}=\begin{bmatrix} -4 \\ 11 \\ 9 \end{bmatrix}$$ とし，$A=\begin{bmatrix} -1 & 2 & -1 \\ 2 & 3 & 1 \\ 1 & -1 & 2 \end{bmatrix}$，$\boldsymbol{x}=\begin{bmatrix} x_1 \\ x_2 \\ x_3 \end{bmatrix}$，$\boldsymbol{b}=\begin{bmatrix} -4 \\ 11 \\ 9 \end{bmatrix}$

とおく。ここで，

$$|A|=\begin{vmatrix} -1 & 2 & -1 \\ 2 & 3 & 1 \\ 1 & -1 & 2 \end{vmatrix}=\boxed{(ア)}$$

$= -6+2+2+3-1-8$ ←サラス

$$|A_1|=\begin{vmatrix} -4 & 2 & -1 \\ 11 & 3 & 1 \\ 9 & -1 & 2 \end{vmatrix}=\boxed{(イ)}$$

（第1列 $=\boldsymbol{b}$）

$= -24+18+11+27-4-44$ ←サラス

$$|A_2|=\begin{vmatrix} -1 & -4 & -1 \\ 2 & 11 & 1 \\ 1 & 9 & 2 \end{vmatrix}=\boxed{(ウ)}$$

（第2列 $=\boldsymbol{b}$）

$= -22-4-18+11+9+16$ ←サラス

$$|A_3|=\begin{vmatrix} -1 & 2 & -4 \\ 2 & 3 & 11 \\ 1 & -1 & 9 \end{vmatrix}=\boxed{(エ)}$$

（第3列 $=\boldsymbol{b}$）

$= -27+22+8+12-11-36$ ←サラス

以上より，求める解は，

$$x_1=\frac{|A_1|}{|A|}=\frac{-16}{-8}=2,\quad x_2=\frac{|A_2|}{|A|}=\frac{-8}{-8}=1,\quad x_3=\frac{|A_3|}{|A|}=\frac{-32}{-8}=4$$

$\therefore\ x_1=2,\ x_2=1,\ x_3=4$ ……………………………………(答)

解答　(ア) -8　(イ) -16　(ウ) -8　(エ) -32

演習問題 57	● 連立 1 次方程式（掃き出し法）●

連立方程式 $\begin{cases} x_1 - 2x_2 + x_3 = -6 \\ 2x_1 + x_2 + 3x_3 = -5 \\ x_1 - x_2 - 2x_3 = 5 \end{cases}$ を，掃き出し法を用いて解け。

ヒント！ 拡大係数行列 $[A|b]$ に行基本変形を行い，$[E|u]$ の形にするんだね。

解答＆解説

$A = \begin{bmatrix} 1 & -2 & 1 \\ 2 & 1 & 3 \\ 1 & -1 & -2 \end{bmatrix}$，$x = \begin{bmatrix} x_1 \\ x_2 \\ x_3 \end{bmatrix}$，$b = \begin{bmatrix} -6 \\ -5 \\ 5 \end{bmatrix}$ とおく。

拡大係数行列 $[A|b]$ に行基本変形を行って，$[E|u]$ の形にもち込む。

$$[A|b] = \left[\begin{array}{ccc|c} 1 & -2 & 1 & -6 \\ 2 & 1 & 3 & -5 \\ 1 & -1 & -2 & 5 \end{array}\right] \xrightarrow[③-①]{②-2\times①} \left[\begin{array}{ccc|c} 1 & -2 & 1 & -6 \\ 0 & 5 & 1 & 7 \\ 0 & 1 & -3 & 11 \end{array}\right]$$

$$\xrightarrow{②\leftrightarrow③} \left[\begin{array}{ccc|c} 1 & -2 & 1 & -6 \\ 0 & 1 & -3 & 11 \\ 0 & 5 & 1 & 7 \end{array}\right] \xrightarrow[③-5\times②]{①+2\times②} \left[\begin{array}{ccc|c} 1 & 0 & -5 & 16 \\ 0 & 1 & -3 & 11 \\ 0 & 0 & 16 & -48 \end{array}\right]$$

$$\xrightarrow{\frac{1}{16}\times③} \left[\begin{array}{ccc|c} 1 & 0 & -5 & 16 \\ 0 & 1 & -3 & 11 \\ 0 & 0 & 1 & -3 \end{array}\right]$$

$$\xrightarrow[②+3\times③]{①+5\times③} \left[\begin{array}{ccc|c} 1 & 0 & 0 & 1 \\ 0 & 1 & 0 & 2 \\ 0 & 0 & 1 & -3 \end{array}\right] = [E|u]$$

演習問題 55 と同じ結果が導けた！

$\therefore$ 解 $x = \begin{bmatrix} x_1 \\ x_2 \\ x_3 \end{bmatrix} = \begin{bmatrix} 1 \\ 2 \\ -3 \end{bmatrix}$ ……………………（答）

演習問題 58　● 連立1次方程式(掃き出し法) ●

連立方程式 $\begin{cases} -x_1+2x_2-x_3=-4 \\ 2x_1+3x_2+x_3=11 \\ x_1-x_2+2x_3=9 \end{cases}$ を，掃き出し法を用いて解け。

ヒント！ 拡大係数行列 $A_a=[A|\boldsymbol{b}]$ に行基本変形を行えば解ける。

解答＆解説

$A=\begin{bmatrix} -1 & 2 & -1 \\ 2 & 3 & 1 \\ 1 & -1 & 2 \end{bmatrix}$，$\boldsymbol{x}=\begin{bmatrix} x_1 \\ x_2 \\ x_3 \end{bmatrix}$，$\boldsymbol{b}=\Big[\boxed{\text{(ア)}}\Big]$ とおく。

拡大係数行列 $[A|\boldsymbol{b}]$ に行基本変形を行って，$[E|\boldsymbol{u}]$ の形にもち込む。

$$[A|\boldsymbol{b}]=\left[\begin{array}{ccc|c} -1 & 2 & -1 & -4 \\ 2 & 3 & 1 & 11 \\ 1 & -1 & 2 & 9 \end{array}\right] \xrightarrow{-1\times①} \left[\begin{array}{ccc|c} 1 & -2 & 1 & 4 \\ 2 & 3 & 1 & 11 \\ 1 & -1 & 2 & 9 \end{array}\right]$$

$$\xrightarrow[③-①]{②-2\times①} \left[\begin{array}{ccc|c} 1 & -2 & 1 & 4 \\ 0 & 7 & -1 & 3 \\ 0 & 1 & 1 & 5 \end{array}\right] \xrightarrow{②\leftrightarrow③} \left[\begin{array}{c|c} & 4 \\ \boxed{\text{(イ)}} & 5 \\ & 3 \end{array}\right]$$

$$\xrightarrow[③-7\times②]{①+2\times②} \left[\begin{array}{ccc|c} 1 & 0 & 3 & 14 \\ 0 & 1 & 1 & 5 \\ 0 & 0 & -8 & -32 \end{array}\right] \xrightarrow{-\frac{1}{8}\times③} \left[\begin{array}{ccc|c} 1 & 0 & 3 & \\ 0 & 1 & 1 & \boxed{\text{(ウ)}} \\ 0 & 0 & 1 & \end{array}\right]$$

$$\xrightarrow[②-③]{①-3\times③} \left[\begin{array}{ccc|c} 1 & 0 & 0 & 2 \\ 0 & 1 & 0 & 1 \\ 0 & 0 & 1 & 4 \end{array}\right]=[E|\boldsymbol{u}]$$

演習問題 **56** と同じ結果が導けた！

$\therefore$ 解 $\boldsymbol{x}=\begin{bmatrix} x_1 \\ x_2 \\ x_3 \end{bmatrix}=\Big[\boxed{\text{(エ)}}\Big]$ ……………………(答)

……………………………………………………………

解答　(ア) $\begin{matrix} -4 \\ 11 \\ 9 \end{matrix}$　(イ) $\begin{matrix} 1 & -2 & 1 \\ 0 & 1 & 1 \\ 0 & 7 & -1 \end{matrix}$　(ウ) $\begin{matrix} 14 \\ 5 \\ 4 \end{matrix}$　(エ) $\begin{matrix} 2 \\ 1 \\ 4 \end{matrix}$

演習問題 59　●行列の階数(Ⅰ)●

次の行列の階数を求めよ。

(1) $X=\begin{bmatrix}3 & 1\\-6 & -2\end{bmatrix}$　(2) $A=\begin{bmatrix}1 & -1 & 1\\3 & 1 & 1\\2 & 2 & 3\end{bmatrix}$　(3) $B=\begin{bmatrix}1 & 1 & -1\\4 & 3 & -1\\6 & 5 & -3\end{bmatrix}$

(4) $C=\begin{bmatrix}3 & 2 & -1\\6 & 4 & -2\\-12 & -8 & 4\end{bmatrix}$　(5) $Y=\begin{bmatrix}0 & 1 & -1 & -1\\2 & 3 & -3 & 1\\4 & 2 & -2 & 6\end{bmatrix}$

ヒント！ 各行列に行基本変形を行って，階段行列にして，ランクを求めよう！

解答＆解説

ランクを求める場合，これは特に1でなくてもいい。

(1) $X=\begin{bmatrix}3 & 1\\-6 & -2\end{bmatrix}\xrightarrow{②+2\times①}\begin{bmatrix}3 & 1\\0 & 0\end{bmatrix}\}\ r=1$　$\therefore\ rank X=1$ ……………(答)

(2) $A=\begin{bmatrix}1 & -1 & 1\\3 & 1 & 1\\2 & 2 & 3\end{bmatrix}\xrightarrow[③-2\times①]{②-3\times①}\begin{bmatrix}1 & -1 & 1\\0 & 4 & -2\\0 & 4 & 1\end{bmatrix}\xrightarrow{③-②}\begin{bmatrix}1 & -1 & 1\\0 & 4 & -2\\0 & 0 & 3\end{bmatrix}\}\ r=3$

$\therefore\ rank A=3$ ……………………………………………………(答)

(3) $B=\begin{bmatrix}1 & 1 & -1\\4 & 3 & -1\\6 & 5 & -3\end{bmatrix}\xrightarrow[③-6\times①]{②-4\times①}\begin{bmatrix}1 & 1 & -1\\0 & -1 & 3\\0 & -1 & 3\end{bmatrix}\xrightarrow{③-②}\begin{bmatrix}1 & 1 & -1\\0 & -1 & 3\\0 & 0 & 0\end{bmatrix}\}\ r=2$

$\therefore\ rank B=2$ ……………………………………………………(答)

(4) $C=\begin{bmatrix}3 & 2 & -1\\6 & 4 & -2\\-12 & -8 & 4\end{bmatrix}\xrightarrow[③+4\times①]{②-2\times①}\begin{bmatrix}3 & 2 & -1\\0 & 0 & 0\\0 & 0 & 0\end{bmatrix}\}\ r=1$　$\therefore\ rank C=1$ ………(答)

(5) $Y=\begin{bmatrix}0 & 1 & -1 & -1\\2 & 3 & -3 & 1\\4 & 2 & -2 & 6\end{bmatrix}\xrightarrow{①\leftrightarrow②}\begin{bmatrix}2 & 3 & -3 & 1\\0 & 1 & -1 & -1\\4 & 2 & -2 & 6\end{bmatrix}\xrightarrow{③-2\times①}\begin{bmatrix}2 & 3 & -3 & 1\\0 & 1 & -1 & -1\\0 & -4 & 4 & 4\end{bmatrix}$

$\xrightarrow{③+4\times②}\begin{bmatrix}2 & 3 & -3 & 1\\0 & 1 & -1 & -1\\0 & 0 & 0 & 0\end{bmatrix}\}\ r=2$　$\therefore\ rank Y=2$ ……………………(答)

演習問題 60 ● 行列の階数(Ⅱ)●

次の行列の階数を求めよ。

(1) $A=\begin{bmatrix}-2&1&3\\6&0&-1\\8&5&4\end{bmatrix}$ (2) $B=\begin{bmatrix}-1&2&-3\\5&-10&15\\3&-6&9\end{bmatrix}$ (3) $Y=\begin{bmatrix}0&8&4&0\\3&4&2&-3\\1&2&1&-1\end{bmatrix}$

ヒント! 階段行列に変形し，少なくとも1つは0でない成分をもつ行の個数(ランク)を求めるんだ。

解答＆解説

(1) $A=\begin{bmatrix}-2&1&3\\6&0&-1\\8&5&4\end{bmatrix}\xrightarrow[③+4\times①]{②+3\times①}\begin{bmatrix}-2&1&3\\0&3&8\\0&9&16\end{bmatrix}\xrightarrow{③-3\times②}\Big[\ \boxed{(ア)}\ \Big]$ $r=3$

$\therefore\ rank A=\boxed{(イ)}$ ……………………………………(答)

(3) $B=\begin{bmatrix}-1&2&-3\\5&-10&15\\3&-6&9\end{bmatrix}\xrightarrow[③+3\times①]{②+5\times①}\begin{bmatrix}-1&2&-3\\0&0&0\\0&0&0\end{bmatrix}$ $r=1$

$\therefore\ rank B=\boxed{(ウ)}$ ……………………………………(答)

(3) $Y=\begin{bmatrix}0&8&4&0\\3&4&2&-3\\1&2&1&-1\end{bmatrix}\xrightarrow{①\leftrightarrow③}\Big[\ \boxed{(エ)}\ \Big]\xrightarrow{②-3\times①}\begin{bmatrix}1&2&1&-1\\0&-2&-1&0\\0&8&4&0\end{bmatrix}$

$\xrightarrow{③+4\times②}\begin{bmatrix}1&2&1&-1\\0&-2&-1&0\\0&0&0&0\end{bmatrix}$ $r=2$ $\therefore\ rank Y=\boxed{(オ)}$ ………………(答)

解答 (ア) $\begin{bmatrix}-2&1&3\\0&3&8\\0&0&-8\end{bmatrix}$ (イ) 3 (ウ) 1 (エ) $\begin{bmatrix}1&2&1&-1\\3&4&2&-3\\0&8&4&0\end{bmatrix}$ (オ) 2

演習問題 61　● 同次連立 1 次方程式 (Ⅰ) ●

次の連立 1 次方程式を解け。

(1) $\begin{cases} x_1 - x_2 + x_3 = 0 \\ 3x_1 + x_2 + x_3 = 0 \\ 2x_1 + 2x_2 + 3x_3 = 0 \end{cases}$　　(2) $\begin{cases} 3x_1 + 2x_2 - x_3 = 0 \\ 6x_1 + 4x_2 - 2x_3 = 0 \\ -12x_1 - 8x_2 + 4x_3 = 0 \end{cases}$

ヒント！ 係数行列に行基本変形を行って，ランクを求めて，自由度を調べる。

解答＆解説

(1) 未知数の個数 $n = 3$　係数行列を A とおき，これに行基本変形を行って，$rankA$ を求める。

$$A = \begin{bmatrix} 1 & -1 & 1 \\ 3 & 1 & 1 \\ 2 & 2 & 3 \end{bmatrix} \xrightarrow[③-2\times①]{②-3\times①} \begin{bmatrix} 1 & -1 & 1 \\ 0 & 4 & -2 \\ 0 & 4 & 1 \end{bmatrix} \xrightarrow{③-②} \begin{bmatrix} 1 & -1 & 1 \\ 0 & 4 & -2 \\ 0 & 0 & 3 \end{bmatrix} \Big\} \; rankA = 3$$

$\therefore rankA = 3$　　自由度 $= n - rankA = 3 - 3 = 0$

このとき，

$$\begin{bmatrix} 1 & -1 & 1 \\ 0 & 4 & -2 \\ 0 & 0 & 3 \end{bmatrix}\begin{bmatrix} x_1 \\ x_2 \\ x_3 \end{bmatrix} = \begin{bmatrix} 0 \\ 0 \\ 0 \end{bmatrix} \text{ より，} \begin{cases} x_1 - x_2 + x_3 = 0 \\ 4x_2 - 2x_3 = 0 \\ 3x_3 = 0 \end{cases}$$

$\therefore x_1 = 0,\ x_2 = 0,\ x_3 = 0$ の自明な解のみが解になる。 …………………(答)

(2) $n = 3$　係数行列 $B = \begin{bmatrix} 3 & 2 & -1 \\ 6 & 4 & -2 \\ -12 & -8 & 4 \end{bmatrix} \xrightarrow[③+4\times①]{②-2\times①} \begin{bmatrix} 3 & 2 & -1 \\ 0 & 0 & 0 \\ 0 & 0 & 0 \end{bmatrix} \Big\} \; rankB = 1$

$\therefore rankB = 1$　　自由度 $= n - rankB = 3 - 1 = 2$

このとき，

$$\begin{bmatrix} 3 & 2 & -1 \\ 0 & 0 & 0 \\ 0 & 0 & 0 \end{bmatrix}\begin{bmatrix} x_1 \\ x_2 \\ x_3 \end{bmatrix} = \begin{bmatrix} 0 \\ 0 \\ 0 \end{bmatrix} \text{ より，} 3x_1 + 2x_2 - x_3 = 0$$

← 実質的に，この 1 式のみ。自由度 2 より，x_1 と x_2 をそれぞれ任意の実数 k，l とおく。

ここで，$x_1 = k$，$x_2 = l$　(k，l：任意の実数) とおくと，

$$x_3 = 3x_1 + 2x_2 = 3k + 2l$$

以上より，$x_1 = k$，$x_2 = l$，$x_3 = 3k + 2l$　(k，l：任意の実数) ……(答)

演習問題 62 ● 同次連立 1 次方程式 (II) ●

連立 1 次方程式 $\begin{cases} x_1+x_2-x_3=0 \\ 4x_1+3x_2-x_3=0 \\ 6x_1+5x_2-3x_3=0 \end{cases}$ を解け。

ヒント！ まず，係数行列の階数 (ランク) を求め，次に自由度を調べるんだよ。

解答＆解説

未知数の個数 $n=3$　係数行列を A とおき，これに行基本変形を行って，$rankA$ を求める。

$$A=\begin{bmatrix}1&1&-1\\4&3&-1\\6&5&-3\end{bmatrix}\xrightarrow[③-6\times①]{②-4\times①}\begin{bmatrix}1&1&-1\\0&-1&3\\0&-1&3\end{bmatrix}\xrightarrow{③-②}\begin{bmatrix}1&1&-1\\0&-1&3\\ \boxed{(ア)}\end{bmatrix}$$

$\therefore rankA=\boxed{(イ)}$

$\therefore$ 自由度 $=n-rankA=3-2=1$

$$\begin{bmatrix}1&1&-1\\0&-1&3\\0&0&0\end{bmatrix}\begin{bmatrix}x_1\\x_2\\x_3\end{bmatrix}=\begin{bmatrix}0\\0\\0\end{bmatrix}$$ より，

$$\begin{cases} x_1+x_2-x_3=0 & \cdots\cdots(a) \\ \boxed{(ウ)}=0 & \cdots\cdots(b) \end{cases}$$

← 実質的に，この 2 式のみ。自由度 1 より，x_3 を任意の実数 k とおく。

ここで，$x_3=k$　(k ：任意の実数) とおくと，

(b)より，$x_2=3x_3=3k$

(a)より，$x_1=-x_2+x_3=-3k+k=\boxed{(エ)}$

以上より，$x_1=\boxed{(エ)}$ ，$x_2=3k$，$x_3=k$　(k ：任意の実数) …………(答)

解答　(ア) 0 0 0　(イ) 2　(ウ) $-x_2+3x_3$　(エ) $-2k$

演習問題 63　● 同次連立 1 次方程式 (Ⅲ) ●

連立 1 次方程式 $\begin{cases} x_1+3x_2-2x_3=0 \\ x_1+5x_2-8x_3-2x_4=0 \\ 2x_1+4x_2+2x_3+2x_4=0 \\ x_1+2x_2+x_3+x_4=0 \end{cases}$ を解け。

ヒント！ まず，係数行列の階数 (ランク) から自由度を出すんだね。

解答＆解説

未知数の個数 $n=4$　係数行列を A とおき，これに行基本変形を行って，$\mathrm{rank}A$ を求める。

$$A=\begin{bmatrix} 1 & 3 & -2 & 0 \\ 1 & 5 & -8 & -2 \\ 2 & 4 & 2 & 2 \\ 1 & 2 & 1 & 1 \end{bmatrix} \xrightarrow[\text{④}-\text{①}]{\text{②}-\text{①}\ \ \text{③}-2\times\text{①}} \begin{bmatrix} 1 & 3 & -2 & 0 \\ 0 & 2 & -6 & -2 \\ 0 & -2 & 6 & 2 \\ 0 & -1 & 3 & 1 \end{bmatrix} \xrightarrow[\frac{1}{2}\times\text{③}]{\frac{1}{2}\times\text{②}} \begin{bmatrix} 1 & 3 & -2 & 0 \\ 0 & 1 & -3 & -1 \\ 0 & -1 & 3 & 1 \\ 0 & -1 & 3 & 1 \end{bmatrix}$$

$$\xrightarrow[\text{④}+\text{②}]{\text{③}+\text{②}} \begin{bmatrix} 1 & 3 & -2 & 0 \\ 0 & 1 & -3 & -1 \\ 0 & 0 & 0 & 0 \\ 0 & 0 & 0 & 0 \end{bmatrix} \Big\} \ \boxed{\mathrm{rank}A=2}$$

$\therefore\ \mathrm{rank}A=2$

$\therefore$ 自由度 $=n-\mathrm{rank}A=4-2=2$

$$\begin{bmatrix} 1 & 3 & -2 & 0 \\ 0 & 1 & -3 & -1 \\ 0 & 0 & 0 & 0 \\ 0 & 0 & 0 & 0 \end{bmatrix}\begin{bmatrix} x_1 \\ x_2 \\ x_3 \\ x_4 \end{bmatrix}=\begin{bmatrix} 0 \\ 0 \\ 0 \\ 0 \end{bmatrix}$$ より，

実質的に，この 2 式のみ。自由度 2 より，x_3 と x_4 をそれぞれ任意の実数 k，l とおく。

$x_1+3x_2-2x_3=0$ ……(a)　　$x_2-3x_3-x_4=0$ ……(b)

ここで，$x_3=k$，$x_4=l$　(k，l：任意の実数) とおくと，

(b) より，$x_2=3x_3+x_4=3k+l$

(a) より，$x_1=-3x_2+2x_3=-3(3k+l)+2k=-7k-3l$

以上より，$x_1=-7k-3l$，$x_2=3k+l$，$x_3=k$，$x_4=l$　(k，l：任意の実数)

……………(答)

演習問題 64　● 同次連立 1 次方程式 (Ⅳ) ●

連立 1 次方程式 $\begin{cases} x_1 - x_2 + 3x_3 = 0 \\ 2x_1 + x_2 + 4x_3 + x_4 = 0 \\ x_1 + 2x_2 + x_3 + x_4 = 0 \end{cases}$ を解け。

ヒント！ 係数行列が (3, 4) 行列で，正方行列ではないが，同様に解ける。

解答＆解説

未知数の個数 $n = 4$　係数行列を A とおき，これに行基本変形を行って，$rankA$ を求める。

$$A = \begin{bmatrix} 1 & -1 & 3 & 0 \\ 2 & 1 & 4 & 1 \\ 1 & 2 & 1 & 1 \end{bmatrix} \xrightarrow[③-①]{②-2\times①} \begin{bmatrix} 1 & -1 & 3 & 0 \\ 0 & 3 & -2 & 1 \\ 0 & 3 & -2 & 1 \end{bmatrix} \xrightarrow{③-②} \begin{bmatrix} 1 & -1 & 3 & 0 \\ 0 & 3 & -2 & 1 \\ \boxed{(ア)} & & & \end{bmatrix}$$

$\therefore rankA = \boxed{(イ)}$

$\therefore$ 自由度 $= n - rankA = 4 - 2 = 2$

$$\begin{bmatrix} 1 & -1 & 3 & 0 \\ 0 & 3 & -2 & 1 \\ 0 & 0 & 0 & 0 \end{bmatrix} \begin{bmatrix} x_1 \\ x_2 \\ x_3 \\ x_4 \end{bmatrix} = \begin{bmatrix} 0 \\ 0 \\ 0 \end{bmatrix}$$ より，

$x_1 - x_2 + 3x_3 = 0$ ……(a)　　$\boxed{(ウ)} = 0$ ……(b)

ここで，$x_2 = k$，$x_3 = l$　(k，l：任意の実数) とおくと，

(a) より，$x_1 = x_2 - 3x_3 = k - 3l$

(b) より，$x_4 = -3x_2 + 2x_3 = \boxed{(エ)}$

以上より，$x_1 = k - 3l$，$x_2 = k$，$x_3 = l$，$x_4 = \boxed{(エ)}$ (k，l：任意の実数)

……………(答)

解答　(ア) 0 0 0 0　　(イ) 2　　(ウ) $3x_2 - 2x_3 + x_4$　　(エ) $-3k + 2l$

演習問題 65　● 非同次連立 1 次方程式 (Ⅰ) ●

次の連立 1 次方程式を解け。

(1) $\begin{cases} x_1+2x_2-2x_3=2 \\ 2x_1+5x_2-x_3=8 \\ -2x_1-x_2+11x_3=18 \end{cases}$　　(2) $\begin{cases} x_1+2x_2-3x_3=2 \\ 3x_1+6x_2-9x_3=10 \end{cases}$

ヒント！ 非同次連立 1 次方程式より，拡大係数行列を変形するんだね。

解答＆解説

(1) 係数行列を A，拡大係数行列を A_a とおく。(未知数の個数 $n=3$)

$$A_a=\left[\begin{array}{ccc|c} 1 & 2 & -2 & 2 \\ 2 & 5 & -1 & 8 \\ -2 & -1 & 11 & 18 \end{array}\right] \xrightarrow[③+2\times①]{②-2\times①} \left[\begin{array}{ccc|c} 1 & 2 & -2 & 2 \\ 0 & 1 & 3 & 4 \\ 0 & 3 & 7 & 22 \end{array}\right]$$

$$\xrightarrow{③-3\times②} \left[\begin{array}{ccc|c} 1 & 2 & -2 & 2 \\ 0 & 1 & 3 & 4 \\ 0 & 0 & -2 & 10 \end{array}\right] \xrightarrow{-\frac{1}{2}\times③} \left[\begin{array}{ccc|c} 1 & 2 & -2 & 2 \\ 0 & 1 & 3 & 4 \\ 0 & 0 & 1 & -5 \end{array}\right]$$

(A, A_a, A', A_a')　$rank A = rank A_a = 3$

$rank A = rank A_a = 3$ (r)　　自由度 $=n-r=3-3=0$ → 解はただ 1 組に決まる。

$x_1+2x_2-2x_3=2$，$x_2+3x_3=4$，$x_3=-5$　より，

$x_1=-46$，$x_2=19$，$x_3=-5$　……………………………………(答)

(2) 係数行列を B，拡大係数行列を B_a とおく。(未知数の個数 $n=3$)

$$B_a=\left[\begin{array}{ccc|c} 1 & 2 & -3 & 2 \\ 3 & 6 & -9 & 10 \end{array}\right] \xrightarrow{②-3\times①} \left[\begin{array}{ccc|c} 1 & 2 & -3 & 2 \\ 0 & 0 & 0 & 4 \end{array}\right]$$

(B, B_a, B', B_a')　$rank B = 1$　$rank B_a = 2$

$rank B < rank B_a$　$(1<2)$ より，

この連立 1 次方程式は解をもたない。……………………………………(答)

演習問題 66 ● 非同次連立1次方程式(Ⅱ)●

次の連立1次方程式を解け。

(1) $\begin{cases} x_1 + 3x_2 = 2 \\ -x_1 - 5x_2 = 2 \\ 2x_1 + 14x_2 = -11 \end{cases}$　　(2) $\begin{cases} x_1 + 3x_2 - 2x_3 = 1 \\ 3x_1 + 10x_2 - 3x_3 = 4 \end{cases}$

ヒント！ 係数行列と拡大係数行列のランクから，自由度を求めよう！

解答&解説

(1) 係数行列を A，拡大係数行列を A_a とおく。(未知数の個数 $n=2$)

$$A_a = \begin{bmatrix} 1 & 3 & 2 \\ -1 & -5 & 2 \\ 2 & 14 & -11 \end{bmatrix} \xrightarrow[③-2\times①]{②+①} \begin{bmatrix} 1 & 3 & 2 \\ 0 & -2 & 4 \\ 0 & 8 & -15 \end{bmatrix} \xrightarrow{③+4\times②} \begin{bmatrix} 1 & 3 & 2 \\ 0 & -2 & 4 \\ 0 & 0 & 1 \end{bmatrix}$$

$rank\,A$　$rank\,A_a$

$rank\,A =$ (ア)，$rank\,A_a =$ (イ)　より，$rank\,A < rank\,A_a$

∴ (ウ) ……………………………(答)

(2) 係数行列を B，拡大係数行列を B_a とおく。(未知数の個数 $n=3$)

$$B_a = \begin{bmatrix} 1 & 3 & -2 & 1 \\ 3 & 10 & -3 & 4 \end{bmatrix} \xrightarrow{②-3\times①} \begin{bmatrix} 1 & 3 & -2 & 1 \\ 0 & 1 & 3 & 1 \end{bmatrix}$$

$rank\,B_a = rank\,B$

$rank\,B = rank\,B_a =$ (エ)　　自由度 $= n - r = 3 - 2 = 1$

$x_1 + 3x_2 - 2x_3 = 1$，$x_2 + 3x_3 = 1$　より，$x_3 = k$ とおくと，

$x_2 = -3x_3 + 1 = -3k + 1$

$x_1 = -3x_2 + 2x_3 + 1 = -3(-3k+1) + 2k + 1 =$ (オ)

∴ $x_1 = 11k - 2$，$x_2 = -3k + 1$，$x_3 = k$　　(k：任意の実数) ………(答)

解答　(ア) 2　(イ) 3　(ウ) この連立1次方程式は解をもたない。　(エ) 2　(オ) $11k-2$

演習問題 67 ● 非同次連立1次方程式(Ⅲ) ●

連立1次方程式 $\begin{cases} x_1+4x_2-3x_3+6x_4=20 \\ 2x_1+9x_2-7x_3+14x_4=45 \\ -2x_1-5x_2+4x_3-7x_4=-24 \\ x_1+7x_2-2x_3+9x_4=41 \end{cases}$ を解け。

ヒント！ 拡大係数行列と係数行列のランクを求めて，自由度を調べよう。

解答&解説

係数行列を A，拡大係数行列を A_a とおく。(未知数の個数 $n=4$)

$$A=\left[\begin{array}{cccc|c} 1 & 4 & -3 & 6 & 20 \\ 2 & 9 & -7 & 14 & 45 \\ -2 & -5 & 4 & -7 & -24 \\ 1 & 7 & -2 & 9 & 41 \end{array}\right] \xrightarrow[\text{④}-\text{①}]{\substack{\text{②}-2\times\text{①} \\ \text{③}+2\times\text{①}}} \left[\begin{array}{cccc|c} 1 & 4 & -3 & 6 & 20 \\ 0 & 1 & -1 & 2 & 5 \\ 0 & 3 & -2 & 5 & 16 \\ 0 & 3 & 1 & 3 & 21 \end{array}\right]$$

$$\xrightarrow[\text{④}-3\times\text{②}]{\text{③}-3\times\text{②}} \left[\begin{array}{cccc|c} 1 & 4 & -3 & 6 & 20 \\ 0 & 1 & -1 & 2 & 5 \\ 0 & 0 & 1 & -1 & 1 \\ 0 & 0 & 4 & -3 & 6 \end{array}\right] \xrightarrow{\text{④}-4\times\text{③}} \left[\begin{array}{cccc|c} 1 & 4 & -3 & 6 & 20 \\ 0 & 1 & -1 & 2 & 5 \\ 0 & 0 & 1 & -1 & 1 \\ 0 & 0 & 0 & 1 & 2 \end{array}\right]$$

(A, A_a, A', A_a': $rankA=rankA_a$)

$rankA=rankA_a=$ (ア)　　自由度 $=n-r=4-4=0$

これから，1組の解のみをもつことが分かる！

$$\begin{cases} x_1+4x_2-3x_3+6x_4=20 \quad \cdots\cdots(a) \\ \text{(イ)} \qquad\qquad =5 \quad \cdots\cdots(b) \\ x_3-x_4=1 \quad \cdots\cdots(c) \\ x_4=2 \end{cases}$$

(c)より，$x_3=x_4+1=2+1=3$

(b)より，$x_2=x_3-2x_4+5=3-4+5=4$

(a)より，$x_1=-4x_2+3x_3-6x_4+20=-16+9-12+20=$ (ウ)

$\therefore x_1=1,\ x_2=4,\ x_3=3,\ x_4=2$ ……………………(答)

別解

掃き出し法により，解を求める。

$$A=\begin{bmatrix}1&4&-3&6\\2&9&-7&14\\-2&-5&4&-7\\1&7&-2&9\end{bmatrix},\quad \boldsymbol{x}=\begin{bmatrix}x_1\\x_2\\x_3\\x_4\end{bmatrix},\quad \boldsymbol{b}=\begin{bmatrix}\boxed{(エ)}\end{bmatrix}$$ とおく。

拡大係数行列 $[A|\boldsymbol{b}]$ に行基本変形を行って，$[E|\boldsymbol{u}]$ の形にもち込む。

$$[A|\boldsymbol{b}]=\left[\begin{array}{cccc|c}1&4&-3&6&20\\2&9&-7&14&45\\-2&-5&4&-7&-24\\1&7&-2&9&41\end{array}\right]\xrightarrow[\text{④}-\text{①}]{\text{②}-2\times\text{①}\ \ \text{③}+2\times\text{①}}\left[\begin{array}{cccc|c}1&4&-3&6&20\\0&1&-1&2&5\\0&3&-2&5&16\\0&3&1&3&21\end{array}\right]$$

$$\xrightarrow[\text{④}-3\times\text{②}]{\text{①}-4\times\text{②}\ \ \text{③}-3\times\text{②}}\left[\begin{array}{c|c}\boxed{(オ)}&\begin{matrix}0\\5\\1\\6\end{matrix}\end{array}\right]\xrightarrow[\text{④}-4\times\text{③}]{\text{①}-\text{③}\ \ \text{②}+\text{③}}\left[\begin{array}{cccc|c}1&0&0&-1&-1\\0&1&0&1&6\\0&0&1&-1&1\\0&0&0&1&2\end{array}\right]$$

$$\xrightarrow[\text{③}+\text{④}]{\text{①}+\text{④}\ \ \text{②}-\text{④}}\left[\begin{array}{cccc|c}1&0&0&0&1\\0&1&0&0&4\\0&0&1&0&3\\0&0&0&1&2\end{array}\right]=[E|\boldsymbol{u}]$$

$$\therefore \text{解}\ \boldsymbol{x}=\begin{bmatrix}x_1\\x_2\\x_3\\x_4\end{bmatrix}=\boldsymbol{u}=\begin{bmatrix}\boxed{(カ)}\end{bmatrix}$$ ……………………………………（答）

解答　（ア）4　（イ）$x_2-x_3+2x_4$　（ウ）1

（エ）$\begin{matrix}20\\45\\-24\\41\end{matrix}$　（オ）$\begin{matrix}1&0&1&-2\\0&1&-1&2\\0&0&1&-1\\0&0&4&-3\end{matrix}$　（カ）$\begin{matrix}1\\4\\3\\2\end{matrix}$

§1. 線形空間と基底

線形空間の定義

集合 V の任意の元 $\boldsymbol{a}$，$\boldsymbol{b}$ に対して，(Ⅰ)和 $\boldsymbol{a}+\boldsymbol{b}$ と(Ⅱ)スカラー倍 $k\boldsymbol{a}$ （k：実数）が V の元となるように定義され，それぞれ次の性質をみたすとき，V を実数全体 $\boldsymbol{R}$ 上の“**線形空間**”または“**ベクトル空間**”と呼ぶ。

(Ⅰ) 和の性質

(ⅰ) $(\boldsymbol{a}+\boldsymbol{b})+\boldsymbol{c}=\boldsymbol{a}+(\boldsymbol{b}+\boldsymbol{c})$　　(結合法則)

(ⅱ) $\boldsymbol{a}+\boldsymbol{b}=\boldsymbol{b}+\boldsymbol{a}$　　(交換法則)

(ⅲ) $\boldsymbol{a}+\boldsymbol{0}=\boldsymbol{0}+\boldsymbol{a}=\boldsymbol{a}$ をみたすただ1つの元 $\boldsymbol{0}$ が存在する。
(“**零ベクトル**”の存在)

(ⅳ) $\boldsymbol{a}+\boldsymbol{x}=\boldsymbol{x}+\boldsymbol{a}=\boldsymbol{0}$ をみたすただ1つの元 $\boldsymbol{x}$ が存在する。
$\boldsymbol{x}$ を $\boldsymbol{a}$ の“**逆元**”といい，$\boldsymbol{x}=-\boldsymbol{a}$ で表す。(“**逆元**”の存在)

(Ⅱ) スカラー倍の性質

(ⅰ) $1\cdot\boldsymbol{a}=\boldsymbol{a}$　　(ⅱ) $k(\boldsymbol{a}+\boldsymbol{b})=k\boldsymbol{a}+k\boldsymbol{b}$

(ⅲ) $(k+l)\boldsymbol{a}=k\boldsymbol{a}+l\boldsymbol{a}$　　(ⅳ) $(kl)\boldsymbol{a}=k(l\boldsymbol{a})$　(k，l：実数)

これより，線形空間 V の任意の元 $\boldsymbol{a}$ に対して，次式が成り立つ。

$$0\boldsymbol{a}=\boldsymbol{0},\quad k\boldsymbol{0}=\boldsymbol{0},\quad (-1)\cdot\boldsymbol{a}=-\boldsymbol{a}$$

(*ex*1) 2次元ベクトル $\begin{bmatrix} x_1 \\ x_2 \end{bmatrix}$ の集合を $\boldsymbol{R}^2$，3次元ベクトル $\begin{bmatrix} x_1 \\ x_2 \\ x_3 \end{bmatrix}$ の集合を $\boldsymbol{R}^3$ と表すことにする。そして，これらを一般化した“n 次元ベクトル” $\begin{bmatrix} x_1 \\ x_2 \\ \vdots \\ x_n \end{bmatrix}$ の集合を $\boldsymbol{R}^n$ ($n=1, 2, \cdots$) と表す。このとき，この $\boldsymbol{R}^n$ の任意の元 $\boldsymbol{x}$，$\boldsymbol{y}$

に対して，次のように(1)和と(2)スカラー倍を定義する。

(1) $\boldsymbol{x}=\begin{bmatrix} x_1 \\ x_2 \\ \vdots \\ x_n \end{bmatrix}$，$\boldsymbol{y}=\begin{bmatrix} y_1 \\ y_2 \\ \vdots \\ y_n \end{bmatrix}$ に対して，$\boldsymbol{x}+\boldsymbol{y}=\begin{bmatrix} x_1+y_1 \\ x_2+y_2 \\ \vdots \\ x_n+y_n \end{bmatrix}$

(2) $\boldsymbol{x}=\begin{bmatrix} x_1 \\ x_2 \\ \vdots \\ x_n \end{bmatrix}$ に対して，$k\boldsymbol{x}=\begin{bmatrix} kx_1 \\ kx_2 \\ \vdots \\ kx_n \end{bmatrix}$

すると，$\boldsymbol{R}^n$ は線形空間となる。

(ex2) 実数全体の集合 $\boldsymbol{R}$ は，線形空間となる。

(ex3) x の 2 次式の集合の元を，$\boldsymbol{a}=a_1x^2+a_2x+a_3$，$\boldsymbol{b}=b_1x^2+b_2x+b_3$ $(a_i,\ b_i\in\boldsymbol{R}\quad(i=1,\ 2,\ 3))$ などとおくと，これらが(Ⅰ)(Ⅱ)の線形空間の定義をすべてみたすので，この x の 2 次式の集合は線形空間になる。

(ex4) また，2 次の正方行列の集合の元として，$\boldsymbol{a}=\begin{bmatrix} a_{11} & a_{12} \\ a_{21} & a_{22} \end{bmatrix}$，$\boldsymbol{b}=\begin{bmatrix} b_{11} & b_{12} \\ b_{21} & b_{22} \end{bmatrix}$ などとおき，和：$\boldsymbol{a}+\boldsymbol{b}$ とスカラー倍：$k\boldsymbol{a}$ をこれまで通り定義すれば，これも(Ⅰ)(Ⅱ)の 8 つの性質をすべてみたすので，線形空間 V になる。

線形独立と線形従属の定義

線形空間 V の元 $\boldsymbol{a}_1$，$\boldsymbol{a}_2$，…，$\boldsymbol{a}_n$ の**線形関係式**：

$c_1\boldsymbol{a}_1+c_2\boldsymbol{a}_2+\cdots+c_n\boldsymbol{a}_n=\boldsymbol{0}$ ……(＊)　$(c_i\in\boldsymbol{R}\ (i=1,\ 2,\ \cdots,\ n))$

に対して，

(ⅰ) $c_1=c_2=\cdots\cdots=c_n=0$ のときしか(＊)が成り立たないとき，
$\boldsymbol{a}_1$，$\boldsymbol{a}_2$，…，$\boldsymbol{a}_n$ は"**線形独立**"または"**1 次独立**"という。

(ⅱ) c_1，c_2，…，c_n のうち少なくとも 1 つが 0 でないとき，
$\boldsymbol{a}_1$，$\boldsymbol{a}_2$，…，$\boldsymbol{a}_n$ は"**線形従属**"または"**1 次従属**"という。

この線形独立か線形従属かの問題は，同次連立 1 次方程式の問題に帰着する。
(→演習問題 68 を参照)

線形空間の基底

線形空間 $\boldsymbol{V}$ の元の組 $\{\boldsymbol{a}_1, \boldsymbol{a}_2, \cdots, \boldsymbol{a}_n\}$ が次の 2 つの性質をみたすとき，これを $\boldsymbol{V}$ の“**基底**”と呼ぶ。
(i) $\boldsymbol{a}_1, \boldsymbol{a}_2, \cdots, \boldsymbol{a}_n$ は線形独立である。
(ii) $\boldsymbol{V}$ の任意の元 $\boldsymbol{x}$ は，$\boldsymbol{a}_1, \boldsymbol{a}_2, \cdots, \boldsymbol{a}_n$ の線形結合で表せる。

(ex1) 2 次元ベクトル全体 $\boldsymbol{R}^2$ について，$\boldsymbol{e}_1 = \begin{bmatrix} 1 \\ 0 \end{bmatrix}$，$\boldsymbol{e}_2 = \begin{bmatrix} 0 \\ 1 \end{bmatrix}$ とおくと，$\{\boldsymbol{e}_1, \boldsymbol{e}_2\}$ は $\boldsymbol{R}^2$ の基底となる。← この $\{\boldsymbol{e}_1, \boldsymbol{e}_2\}$ を，$\boldsymbol{R}^2$ の“**標準基底**”という。

また，$\boldsymbol{a}_1 = \begin{bmatrix} 1 \\ -2 \end{bmatrix}$，$\boldsymbol{a}_2 = \begin{bmatrix} 2 \\ 3 \end{bmatrix}$ とおくと，$\{\boldsymbol{a}_1, \boldsymbol{a}_2\}$ も $\boldsymbol{R}^2$ の基底になる。

(ex2) 3 次元ベクトル全体 $\boldsymbol{R}^3$ について，$\boldsymbol{e}_1 = \begin{bmatrix} 1 \\ 0 \\ 0 \end{bmatrix}$，$\boldsymbol{e}_2 = \begin{bmatrix} 0 \\ 1 \\ 0 \end{bmatrix}$，$\boldsymbol{e}_3 = \begin{bmatrix} 0 \\ 0 \\ 1 \end{bmatrix}$

とおくと，$\{\boldsymbol{e}_1, \boldsymbol{e}_2, \boldsymbol{e}_3\}$ は $\boldsymbol{R}^3$ の基底となる。← $\{\boldsymbol{e}_1, \boldsymbol{e}_2, \boldsymbol{e}_3\}$ は，$\boldsymbol{R}^3$ の“**標準基底**”

線形空間の次元の定義

線形空間 $\boldsymbol{V}$ の基底を構成する元の個数 $\boldsymbol{n}$ を，その線形空間 $\boldsymbol{V}$ の“**次元**”と呼び，$\mathbf{dim}\,\boldsymbol{V}$ と表す。
(ただし，$\boldsymbol{V} = \{\boldsymbol{0}\}$ (零ベクトルのみの集合) のとき，$\mathbf{dim}\,\boldsymbol{V} = 0$ とする。)

これまでの例より，$\mathbf{dim}\,\boldsymbol{R}^2 = 2$，$\mathbf{dim}\,\boldsymbol{R}^3 = 3$，そして一般に，$\mathbf{dim}\,\boldsymbol{R}^n = \boldsymbol{n}$ となる。また，線形空間 $\boldsymbol{V}$ の次元 $\mathbf{dim}\,\boldsymbol{V} = \boldsymbol{k}$ のとき，$\boldsymbol{a}_1, \boldsymbol{a}_2, \cdots, \boldsymbol{a}_k$ が $\boldsymbol{V}$ の線形独立な元ならば，$\boldsymbol{a}_1, \boldsymbol{a}_2, \cdots, \boldsymbol{a}_k$ は $\boldsymbol{V}$ の基底となる。演習問題 **71** では，このことを利用して解いていく。

§2. 部分空間

部分空間の定義

線形空間 $\boldsymbol{V}$ の ϕ(空集合) でない部分集合 $\boldsymbol{W}$ が，$\boldsymbol{V}$ と同じく和とスカラー倍の演算に対して，線形空間になっているとき，
$\boldsymbol{W}$ を $\boldsymbol{V}$ の“**部分空間**”または“**線形部分空間**”と呼ぶ。

部分空間の条件（Ⅰ）

線形空間 $\boldsymbol{V}$ の ϕ でない部分集合 $\boldsymbol{W}$ が部分空間となるための条件は，次の 2 つである。

(1) $\boldsymbol{x}$，$\boldsymbol{y} \in \boldsymbol{W}$ ならば，$\boldsymbol{x}+\boldsymbol{y} \in \boldsymbol{W}$　(2) $\boldsymbol{x} \in \boldsymbol{W}$，$c \in \boldsymbol{R}$ ならば，$c\boldsymbol{x} \in \boldsymbol{W}$

この 2 つの条件はさらに集約されて，次の 1 つの条件で表せる。

部分空間の条件（Ⅱ）

線形空間 $\boldsymbol{V}$ の ϕ でない部分集合 $\boldsymbol{W}$ が部分空間となるための条件は，次の通りである。

任意の $\boldsymbol{x}$，$\boldsymbol{y} \in \boldsymbol{W}$ と任意の λ，$\mu \in \boldsymbol{R}$ に対して，$\lambda\boldsymbol{x}+\mu\boldsymbol{y} \in \boldsymbol{W}$

部分空間の例

線形空間 $\boldsymbol{V}$ の元 $\boldsymbol{a}_1$，$\boldsymbol{a}_2$，…，$\boldsymbol{a}_k$ の線形結合全体は，$\boldsymbol{V}$ の部分空間 $\boldsymbol{W}$ になる：$\boldsymbol{W}=\{\boldsymbol{x} \mid \boldsymbol{x}=c_1\boldsymbol{a}_1+c_2\boldsymbol{a}_2+\cdots+c_k\boldsymbol{a}_k,\ c_i \in \boldsymbol{R}\ (i=1,\ 2,\ \cdots,\ k)\}$

この場合，$\boldsymbol{a}_1$，$\boldsymbol{a}_2$，…，$\boldsymbol{a}_k$ は $\boldsymbol{V}$ の任意の元でかまわないので，これらが線形独立であったり，$\boldsymbol{V}$ の基底であったりする必要はない。

$\boldsymbol{W}$ の生成元の定義

$\boldsymbol{W}=\{\boldsymbol{x} \mid \boldsymbol{x}=c_1\boldsymbol{a}_1+c_2\boldsymbol{a}_2+\cdots+c_k\boldsymbol{a}_k,\ c_i \in \boldsymbol{R}\ (i=1,\ 2,\ \cdots,\ k)\}$ のとき，$\boldsymbol{W}$ は，$\boldsymbol{a}_1$，$\boldsymbol{a}_2$，…，$\boldsymbol{a}_k$ で“**張られる空間**”または“**生成される空間**”と呼び，$\boldsymbol{a}_1$，$\boldsymbol{a}_2$，…，$\boldsymbol{a}_k$ を，$\boldsymbol{W}$ の“**生成元**”という。

この場合，$\boldsymbol{a}_1$，$\boldsymbol{a}_2$，…，$\boldsymbol{a}_k$ は線形独立や $\boldsymbol{W}$ の基底である必要はない。もちろん，これらが線形独立や基底であってもかまわない。

線形空間 $\boldsymbol{V}$ の部分空間 $\boldsymbol{W}$ の図形的な具体例を，次に示す。

（$\boldsymbol{W}=\boldsymbol{V}$ と $\boldsymbol{W}=\{\boldsymbol{0}\}$ の特別な場合は除いて考える。）

(*ex*1) x_1x_2 座標平面（線形空間）$\boldsymbol{V}=\boldsymbol{R}^2$ の部分空間 $\boldsymbol{W}$ は，原点 $\boldsymbol{0}$ を通る直線になる。

(*ex*2) $x_1x_2x_3$ 座標平面（線形空間）$\boldsymbol{V}=\boldsymbol{R}^3$ の部分空間 $\boldsymbol{W}$ は，(ⅰ) 原点 $\boldsymbol{0}$ を通る直線，または (ⅱ) 原点 $\boldsymbol{0}$ を通る平面のみとなる。

演習問題 68　● 線形独立と線形従属 ●

次の (1)，(2) それぞれのベクトルは線形独立か，それとも線形従属か。

(1) $\boldsymbol{a}_1=\begin{bmatrix}1\\-1\\4\end{bmatrix}$，$\boldsymbol{a}_2=\begin{bmatrix}3\\5\\2\end{bmatrix}$，$\boldsymbol{a}_3=\begin{bmatrix}2\\6\\1\end{bmatrix}$

(2) $\boldsymbol{b}_1=\begin{bmatrix}1\\2\\5\end{bmatrix}$，$\boldsymbol{b}_2=\begin{bmatrix}2\\1\\-2\end{bmatrix}$，$\boldsymbol{b}_3=\begin{bmatrix}-1\\1\\7\end{bmatrix}$

ヒント！ 線形関係式：$c_1\boldsymbol{x}_1+c_2\boldsymbol{x}_2+c_3\boldsymbol{x}_3=\boldsymbol{0}$ が (i) $c_1=c_2=c_3=0$ (自明な解) のみをもつとき，線形独立であり，(ii) 自明な解以外の解ももつとき，線形従属なんだね。

解答＆解説

(1) 線形関係式：$c_1\boldsymbol{a}_1+c_2\boldsymbol{a}_2+c_3\boldsymbol{a}_3=\boldsymbol{0}$ を変形して，

$$[\boldsymbol{a}_1\ \ \boldsymbol{a}_2\ \ \boldsymbol{a}_3]\begin{bmatrix}c_1\\c_2\\c_3\end{bmatrix}=\begin{bmatrix}0\\0\\0\end{bmatrix}\qquad\therefore\begin{bmatrix}1&3&2\\-1&5&6\\4&2&1\end{bmatrix}\begin{bmatrix}c_1\\c_2\\c_3\end{bmatrix}=\begin{bmatrix}0\\0\\0\end{bmatrix}$$

未知数の個数 $n=3$

これを未知数とする方程式

ここで，$A=\begin{bmatrix}1&3&2\\-1&5&6\\4&2&1\end{bmatrix}$，$\boldsymbol{c}=\begin{bmatrix}c_1\\c_2\\c_3\end{bmatrix}$，$\boldsymbol{0}=\begin{bmatrix}0\\0\\0\end{bmatrix}$ とおき，

方程式：$A\boldsymbol{c}=\boldsymbol{0}$ が自明な解 $(c_1=c_2=c_3=0)$ のみをもつか（線形独立），それ以外の解ももつか（線形従属）を調べるために，まず係数行列 A のランク (階数) を求める。

$$A=\begin{bmatrix}1&3&2\\-1&5&6\\4&2&1\end{bmatrix}\xrightarrow[③-4\times①]{②+①}\begin{bmatrix}1&3&2\\0&8&8\\0&-10&-7\end{bmatrix}\xrightarrow{\frac{1}{8}\times②}\begin{bmatrix}1&3&2\\0&1&1\\0&-10&-7\end{bmatrix}$$

$$\xrightarrow{③+10\times②}\begin{bmatrix}1&3&2\\0&1&1\\0&0&3\end{bmatrix}\quad \mathrm{rank}A=3$$

よって，3 次の正方行列 A の $rankA = 3$ より，

自由度 $= n - rankA = 3 - 3 = 0$

よって，方程式 $A\boldsymbol{c} = \boldsymbol{0}$ は，自明な解

$\boldsymbol{c} = \boldsymbol{0}$，すなわち，

$c_1 = c_2 = c_3 = 0$ しかもたない。

よって，$\boldsymbol{a}_1$，$\boldsymbol{a}_2$，$\boldsymbol{a}_3$ は線形独立である。……（答）

> 3 次の正方行列 A の $rankA = 3$
> $\rightleftarrows |A| \neq 0$ （A は正則）
> $\rightleftarrows A^{-1}$ が存在する。
> $\therefore A\boldsymbol{c} = \boldsymbol{0}$ の両辺に左から A^{-1} をかけて，
> $\boldsymbol{c} = A^{-1}\boldsymbol{0} = \boldsymbol{0}$ となる。

> 図形的には，$\boldsymbol{a}_1$，$\boldsymbol{a}_2$，$\boldsymbol{a}_3$ は同一平面内に収まることはない。

> $\because \boldsymbol{a}_1$，$\boldsymbol{a}_2$，$\boldsymbol{a}_3$ は共面ベクトル（P67）ではないからだ。

(2) 線形関係式：$c_1\boldsymbol{b}_1 + c_2\boldsymbol{b}_2 + c_3\boldsymbol{b}_3 = \boldsymbol{0}$ を変形して，

$$[\boldsymbol{b}_1 \ \ \boldsymbol{b}_2 \ \ \boldsymbol{b}_3]\begin{bmatrix} c_1 \\ c_2 \\ c_3 \end{bmatrix} = \begin{bmatrix} 0 \\ 0 \\ 0 \end{bmatrix} \qquad \therefore \begin{bmatrix} 1 & 2 & -1 \\ 2 & 1 & 1 \\ 5 & -2 & 7 \end{bmatrix}\begin{bmatrix} c_1 \\ c_2 \\ c_3 \end{bmatrix} = \begin{bmatrix} 0 \\ 0 \\ 0 \end{bmatrix}$$

> c_1，c_2，c_3 を未知数とする同次連立 1 次方程式

ここで，$B = \begin{bmatrix} 1 & 2 & -1 \\ 2 & 1 & 1 \\ 5 & -2 & 7 \end{bmatrix}$，$\boldsymbol{c} = \begin{bmatrix} c_1 \\ c_2 \\ c_3 \end{bmatrix}$，$\boldsymbol{0} = \begin{bmatrix} 0 \\ 0 \\ 0 \end{bmatrix}$ とおき，

方程式 $B\boldsymbol{c} = \boldsymbol{0}$ が自明な解 $\boldsymbol{c} = \boldsymbol{0}$ のみをもつか，それ以外の解ももつかを調べるために，係数行列 B のランク（階数）を調べる。

$$B = \begin{bmatrix} 1 & 2 & -1 \\ 2 & 1 & 1 \\ 5 & -2 & 7 \end{bmatrix} \xrightarrow[③-5\times①]{②-2\times①} \begin{bmatrix} 1 & 2 & -1 \\ 0 & -3 & 3 \\ 0 & -12 & 12 \end{bmatrix} \xrightarrow{③-4\times②} \begin{bmatrix} 1 & 2 & -1 \\ 0 & -3 & 3 \\ 0 & 0 & 0 \end{bmatrix}$$

$$\xrightarrow{\frac{1}{3}\times②} \begin{bmatrix} 1 & 2 & -1 \\ 0 & -1 & 1 \\ 0 & 0 & 0 \end{bmatrix} \Big\} \ rankB = 2$$

自由度 $= n - rankB = 3 - 2 = 1$ より，方程式 $B\boldsymbol{c} = \boldsymbol{0}$ は自明な解

> n：未知数の個数

$c_1 = c_2 = c_3 = 0$ 以外の解ももつ。

よって，$\boldsymbol{b}_1$，$\boldsymbol{b}_2$，$\boldsymbol{b}_3$ は線形従属である。……………………………（答）

演習問題 69　● 線形従属の定義(Ⅰ) ●

$\boldsymbol{a}_1 = \begin{bmatrix} 1 \\ 2 \\ -1 \end{bmatrix}$, $\boldsymbol{a}_2 = \begin{bmatrix} 3 \\ 5 \\ -4 \end{bmatrix}$, $\boldsymbol{a}_3 = \begin{bmatrix} 1 \\ 4 \\ 1 \end{bmatrix}$ が線形従属であることを示し，

$\boldsymbol{a}_3$ を $\boldsymbol{a}_1$ と $\boldsymbol{a}_2$ の線形結合で表せ。

ヒント！ 線形関係式の係数の方程式が，自明な解以外の解ももつことを示そう。

解答＆解説

線形関係式：$c_1\boldsymbol{a}_1 + c_2\boldsymbol{a}_2 + c_3\boldsymbol{a}_3 = \boldsymbol{0}$ ……(a) を変形して，

$$\underbrace{[\boldsymbol{a}_1 \ \boldsymbol{a}_2 \ \boldsymbol{a}_3]}_{A}\begin{bmatrix} c_1 \\ c_2 \\ c_3 \end{bmatrix} = \begin{bmatrix} 0 \\ 0 \\ 0 \end{bmatrix} \cdots\cdots(b) \quad (未知数：c_1,\ c_2,\ c_3)$$

ここで，$A = [\boldsymbol{a}_1 \ \boldsymbol{a}_2 \ \boldsymbol{a}_3]$ とおいて，このランク(階数)を調べる。

$$A = \begin{bmatrix} 1 & 3 & 1 \\ 2 & 5 & 4 \\ -1 & -4 & 1 \end{bmatrix} \xrightarrow[③+①]{②-2\times①} \begin{bmatrix} 1 & 3 & 1 \\ 0 & -1 & 2 \\ 0 & -1 & 2 \end{bmatrix} \xrightarrow{③-②} \underbrace{\begin{bmatrix} 1 & 3 & 1 \\ 0 & -1 & 2 \\ 0 & 0 & 0 \end{bmatrix}}_{A'} \Big\} rankA = 2$$

$\therefore\ rankA = 2$　　ここで，未知数の個数 $n = 3$ より，

自由度 $= n - rankA = 3 - 2 = 1$

よって，(b)，すなわち $\underbrace{\begin{bmatrix} 1 & 3 & 1 \\ 0 & -1 & 2 \\ 0 & 0 & 0 \end{bmatrix}}_{A'}\begin{bmatrix} c_1 \\ c_2 \\ c_3 \end{bmatrix} = \begin{bmatrix} 0 \\ 0 \\ 0 \end{bmatrix}$ ……(b)′ は，

$c_1 = c_2 = c_3 = 0$ (自明な解)以外にも解をもつ。

よって，$\boldsymbol{a}_1$，$\boldsymbol{a}_2$，$\boldsymbol{a}_3$ は線形従属である。……………………………(終)

(b)′より，$c_1 + 3c_2 + c_3 = 0$，$-c_2 + 2c_3 = 0$

ここで，$c_3 = 1$ とおくと，$c_2 = 2$，$c_1 = -7$

よって，(a)は，$-7\boldsymbol{a}_1 + 2\boldsymbol{a}_2 + \boldsymbol{a}_3 = \boldsymbol{0}$

$\therefore\ \boldsymbol{a}_3 = 7\boldsymbol{a}_1 - 2\boldsymbol{a}_2$　($\boldsymbol{a}_1$ と $\boldsymbol{a}_2$ の線形結合)……………………(答)

演習問題 70　● 線形従属の定義(Ⅱ)●

$\boldsymbol{a}_1 = \begin{bmatrix} 1 \\ 3 \\ -1 \end{bmatrix}$, $\boldsymbol{a}_2 = \begin{bmatrix} 2 \\ 1 \\ -7 \end{bmatrix}$, $\boldsymbol{a}_3 = \begin{bmatrix} 2 \\ 7 \\ -1 \end{bmatrix}$ が線形従属であることを示し,

$\boldsymbol{a}_2$ を $\boldsymbol{a}_1$ と $\boldsymbol{a}_3$ の線形結合で表せ。

ヒント! $A = [\boldsymbol{a}_1\ \ \boldsymbol{a}_2\ \ \boldsymbol{a}_3]$ のランクを調べて,自由度を求めよう。

解答&解説

線形関係式:$c_1\boldsymbol{a}_1 + c_2\boldsymbol{a}_2 + c_3\boldsymbol{a}_3 = \boldsymbol{0}$ ……(a) を変形して,

$$\underbrace{[\boldsymbol{a}_1\ \ \boldsymbol{a}_2\ \ \boldsymbol{a}_3]}_{A}\begin{bmatrix} c_1 \\ c_2 \\ c_3 \end{bmatrix} = \begin{bmatrix} 0 \\ 0 \\ 0 \end{bmatrix} \text{ ……(b)} \quad (\text{未知数}:c_1,\ c_2,\ c_3)$$

ここで,$A = [\boldsymbol{a}_1\ \ \boldsymbol{a}_2\ \ \boldsymbol{a}_3]$ とおいて,このランク(階数)を調べる。

$$A = \begin{bmatrix} 1 & 2 & 2 \\ 3 & 1 & 7 \\ -1 & -7 & -1 \end{bmatrix} \xrightarrow[③+①]{②-3\times①} \begin{bmatrix} 1 & 2 & 2 \\ 0 & -5 & 1 \\ 0 & -5 & 1 \end{bmatrix} \xrightarrow{③-②} \underbrace{\begin{bmatrix} 1 & 2 & 2 \\ 0 & -5 & 1 \\ 0 & 0 & 0 \end{bmatrix}}_{A'} \Big\}\ rank A = 2$$

$\therefore\ rank A =$ (ア)　　ここで,未知数の個数 $n = 3$ より,

自由度 $= n - rank A =$ (イ)

よって,(b),すなわち $\underbrace{\begin{bmatrix} 1 & 2 & 2 \\ 0 & -5 & 1 \\ 0 & 0 & 0 \end{bmatrix}}_{A'}\begin{bmatrix} c_1 \\ c_2 \\ c_3 \end{bmatrix} = \begin{bmatrix} 0 \\ 0 \\ 0 \end{bmatrix}$ ……(b)′ は,

$c_1 = c_2 = c_3 = 0$ (自明な解)以外にも解をもつ。

よって,$\boldsymbol{a}_1$,$\boldsymbol{a}_2$,$\boldsymbol{a}_3$ は線形従属である。……………………………………(終)

(b)′ より,$c_1 + 2c_2 + 2c_3 = 0$,$-5c_2 + c_3 = 0$

ここで,$c_2 = 1$ とおくと,(ウ)

$\therefore$ (a)より,$-12\boldsymbol{a}_1 + \boldsymbol{a}_2 + 5\boldsymbol{a}_3 = \boldsymbol{0}$　　$\therefore\ \boldsymbol{a}_2 =$ (エ)　…………(答)

解答　(ア) 2　(イ) $3 - 2 = 1$　(ウ) $c_3 = 5$,$c_1 = -12$　(エ) $12\boldsymbol{a}_1 - 5\boldsymbol{a}_3$

演習問題 71　● R^4 の基底 ●

$\boldsymbol{u}_1 = \begin{bmatrix} 1 \\ 2 \\ -1 \\ 1 \end{bmatrix}$, $\boldsymbol{u}_2 = \begin{bmatrix} 3 \\ -1 \\ 0 \\ 2 \end{bmatrix}$, $\boldsymbol{u}_3 = \begin{bmatrix} 4 \\ 0 \\ 1 \\ 2 \end{bmatrix}$, $\boldsymbol{u}_4 = \begin{bmatrix} 1 \\ 4 \\ 2 \\ 1 \end{bmatrix}$ が，R^4 において 1 組の基底となることを示せ。

ヒント！ $\boldsymbol{u}_1$, $\boldsymbol{u}_2$, $\boldsymbol{u}_3$, $\boldsymbol{u}_4$ が線形独立であることを示せばいい。

解答＆解説

R^4 の線形空間の次元は，$\dim R^4 = 4$ より，$\boldsymbol{u}_1$, $\boldsymbol{u}_2$, $\boldsymbol{u}_3$, $\boldsymbol{u}_4$ が線形独立であれば，R^4 における 1 組の基底となる。

したがって，線形関係式：$c_1\boldsymbol{u}_1 + c_2\boldsymbol{u}_2 + c_3\boldsymbol{u}_3 + c_4\boldsymbol{u}_4 = \boldsymbol{0}$ ……(a) をみたす係数が，$c_1 = c_2 = c_3 = c_4 = 0$ のみであることを示せばよい。←自明な解のみ

(a)を変形して，

$$[\boldsymbol{u}_1\ \boldsymbol{u}_2\ \boldsymbol{u}_3\ \boldsymbol{u}_4]\begin{bmatrix} c_1 \\ c_2 \\ c_3 \\ c_4 \end{bmatrix} = \begin{bmatrix} 0 \\ 0 \\ 0 \\ 0 \end{bmatrix} \quad \cdots\cdots(b)$$

ここで，$A = [\boldsymbol{u}_1\ \boldsymbol{u}_2\ \boldsymbol{u}_3\ \boldsymbol{u}_4]$ とおいて，$rankA$ を求める。

$$A = \begin{bmatrix} 1 & 3 & 4 & 1 \\ 2 & -1 & 0 & 4 \\ -1 & 0 & 1 & 2 \\ 1 & 2 & 2 & 1 \end{bmatrix} \xrightarrow[④-①]{②-2\times①,\ ③+①} \begin{bmatrix} 1 & 3 & 4 & 1 \\ 0 & -7 & -8 & 2 \\ 0 & 3 & 5 & 3 \\ 0 & -1 & -2 & 0 \end{bmatrix} \xrightarrow{②\leftrightarrow④} \begin{bmatrix} 1 & 3 & 4 & 1 \\ 0 & -1 & -2 & 0 \\ 0 & 3 & 5 & 3 \\ 0 & -7 & -8 & 2 \end{bmatrix}$$

$$\xrightarrow[④-7\times②]{③+3\times②} \begin{bmatrix} 1 & 3 & 4 & 1 \\ 0 & -1 & -2 & 0 \\ 0 & 0 & -1 & 3 \\ 0 & 0 & 6 & 2 \end{bmatrix} \xrightarrow{④+6\times③} \begin{bmatrix} 1 & 3 & 4 & 1 \\ 0 & -1 & -2 & 0 \\ 0 & 0 & -1 & 3 \\ 0 & 0 & 0 & 20 \end{bmatrix} \quad rankA = 4$$

よって，$rankA = 4$ より，自由度 $= 4 - 4 = 0$
（未知数 c_1, …, c_4 の個数）（$rankA$）

ゆえに，(b)は自明な解 $c_1 = c_2 = c_3 = c_4 = 0$ のみをもつので，$\boldsymbol{u}_1$, $\boldsymbol{u}_2$, $\boldsymbol{u}_3$, $\boldsymbol{u}_4$ は線形独立である。

以上より，$\{\boldsymbol{u}_1, \boldsymbol{u}_2, \boldsymbol{u}_3, \boldsymbol{u}_4\}$ は R^4 における 1 組の基底である。……(終)

演習問題 72 ● R^4 における基底の線形結合 ●

R^4 の元 $\boldsymbol{x} = \begin{bmatrix} 5 \\ -7 \\ 0 \\ 2 \end{bmatrix}$ を，演習問題 71 の基底 $\{\boldsymbol{u}_1,\ \boldsymbol{u}_2,\ \boldsymbol{u}_3,\ \boldsymbol{u}_4\}$ の線形結合で表せ。

ヒント！ $A = [\boldsymbol{u}_1\ \boldsymbol{u}_2\ \boldsymbol{u}_3\ \boldsymbol{u}_4]$ とおき，拡大係数行列 $A_a = [A|\boldsymbol{x}]$ を変形する。

解答＆解説

$\{\boldsymbol{u}_1,\ \boldsymbol{u}_2,\ \boldsymbol{u}_3,\ \boldsymbol{u}_4\}$ は R^4 の基底より，R^4 の元 $\boldsymbol{x}$ は必ず，この基底の線形結合（1 次結合）で表すことができる。

よって，$\boldsymbol{x} = x_1\boldsymbol{u}_1 + x_2\boldsymbol{u}_2 + x_3\boldsymbol{u}_3 + x_4\boldsymbol{u}_4$ ……(a)

(a)を変形して，

$$[\boldsymbol{u}_1\ \boldsymbol{u}_2\ \boldsymbol{u}_3\ \boldsymbol{u}_4]\begin{bmatrix} x_1 \\ x_2 \\ x_3 \\ x_4 \end{bmatrix} = \underbrace{\begin{bmatrix} 5 \\ -7 \\ 0 \\ 2 \end{bmatrix}}_{\boldsymbol{x}}$$

x_1，x_2，x_3，x_4 を未知数とする非同次の 4 元連立 1 次方程式

$A = [\boldsymbol{u}_1\ \boldsymbol{u}_2\ \boldsymbol{u}_3\ \boldsymbol{u}_4]$ とおき，拡大係数行列 $A_a = [A|\boldsymbol{x}]$ を変形する。

$$A_a = \left[\begin{array}{cccc|c} 1 & 3 & 4 & 1 & 5 \\ 2 & -1 & 0 & 4 & -7 \\ -1 & 0 & 1 & 2 & 0 \\ 1 & 2 & 2 & 1 & 2 \end{array}\right] \xrightarrow[\text{④}-\text{①}]{\text{②}-2\times\text{①},\ \text{③}+\text{①}} \left[\begin{array}{cccc|c} 1 & 3 & 4 & 1 & 5 \\ 0 & -7 & -8 & 2 & -17 \\ 0 & 3 & 5 & 3 & 5 \\ 0 & -1 & -2 & 0 & -3 \end{array}\right] \xrightarrow{\text{②}\leftrightarrow\text{④}} \left[\begin{array}{cccc|c} 1 & 3 & 4 & 1 & 5 \\ 0 & -1 & -2 & 0 & -3 \\ 0 & 3 & 5 & 3 & 5 \\ 0 & -7 & -8 & 2 & -17 \end{array}\right]$$

$$\xrightarrow[\text{④}-7\times\text{②}]{\text{③}+3\times\text{②}} \left[\begin{array}{cccc|c} 1 & 3 & 4 & 1 & 5 \\ 0 & -1 & -2 & 0 & -3 \\ 0 & 0 & -1 & 3 & -4 \\ 0 & 0 & 6 & 2 & 4 \end{array}\right] \xrightarrow{\text{④}+6\times\text{③}} \left[\begin{array}{cccc|c} 1 & 3 & 4 & 1 & 5 \\ 0 & -1 & -2 & 0 & -3 \\ 0 & 0 & -1 & 3 & -4 \\ 0 & 0 & 0 & 20 & -20 \end{array}\right]$$

$\therefore\ x_1 + 3x_2 + 4x_3 + x_4 =$ [(ア)]，$-x_2 - 2x_3 =$ [(イ)]，$-x_3 + 3x_4 = -4$，$20x_4 = -20$

よって，$x_1 =$ [(ウ)]，$x_2 =$ [(エ)]，$x_3 = 1$，$x_4 = -1$　これを(a)に代入して，

$\boldsymbol{x} =$ [(オ)] と表せる。……………………………(答)

解答　(ア) 5　(イ) -3　(ウ) -1　(エ) 1　(オ) $-\boldsymbol{u}_1 + \boldsymbol{u}_2 + \boldsymbol{u}_3 - \boldsymbol{u}_4$

演習問題 73 ● R^2 の部分空間（Ⅰ）●

R^2 の線形空間において，$W = \left\{ \boldsymbol{x} = \begin{bmatrix} x_1 \\ x_2 \end{bmatrix} \middle| x_1 + 3x_2 = 0 \right\}$ が，R^2 の部分空間であることを示し，W の1組の基底を求めよ。

ヒント！ W は，方向ベクトル $\boldsymbol{d} = [3, \ -1]$ をもつ原点を通る直線だから，R^2 の部分空間になり得ることが直感的に分かるだろう？

解答＆解説

W の2つの元 $\boldsymbol{x}$，$\boldsymbol{y}$ を，

$$\boldsymbol{x} = \begin{bmatrix} x_1 \\ x_2 \end{bmatrix} \quad x_1 + 3x_2 = 0 \ \cdots\cdots ①, \qquad \boldsymbol{y} = \begin{bmatrix} y_1 \\ y_2 \end{bmatrix} \quad y_1 + 3y_2 = 0 \ \cdots\cdots ②$$

とおく。

ここで，λ，$\mu \in \boldsymbol{R}$ を使って，$\lambda\boldsymbol{x} + \mu\boldsymbol{y}$ を調べる。

W が部分空間となるための条件(Ⅱ)：$\boldsymbol{x}$，$\boldsymbol{y} \in W$ のとき，$\lambda\boldsymbol{x} + \mu\boldsymbol{y} \in W$

$$\lambda\boldsymbol{x} + \mu\boldsymbol{y} = \lambda \begin{bmatrix} x_1 \\ x_2 \end{bmatrix} + \mu \begin{bmatrix} y_1 \\ y_2 \end{bmatrix} = \begin{bmatrix} \lambda x_1 + \mu y_1 \\ \lambda x_2 + \mu y_2 \end{bmatrix}$$

すると，

$$(\lambda x_1 + \mu y_1) + 3(\lambda x_2 + \mu y_2) = \lambda(\underbrace{x_1 + 3x_2}_{0}) + \mu(\underbrace{y_1 + 3y_2}_{0}) = 0 \qquad (\because ①, ②)$$

よって，$\lambda\boldsymbol{x} + \mu\boldsymbol{y} \in W$ ← 条件(Ⅱ)による証明終了

∴ W は R^2 の部分空間である。……………………………………………(終)

また，$x_1 = -3x_2$ より，

$$\boldsymbol{x} = \begin{bmatrix} x_1 \\ x_2 \end{bmatrix} = \begin{bmatrix} -3x_2 \\ x_2 \end{bmatrix} = x_2 \begin{bmatrix} -3 \\ 1 \end{bmatrix}$$

ここで，$\boldsymbol{a}_1 = \begin{bmatrix} -3 \\ 1 \end{bmatrix}$ とおくと，$\boldsymbol{a}_1$ は線形独立であり，W の任意の元 $\boldsymbol{x}$ は，

（$c\boldsymbol{a}_1 = \boldsymbol{0} \Leftrightarrow c = 0$ より）

$\boldsymbol{x} = x_2\boldsymbol{a}_1$（$x_2$：任意の実数）と，$\boldsymbol{a}_1$ の1次結合で表される。

よって，$\{\boldsymbol{a}_1\}$ は，W の1組の基底である。……………………………(答)

W は，$\boldsymbol{a}_1$ で生成される（張られる）空間と呼んでもいい。

演習問題 74　● R^2 の部分空間（Ⅱ）●

$W = \left\{ \boldsymbol{x} = \begin{bmatrix} x_1 \\ x_2 \end{bmatrix} \middle| 2x_1 + x_2 = 1 \right\}$ が R^2 の部分空間であるか否かを調べよ。

ヒント！ W は，原点を通らない直線なので，R^2 の部分空間になり得ないね。

解答＆解説

W の 2 つの元 $\boldsymbol{x}$，$\boldsymbol{y}$ を，

$$\boldsymbol{x} = \begin{bmatrix} x_1 \\ x_2 \end{bmatrix} \quad 2x_1 + x_2 = 1 \;\cdots\cdots ①, \qquad \boldsymbol{y} = \begin{bmatrix} y_1 \\ y_2 \end{bmatrix} \quad 2y_1 + y_2 = \boxed{(ア)} \;\cdots\cdots ②$$

とおく。

ここで，λ，$\mu \in \boldsymbol{R}$ を使って，$\lambda\boldsymbol{x} + \mu\boldsymbol{y}$ を調べる。

$$\lambda\boldsymbol{x} + \mu\boldsymbol{y} = \lambda\begin{bmatrix} x_1 \\ x_2 \end{bmatrix} + \mu\begin{bmatrix} y_1 \\ y_2 \end{bmatrix} = \begin{bmatrix} \lambda x_1 + \mu y_1 \\ \lambda x_2 + \mu y_2 \end{bmatrix}$$

すると，

$$2(\lambda x_1 + \mu y_1) + (\lambda x_2 + \mu y_2) = \lambda(\underbrace{2x_1 + x_2}_{1}) + \mu(\underbrace{2y_1 + y_2}_{1})$$

$$= \boxed{(イ)} \quad (\because ①，②) \quad となって，$$

$2(\lambda x_1 + \mu y_1) + (\lambda x_2 + \mu y_2) = \boxed{(ウ)}$ 　をみたすとは限らない。

$\therefore \lambda\boldsymbol{x} + \mu\boldsymbol{y} \notin W$ 　となる。

よって，W は R^2 の部分空間 $\boxed{(エ)\qquad}$ ……………………………(答)

解答　(ア) 1　　(イ) $\lambda + \mu$　　(ウ) 1　　(エ) ではない。

演習問題 75　● R^3 の部分空間(Ⅰ) ●

$W = \left\{ \boldsymbol{x} = \begin{bmatrix} x_1 \\ x_2 \\ x_3 \end{bmatrix} \middle| x_1 - x_2 + 3x_3 = 0 \right\}$ が，R^3 の部分空間であることを示し，その1組の基底を求めよ。

ヒント！ W は原点 O を通る平面なので，R^3 の部分空間となるはずだ。

解答＆解説

W の2つの元 $\boldsymbol{x}$，$\boldsymbol{y}$ を，次のようにおく。

$$\boldsymbol{x} = \begin{bmatrix} x_1 \\ x_2 \\ x_3 \end{bmatrix} \quad x_1 - x_2 + 3x_3 = 0 \cdots\cdots ①, \quad \boldsymbol{y} = \begin{bmatrix} y_1 \\ y_2 \\ y_3 \end{bmatrix} \quad y_1 - y_2 + 3y_3 = 0 \cdots\cdots ②$$

ここで，λ，$\mu \in R$ を使って，$\lambda\boldsymbol{x} + \mu\boldsymbol{y}$ を調べる。

W が部分空間となるための条件(Ⅱ)：$\boldsymbol{x}$，$\boldsymbol{y} \in W$ のとき，$\lambda\boldsymbol{x} + \mu\boldsymbol{y} \in W$

$$\lambda\boldsymbol{x} + \mu\boldsymbol{y} = \lambda \begin{bmatrix} x_1 \\ x_2 \\ x_3 \end{bmatrix} + \mu \begin{bmatrix} y_1 \\ y_2 \\ y_3 \end{bmatrix} = \begin{bmatrix} \lambda x_1 + \mu y_1 \\ \lambda x_2 + \mu y_2 \\ \lambda x_3 + \mu y_3 \end{bmatrix}$$

すると，

$$(\lambda x_1 + \mu y_1) - (\lambda x_2 + \mu y_2) + 3(\lambda x_3 + \mu y_3)$$
$$= \lambda(\underbrace{x_1 - x_2 + 3x_3}_{0}) + \mu(\underbrace{y_1 - y_2 + 3y_3}_{0}) = 0$$ となるので，
(∵①，②)

$\lambda\boldsymbol{x} + \mu\boldsymbol{y} \in W$ となる。← 部分空間となる条件(Ⅱ)が成立

∴ W は R^3 の部分空間である。……………………………………………(終)

次に，①より，$x_2 = x_1 + 3x_3$　　よって，

$$\boldsymbol{x} = \begin{bmatrix} x_1 \\ x_2 \\ x_3 \end{bmatrix} = \begin{bmatrix} x_1 \\ x_1 + 3x_3 \\ x_3 \end{bmatrix} = x_1 \begin{bmatrix} 1 \\ 1 \\ 0 \end{bmatrix} + x_3 \begin{bmatrix} 0 \\ 3 \\ 1 \end{bmatrix}$$

($\boldsymbol{a}_2 = k\boldsymbol{a}_1$ の形にならない。)

ここで，$\boldsymbol{a}_1 = \begin{bmatrix} 1 \\ 1 \\ 0 \end{bmatrix}$，$\boldsymbol{a}_2 = \begin{bmatrix} 0 \\ 3 \\ 1 \end{bmatrix}$ とおくと，$\boldsymbol{a}_1$ と $\boldsymbol{a}_2$ は線形独立であり，W の任意の元 $\boldsymbol{x}$ は，$\boldsymbol{x} = x_1\boldsymbol{a}_1 + x_3\boldsymbol{a}_2$ と，$\boldsymbol{a}_1$ と $\boldsymbol{a}_2$ の1次結合で表される。

よって，$\{\boldsymbol{a}_1, \boldsymbol{a}_2\}$ は，W の1組の基底である。……………………………(答)

演習問題 76　● R^3 の部分空間（Ⅱ）●

$W = \left\{ \boldsymbol{x} = \begin{bmatrix} x_1 \\ x_2 \\ x_3 \end{bmatrix} \middle| \, x_1 + 2x_2 - x_3 = 3 \right\}$ が R^3 の部分空間であるか否かを調べよ。

ヒント！ W は原点 O を通らない平面なので，R^3 の部分空間にはなり得ない。

解答＆解説

W の 2 つの元 $\boldsymbol{x}$，$\boldsymbol{y}$ を，

$$\boldsymbol{x} = \begin{bmatrix} x_1 \\ x_2 \\ x_3 \end{bmatrix} \quad x_1 + 2x_2 - x_3 = 3 \cdots ①, \qquad \boldsymbol{y} = \begin{bmatrix} y_1 \\ y_2 \\ y_3 \end{bmatrix} \quad y_1 + 2y_2 - y_3 = \boxed{(ア)} \cdots ②$$

とおく。

ここで，任意の実数 λ，μ を使って，$\lambda\boldsymbol{x} + \mu\boldsymbol{y}$ を調べる。

$$\lambda\boldsymbol{x} + \mu\boldsymbol{y} = \lambda \begin{bmatrix} x_1 \\ x_2 \\ x_3 \end{bmatrix} + \mu \begin{bmatrix} y_1 \\ y_2 \\ y_3 \end{bmatrix} = \begin{bmatrix} \lambda x_1 + \mu y_1 \\ \lambda x_2 + \mu y_2 \\ \lambda x_3 + \mu y_3 \end{bmatrix}$$

すると，

$$(\lambda x_1 + \mu y_1) + 2(\lambda x_2 + \mu y_2) - (\lambda x_3 + \mu y_3)$$
$$= \lambda(\underbrace{x_1 + 2x_2 - x_3}_{3}) + \mu(\underbrace{y_1 + 2y_2 - y_3}_{3}) = \boxed{(イ)\qquad} \text{ となって，}$$

（∵①，②）

$(\lambda x_1 + \mu y_1) + 2(\lambda x_2 + \mu y_2) - (\lambda x_3 + \mu y_3) = \boxed{(ウ)}$ をみたすとは限らない。

∴ $\lambda\boldsymbol{x} + \mu\boldsymbol{y} \notin W$ となる。

よって，W は R^3 の部分空間 $\boxed{(エ)\qquad\qquad}$ ……………………………(答)

解答　(ア) 3　(イ) $3(\lambda + \mu)$　（または，$3\lambda + 3\mu$）　(ウ) 3　(エ) ではない。

演習問題 77　● R^4 の部分空間 (Ⅰ) ●

$W = \left\{ \boldsymbol{x} = \begin{bmatrix} x_1 \\ x_2 \\ x_3 \\ x_4 \end{bmatrix} \middle| x_1 = x_2,\ x_3 = 2x_4 \right\}$ が，R^4 の部分空間であることを示し，その 1 組の基底を求めよ。

ヒント！ W が部分空間であるための条件 (Ⅱ)：$\boldsymbol{x}$，$\boldsymbol{y} \in W$ のとき，$\lambda\boldsymbol{x} + \mu\boldsymbol{y} \in W$ を使う。

解答&解説

W の 2 つの元 $\boldsymbol{x}$，$\boldsymbol{y}$ を，次のようにおく。

$$\boldsymbol{x} = \begin{bmatrix} x_1 \\ x_2 \\ x_3 \\ x_4 \end{bmatrix} \quad x_1 = x_2,\ x_3 = 2x_4 \cdots ①, \qquad \boldsymbol{y} = \begin{bmatrix} y_1 \\ y_2 \\ y_3 \\ y_4 \end{bmatrix} \quad y_1 = y_2,\ y_3 = 2y_4 \cdots ②$$

ここで，λ，$\mu \in \boldsymbol{R}$ を用いた $\lambda\boldsymbol{x} + \mu\boldsymbol{y}$ について考える。

$$\lambda\boldsymbol{x} + \mu\boldsymbol{y} = \lambda\begin{bmatrix} x_1 \\ x_2 \\ x_3 \\ x_4 \end{bmatrix} + \mu\begin{bmatrix} y_1 \\ y_2 \\ y_3 \\ y_4 \end{bmatrix} = \begin{bmatrix} \lambda x_1 + \mu y_1 \\ \lambda x_2 + \mu y_2 \\ \lambda x_3 + \mu y_3 \\ \lambda x_4 + \mu y_4 \end{bmatrix}$$

すると，

$\lambda x_1 + \mu y_1 = \lambda x_2 + \mu y_2$，（∵①，②）　$\lambda x_3 + \mu y_3 = 2(\lambda x_4 + \mu y_4)$（∵①，②）　となるので，

（$x_1 = x_2$，$y_1 = y_2$，$x_3 = 2x_4$，$y_3 = 2y_4$）

$\lambda\boldsymbol{x} + \mu\boldsymbol{y} \in W$ となる。　∴ W は R^4 の部分空間である。……………………(終)

①より，$x_2 = x_1$，$x_3 = 2x_4$

$$\therefore \boldsymbol{x} = \begin{bmatrix} x_1 \\ x_2 \\ x_3 \\ x_4 \end{bmatrix} = \begin{bmatrix} x_1 \\ x_1 \\ 2x_4 \\ x_4 \end{bmatrix} = x_1\begin{bmatrix} 1 \\ 1 \\ 0 \\ 0 \end{bmatrix} + x_4\begin{bmatrix} 0 \\ 0 \\ 2 \\ 1 \end{bmatrix}$$

ここで，$\boldsymbol{a}_1 = \begin{bmatrix} 1 \\ 1 \\ 0 \\ 0 \end{bmatrix}$，$\boldsymbol{a}_2 = \begin{bmatrix} 0 \\ 0 \\ 2 \\ 1 \end{bmatrix}$ とおくと，$\boldsymbol{a}_1$ と $\boldsymbol{a}_2$ は線形独立であり，W

（$c_1\boldsymbol{a}_1 + c_2\boldsymbol{a}_2 = \boldsymbol{0} \Leftrightarrow c_1 = c_2 = 0$）

の任意の元 $\boldsymbol{x}$ は，$\boldsymbol{x} = x_1\boldsymbol{a}_1 + x_4\boldsymbol{a}_2$ と，$\boldsymbol{a}_1$ と $\boldsymbol{a}_2$ の線形結合で表せる。

よって，$\{\boldsymbol{a}_1,\ \boldsymbol{a}_2\}$ は，W の 1 組の基底である。………………………………(答)

演習問題 78　● R^4 の部分空間（Ⅱ）●

$W=\left\{ \boldsymbol{x}=\begin{bmatrix} x_1 \\ x_2 \\ x_3 \\ x_4 \end{bmatrix} \middle| x_1=0 \right\}$ が，R^4 の部分空間であることを示し，

その 1 組の基底を求めよ。

ヒント！ $\boldsymbol{x}$，$\boldsymbol{y} \in W$ のとき，$\lambda\boldsymbol{x}+\mu\boldsymbol{y}$ の第 1 成分 $=0$ を示す。

解答＆解説

W の 2 つの元 $\boldsymbol{x}$，$\boldsymbol{y}$ を，次のようにおく。

$$\boldsymbol{x}=\begin{bmatrix} x_1 \\ x_2 \\ x_3 \\ x_4 \end{bmatrix} \quad x_1=0 \cdots\cdots ① ,\qquad \boldsymbol{y}=\begin{bmatrix} y_1 \\ y_2 \\ y_3 \\ y_4 \end{bmatrix} \quad y_1=\boxed{(ア)} \cdots\cdots ②$$

ここで，λ，$\mu \in \boldsymbol{R}$ を用いた $\lambda\boldsymbol{x}+\mu\boldsymbol{y}$ について考える。

$$\lambda\boldsymbol{x}+\mu\boldsymbol{y}=\lambda\begin{bmatrix} x_1 \\ x_2 \\ x_3 \\ x_4 \end{bmatrix}+\mu\begin{bmatrix} y_1 \\ y_2 \\ y_3 \\ y_4 \end{bmatrix}=\begin{bmatrix} \lambda x_1+\mu y_1 \\ \lambda x_2+\mu y_2 \\ \lambda x_3+\mu y_3 \\ \lambda x_4+\mu y_4 \end{bmatrix}$$

すると，$\lambda x_1+\mu y_1=\boxed{(イ)}$ より，

（∵①，②より）

$\lambda\boldsymbol{x}+\mu\boldsymbol{y} \in \boxed{(ウ)}$ となる。　∴ W は R^4 の部分空間である。……………(終)

①より，$x_1=0$

$$\therefore \boldsymbol{x}=\begin{bmatrix} x_1 \\ x_2 \\ x_3 \\ x_4 \end{bmatrix}=\begin{bmatrix} 0 \\ x_2 \\ x_3 \\ x_4 \end{bmatrix}=x_2\begin{bmatrix} 0 \\ 1 \\ 0 \\ 0 \end{bmatrix}+x_3\begin{bmatrix} 0 \\ 0 \\ 1 \\ 0 \end{bmatrix}+x_4\begin{bmatrix} 0 \\ 0 \\ 0 \\ 1 \end{bmatrix}$$

ここで，$\boldsymbol{a}_1=\begin{bmatrix} 0 \\ 1 \\ 0 \\ 0 \end{bmatrix}$，$\boldsymbol{a}_2=\begin{bmatrix} 0 \\ 0 \\ 1 \\ 0 \end{bmatrix}$，$\boldsymbol{a}_3=\begin{bmatrix} 0 \\ 0 \\ 0 \\ 1 \end{bmatrix}$ とおくと，$\boldsymbol{a}_1$，$\boldsymbol{a}_2$，$\boldsymbol{a}_3$ は線形独立

$c_1\boldsymbol{a}_1+c_2\boldsymbol{a}_2+c_3\boldsymbol{a}_3=\boldsymbol{0} \Leftrightarrow c_1=c_2=c_3=0$

で，W の任意の元 $\boldsymbol{x}$ は，$\boldsymbol{x}=x_2\boldsymbol{a}_1+x_3\boldsymbol{a}_2+x_4\boldsymbol{a}_3$ と，$\boldsymbol{a}_1$ と $\boldsymbol{a}_2$ と $\boldsymbol{a}_3$ の線形結合で表せる。　∴ $\boxed{(エ)\qquad}$ は，W の 1 組の基底である。……(答)

解答　(ア) 0　(イ) 0　(ウ) W　(エ) $\{\boldsymbol{a}_1, \boldsymbol{a}_2, \boldsymbol{a}_3\}$（または，$\boldsymbol{a}_1$，$\boldsymbol{a}_2$，$\boldsymbol{a}_3$）

演習問題 79　● $\boldsymbol{R}^4$ の部分空間 (Ⅲ) ●

$\boldsymbol{W}=\left\{\boldsymbol{x}=\begin{bmatrix}x_1\\x_2\\x_3\\x_4\end{bmatrix}\middle|\ x_1,\ x_2,\ x_3,\ x_4 \text{は有理数}\right\}$ が，$\boldsymbol{R}^4$ の部分空間か否かを調べよ。

ヒント！ $\lambda\boldsymbol{x}+\mu\boldsymbol{y}$ で，λ と μ が無理数の具体例で考えるといいよ。

解答＆解説

$\boldsymbol{Q}$ を有理数の集合とする。$\boldsymbol{W}$ の 2 つの元 $\boldsymbol{x}$，$\boldsymbol{y}$ を，

$$\boldsymbol{x}=\begin{bmatrix}x_1\\x_2\\x_3\\x_4\end{bmatrix}\ x_1,\ x_2,\ x_3,\ x_4\in\boldsymbol{Q}\cdots①,\quad \boldsymbol{y}=\begin{bmatrix}y_1\\y_2\\y_3\\y_4\end{bmatrix}\ y_1,\ y_2,\ y_3,\ y_4\in\boldsymbol{Q}\cdots②$$

とおく。ここで，λ，$\mu\in\boldsymbol{R}$ を用いた $\lambda\boldsymbol{x}+\mu\boldsymbol{y}$ について考える。

$$\lambda\boldsymbol{x}+\mu\boldsymbol{y}=\lambda\begin{bmatrix}x_1\\x_2\\x_3\\x_4\end{bmatrix}+\mu\begin{bmatrix}y_1\\y_2\\y_3\\y_4\end{bmatrix}=\begin{bmatrix}\lambda x_1+\mu y_1\\\lambda x_2+\mu y_2\\\lambda x_3+\mu y_3\\\lambda x_4+\mu y_4\end{bmatrix}$$

ここで，$\lambda=\mu=\sqrt{2}$，$x_i+y_i\neq 0$　$(i=1,\ 2,\ 3,\ 4)$ のとき，

$$\lambda x_i+\mu y_i=\underbrace{\sqrt{2}}_{\text{無理数}}\cdot\underbrace{(x_i+y_i)}_{\text{有理数}}\notin\boldsymbol{Q}$$

(無理数)×(有理数)≠(有理数)　（有理数 ≠ 0，有理数 ≠ 0）

となるので，$\lambda x_i+\mu y_i\in\boldsymbol{Q}$ をみたすとは限らない。

$\therefore\ \lambda\boldsymbol{x}+\mu\boldsymbol{y}\notin\boldsymbol{W}$ となる。

よって，$\boldsymbol{W}$ は $\boldsymbol{R}^4$ の部分空間ではない。……………………………(答)

演習問題 80 ● R^4 の部分空間（Ⅳ）●

$$W = \left\{ \boldsymbol{x} = \begin{bmatrix} x_1 \\ x_2 \\ x_3 \\ x_4 \end{bmatrix} \middle| \; x_1^2 + x_2^2 + x_3^2 + x_4^2 = 3 \right\}$$ が，R^4 の部分空間か否かを調べよ。

ヒント！ 任意の実数λ，μに対して，$\lambda\boldsymbol{x}+\mu\boldsymbol{y}$が$W$の要素となるかを調べる。

解答＆解説

W の 2 つの元 $\boldsymbol{x}$，$\boldsymbol{y}$ を，

$$\boldsymbol{x} = \begin{bmatrix} x_1 \\ x_2 \\ x_3 \\ x_4 \end{bmatrix} \; x_1^2+x_2^2+x_3^2+x_4^2 = \boxed{(ア)} \cdots ①, \quad \boldsymbol{y} = \begin{bmatrix} y_1 \\ y_2 \\ y_3 \\ y_4 \end{bmatrix} \; y_1^2+y_2^2+y_3^2+y_4^2 = 3 \cdots ②$$

とおく。ここで，λ，$\mu \in \boldsymbol{R}$ を用いた $\lambda\boldsymbol{x}+\mu\boldsymbol{y}$ について考える。

$$\lambda\boldsymbol{x}+\mu\boldsymbol{y} = \lambda\begin{bmatrix} x_1 \\ x_2 \\ x_3 \\ x_4 \end{bmatrix} + \mu\begin{bmatrix} y_1 \\ y_2 \\ y_3 \\ y_4 \end{bmatrix} = \begin{bmatrix} \lambda x_1+\mu y_1 \\ \lambda x_2+\mu y_2 \\ \lambda x_3+\mu y_3 \\ \lambda x_4+\mu y_4 \end{bmatrix}$$ すると，

$$\begin{aligned}
&(\lambda x_1+\mu y_1)^2+(\lambda x_2+\mu y_2)^2+(\lambda x_3+\mu y_3)^2+(\lambda x_4+\mu y_4)^2 \\
&= \lambda^2 x_1^2 + 2\lambda\mu x_1 y_1 + \mu^2 y_1^2 + \lambda^2 x_2^2 + 2\lambda\mu x_2 y_2 + \mu^2 y_2^2 \\
&\quad + \lambda^2 x_3^2 + 2\lambda\mu x_3 y_3 + \mu^2 y_3^2 + \lambda^2 x_4^2 + 2\lambda\mu x_4 y_4 + \mu^2 y_4^2 \\
&= \lambda^2(\underbrace{x_1^2+x_2^2+x_3^2+x_4^2}_{3\ (\because ①)}) + \mu^2(\underbrace{y_1^2+y_2^2+y_3^2+y_4^2}_{3\ (\because ②)}) \\
&\quad + 2\lambda\mu(x_1y_1+x_2y_2+x_3y_3+x_4y_4) \\
&= \boxed{(イ)\qquad} + 2\lambda\mu(x_1y_1+x_2y_2+x_3y_3+x_4y_4)
\end{aligned}$$

となって，これは $\boxed{(ウ)}$ になるとは限らない。

$\therefore \lambda\boldsymbol{x}+\mu\boldsymbol{y} \notin W$ となる。

よって，W は R^4 の部分空間 $\boxed{(エ)\qquad}$ ……………………………（答）

解答 (ア) 3　(イ) $3(\lambda^2+\mu^2)$　（または，$3\lambda^2+3\mu^2$）　(ウ) 3　(エ) ではない。

演習問題 81 ● R^3 で，3つのベクトルで生成される部分空間 ●

R^3 において，次の3つのベクトルで生成される部分空間 W の1組の基底と，W の次元 $\dim W$ を求めよ。

$$\boldsymbol{a}_1=\begin{bmatrix}1\\2\\-1\end{bmatrix},\quad \boldsymbol{a}_2=\begin{bmatrix}3\\2\\1\end{bmatrix},\quad \boldsymbol{a}_3=\begin{bmatrix}0\\2\\-2\end{bmatrix}$$

ヒント！ $[\boldsymbol{a}_1\ \boldsymbol{a}_2\ \boldsymbol{a}_3]$ のランクから，W の次元が求まる。

解答＆解説

W の元を $\boldsymbol{x}$ とおくと，これは $\boldsymbol{a}_1$，$\boldsymbol{a}_2$，$\boldsymbol{a}_3$ から生成されるので，

$\boldsymbol{x}=c_1\boldsymbol{a}_1+c_2\boldsymbol{a}_2+c_3\boldsymbol{a}_3$ ……① $(c_1,\ c_2,\ c_3\in R)$ と表される。

線形関係式：$c_1\boldsymbol{a}_1+c_2\boldsymbol{a}_2+c_3\boldsymbol{a}_3=[\boldsymbol{a}_1\ \boldsymbol{a}_2\ \boldsymbol{a}_3]\begin{bmatrix}c_1\\c_2\\c_3\end{bmatrix}=\begin{bmatrix}0\\0\\0\end{bmatrix}$ ……② から，

$A=[\boldsymbol{a}_1\ \boldsymbol{a}_2\ \boldsymbol{a}_3]=\begin{bmatrix}1&3&0\\2&2&2\\-1&1&-2\end{bmatrix}$ とおき，

これに行基本変形を行った行列を A'

とおくと，$A'=\begin{bmatrix}1&3&0\\0&2&-1\\0&0&0\end{bmatrix}$ $\Big\}$ $\mathrm{rank}A=2$

$$A=\begin{bmatrix}1&3&0\\2&2&2\\-1&1&-2\end{bmatrix}\to\begin{bmatrix}1&3&0\\0&-4&2\\0&4&-2\end{bmatrix}$$
$$\to\begin{bmatrix}1&3&0\\0&-4&2\\0&0&0\end{bmatrix}\to\begin{bmatrix}1&3&0\\0&2&-1\\0&0&0\end{bmatrix}=A'$$

$\therefore$ ②は，$\begin{bmatrix}1&3&0\\0&2&-1\\0&0&0\end{bmatrix}\begin{bmatrix}c_1\\c_2\\c_3\end{bmatrix}=\begin{bmatrix}0\\0\\0\end{bmatrix}$ となる。

$\therefore\ c_1+3c_2=0,\qquad 2c_2-c_3=0$

ここで，$c_2=1$ とおくと，$c_1=-3$，$c_3=2$ より，

②は，$-3\boldsymbol{a}_1+\boldsymbol{a}_2+2\boldsymbol{a}_3=\boldsymbol{0}$ より，$\boldsymbol{a}_2=3\boldsymbol{a}_1-2\boldsymbol{a}_3$ ……③

③を①に代入して，

$\boldsymbol{x}=c_1\boldsymbol{a}_1+c_2(3\boldsymbol{a}_1-2\boldsymbol{a}_3)+c_3\boldsymbol{a}_3=(c_1+3c_2)\boldsymbol{a}_1+(c_3-2c_2)\boldsymbol{a}_3$

$\therefore$ W の任意の元 $\boldsymbol{x}$ は，$\boldsymbol{a}_1$ と $\boldsymbol{a}_3$ の線形結合で表され，$\boldsymbol{a}_1$ と $\boldsymbol{a}_3$ は線形独立。

（$\boldsymbol{a}_1=k\boldsymbol{a}_3$ の形にはならない。）

$\therefore$ W の1組の基底は，$\{\boldsymbol{a}_1,\ \boldsymbol{a}_3\}$ $\qquad\therefore\ \dim W=2$ ……………………(答)

演習問題 82 ● R^3 で，4つのベクトルで生成される部分空間(Ⅰ) ●

R^3 において，次の4つのベクトルで生成される部分空間 W の1組の基底と，W の次元 $\dim W$ を求めよ。

$$\boldsymbol{a}_1=\begin{bmatrix}-1\\3\\2\end{bmatrix},\quad \boldsymbol{a}_2=\begin{bmatrix}2\\-6\\-4\end{bmatrix},\quad \boldsymbol{a}_3=\begin{bmatrix}-3\\9\\6\end{bmatrix},\quad \boldsymbol{a}_4=\begin{bmatrix}-4\\12\\8\end{bmatrix}$$

ヒント！ 4つのベクトルは互いに平行だから，基底は1つ，$\dim W=1$ と分かるだろう。

解答＆解説

W の元を $\boldsymbol{x}$ とおくと，これは $\boldsymbol{a}_1$, $\boldsymbol{a}_2$, $\boldsymbol{a}_3$, $\boldsymbol{a}_4$ から生成されるので，

$\boldsymbol{x}=c_1\boldsymbol{a}_1+c_2\boldsymbol{a}_2+c_3\boldsymbol{a}_3+c_4\boldsymbol{a}_4$ ……① $(c_1,\ c_2,\ c_3,\ c_4\in R)$ と表される。

ここで，$\boldsymbol{a}_2=$ (ア) $\boldsymbol{a}_1$ ……②，$\boldsymbol{a}_3=$ (イ) $\boldsymbol{a}_1$ ……③，$\boldsymbol{a}_4=$ (ウ) $\boldsymbol{a}_1$ ……④

②，③，④を①に代入して，

$\boldsymbol{x}=c_1\boldsymbol{a}_1-2c_2\boldsymbol{a}_1+3c_3\boldsymbol{a}_1+4c_4\boldsymbol{a}_1=($ (エ) $)\boldsymbol{a}_1$ ← $\boldsymbol{a}_1$ の線形結合

∴ W の任意の元 $\boldsymbol{x}$ は，$\boldsymbol{a}_1$ の線形結合で表され，$\boldsymbol{a}_1$ はこれのみで線形独立である。 ← $c\boldsymbol{a}_1=\boldsymbol{0} \Leftrightarrow c=0$ より

∴ W の1組の基底は，$\{\boldsymbol{a}_1\}$　　∴ $\dim W=$ (オ) ……………………(答)

参考

$\boldsymbol{a}_1/\!/\boldsymbol{a}_2/\!/\boldsymbol{a}_3/\!/\boldsymbol{a}_4$ (平行) より，$\boldsymbol{a}_1$, $\boldsymbol{a}_2$, $\boldsymbol{a}_3$, $\boldsymbol{a}_4$ のどの3つのベクトルも，残り1つのベクトルの実数倍で表されるので，①より，W の任意の元 $\boldsymbol{x}$ は，$\boldsymbol{a}_1$, $\boldsymbol{a}_2$, $\boldsymbol{a}_3$, $\boldsymbol{a}_4$ のいずれか1つのベクトルの線形結合で表される。

よって，$\boldsymbol{a}_1$, $\boldsymbol{a}_2$, $\boldsymbol{a}_3$, $\boldsymbol{a}_4$ のどれも W の基底となり得る。

解答 (ア) -2　(イ) 3　(ウ) 4　(エ) $c_1-2c_2+3c_3+4c_4$　(オ) 1

演習問題 83　● $\boldsymbol{R}^3$ で，4つのベクトルで生成される部分空間(Ⅱ) ●

$\boldsymbol{R}^3$ において，次の 4 つのベクトルで生成される部分空間 $\boldsymbol{W}$ の 1 組の基底と，$\boldsymbol{W}$ の次元 $\dim \boldsymbol{W}$ を求めよ。

$$\boldsymbol{a}_1=\begin{bmatrix}1\\0\\2\end{bmatrix},\quad \boldsymbol{a}_2=\begin{bmatrix}-1\\-4\\3\end{bmatrix},\quad \boldsymbol{a}_3=\begin{bmatrix}3\\4\\1\end{bmatrix},\quad \boldsymbol{a}_4=\begin{bmatrix}0\\4\\-5\end{bmatrix}$$

ヒント！ $[\boldsymbol{a}_1\ \boldsymbol{a}_2\ \boldsymbol{a}_3\ \boldsymbol{a}_4]$ のランクが 2 より，2 つのベクトルの線形結合で残り 2 つのベクトルを表すことができる。最後に参考の図で確認してみるといい。

解答＆解説

$\boldsymbol{W}$ の元を $\boldsymbol{x}$ とおくと，これは $\boldsymbol{a}_1$，$\boldsymbol{a}_2$，$\boldsymbol{a}_3$，$\boldsymbol{a}_4$ から生成されるので，

$\boldsymbol{x}=c_1\boldsymbol{a}_1+c_2\boldsymbol{a}_2+c_3\boldsymbol{a}_3+c_4\boldsymbol{a}_4$ ……① $(c_1,\ c_2,\ c_3,\ c_4\in\boldsymbol{R})$

と表される。

線形関係式：$c_1\boldsymbol{a}_1+c_2\boldsymbol{a}_2+c_3\boldsymbol{a}_3+c_4\boldsymbol{a}_4=[\boldsymbol{a}_1\ \boldsymbol{a}_2\ \boldsymbol{a}_3\ \boldsymbol{a}_4]\begin{bmatrix}c_1\\c_2\\c_3\\c_4\end{bmatrix}=\begin{bmatrix}0\\0\\0\end{bmatrix}$ ……②

から，

$$A=[\boldsymbol{a}_1\ \boldsymbol{a}_2\ \boldsymbol{a}_3\ \boldsymbol{a}_4]=\begin{bmatrix}1&-1&3&0\\0&-4&4&4\\2&3&1&-5\end{bmatrix}$$ とおき，

$$A=\begin{bmatrix}1&-1&3&0\\0&-4&4&4\\2&3&1&-5\end{bmatrix}\to\begin{bmatrix}1&-1&3&0\\0&-1&1&1\\0&5&-5&-5\end{bmatrix}\to\begin{bmatrix}1&-1&3&0\\0&-1&1&1\\0&0&0&0\end{bmatrix}=A'$$

これに行基本変形を行った行列を A' とおくと，

$$A'=\begin{bmatrix}1&-1&3&0\\0&-1&1&1\\0&0&0&0\end{bmatrix}\quad (\mathrm{rank}A=2)$$

$\therefore$ ②は，$\begin{bmatrix}1&-1&3&0\\0&-1&1&1\\0&0&0&0\end{bmatrix}\begin{bmatrix}c_1\\c_2\\c_3\\c_4\end{bmatrix}=\begin{bmatrix}0\\0\\0\end{bmatrix}$ となる。

$\therefore\ c_1-c_2+3c_3=0$ …③，　$-c_2+c_3+c_4=0$ …④

自由度 $= 4-2=2$ より，$c_2=k$，$c_4=l$ （k，l：任意の実数）とおくと，

④より，$c_3=c_2-c_4=k-l$ ……………………………⑤

③より，$c_1=c_2-3c_3=k-3(k-l)=-2k+3l$ …⑥

⑤，⑥を②に代入して，

$$(-2k+3l)\boldsymbol{a}_1+k\boldsymbol{a}_2+(k-l)\boldsymbol{a}_3+l\boldsymbol{a}_4=\boldsymbol{0}$$

$$\underset{\text{任意}}{\underline{k}}\cdot(\underset{\boldsymbol{0}}{\underline{-2\boldsymbol{a}_1+\boldsymbol{a}_2+\boldsymbol{a}_3}})+\underset{\text{任意}}{\underline{l}}\cdot(\underset{\boldsymbol{0}}{\underline{3\boldsymbol{a}_1-\boldsymbol{a}_3+\boldsymbol{a}_4}})=\boldsymbol{0} \cdots ⑦$$

ここで，k，l は任意の実数より，⑦が成り立つためには，

$-2\boldsymbol{a}_1+\boldsymbol{a}_2+\boldsymbol{a}_3=\boldsymbol{0}$，$3\boldsymbol{a}_1-\boldsymbol{a}_3+\boldsymbol{a}_4=\boldsymbol{0}$

$\therefore$ $\boldsymbol{a}_2=2\boldsymbol{a}_1-\boldsymbol{a}_3$ …⑧，　$\boldsymbol{a}_4=-3\boldsymbol{a}_1+\boldsymbol{a}_3$ …⑨

⑧と⑨を①に代入して，

$$\boldsymbol{x}=c_1\boldsymbol{a}_1+c_2(2\boldsymbol{a}_1-\boldsymbol{a}_3)+c_3\boldsymbol{a}_3+c_4(-3\boldsymbol{a}_1+\boldsymbol{a}_3)$$
$$=(c_1+2c_2-3c_4)\boldsymbol{a}_1+(-c_2+c_3+c_4)\boldsymbol{a}_3$$

よって，W の任意の元 $\boldsymbol{x}$ は，$\boldsymbol{a}_1$ と $\boldsymbol{a}_3$ の線形結合で表され，かつ

$\boldsymbol{a}_1$ と $\boldsymbol{a}_3$ は線形独立である。

（$\boldsymbol{a}_3=k\boldsymbol{a}_1$ の形にはならない。）

$\therefore$ W の1組の基底は，$\{\boldsymbol{a}_1,\ \boldsymbol{a}_3\}$ で，$\dim W=2$ となる。………………(答)

参考

W は，$\boldsymbol{a}_1$ と $\boldsymbol{a}_3$ が張る原点を通る平面となる。

⑧と⑨より，$\boldsymbol{a}_1$，$\boldsymbol{a}_2$，$\boldsymbol{a}_3$，$\boldsymbol{a}_4$ はいずれもこの平面と平行であり，この4つのベクトルのどの2つをとっても，これら2つのベクトルは線形独立である。

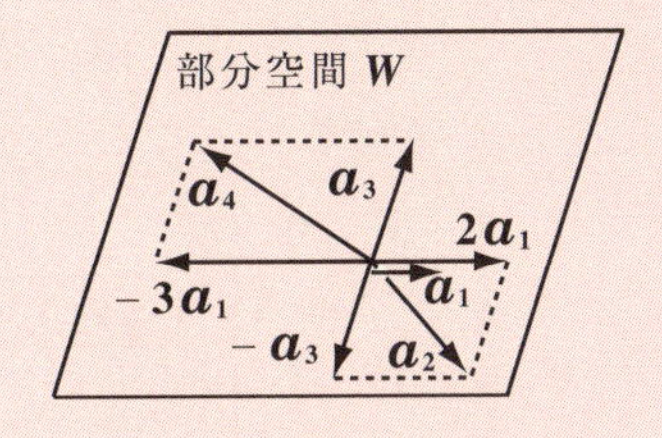

そして，残り2つのベクトルは，この2つのベクトルの線形結合で表される。したがって，$\boldsymbol{a}_1$，$\boldsymbol{a}_2$，$\boldsymbol{a}_3$，$\boldsymbol{a}_4$ から2つをとる ${}_4C_2=6$ 通りのどの組合せも，W の基底となり得る。

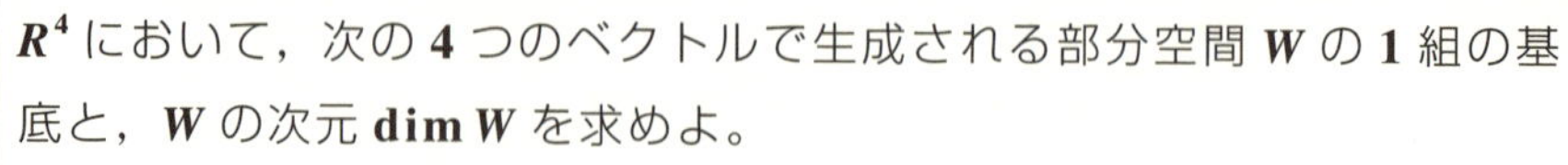

R^4 において，次の 4 つのベクトルで生成される部分空間 W の 1 組の基底と，W の次元 $\dim W$ を求めよ。

$$\boldsymbol{a}_1=\begin{bmatrix}1\\0\\4\\3\end{bmatrix},\ \boldsymbol{a}_2=\begin{bmatrix}2\\1\\5\\1\end{bmatrix},\ \boldsymbol{a}_3=\begin{bmatrix}3\\-2\\7\\0\end{bmatrix},\ \boldsymbol{a}_4=\begin{bmatrix}0\\-4\\1\\1\end{bmatrix}$$

ヒント！ $[\boldsymbol{a}_1\ \boldsymbol{a}_2\ \boldsymbol{a}_3\ \boldsymbol{a}_4]$ のランクが 3 だから，3 つのベクトルの線形結合で残り 1 つのベクトルを表すことができるんだ。実際に調べてみよう！

解答＆解説

W の元を $\boldsymbol{x}$ とおくと，これは $\boldsymbol{a}_1$，$\boldsymbol{a}_2$，$\boldsymbol{a}_3$，$\boldsymbol{a}_4$ から生成されるので，

$$\boldsymbol{x}=c_1\boldsymbol{a}_1+c_2\boldsymbol{a}_2+c_3\boldsymbol{a}_3+c_4\boldsymbol{a}_4 \cdots\cdots ① \quad (c_1,\ c_2,\ c_3,\ c_4\in R)$$

と表される。

線形関係式：$c_1\boldsymbol{a}_1+c_2\boldsymbol{a}_2+c_3\boldsymbol{a}_3+c_4\boldsymbol{a}_4=[\boldsymbol{a}_1\ \boldsymbol{a}_2\ \boldsymbol{a}_3\ \boldsymbol{a}_4]\begin{bmatrix}c_1\\c_2\\c_3\\c_4\end{bmatrix}=\begin{bmatrix}0\\0\\0\\0\end{bmatrix}$ …②

から，

$$A=[\boldsymbol{a}_1\ \boldsymbol{a}_2\ \boldsymbol{a}_3\ \boldsymbol{a}_4]=\begin{bmatrix}1&2&3&0\\0&1&-2&-4\\4&5&7&1\\3&1&0&1\end{bmatrix}$$ とおき，

$$A=\begin{bmatrix}1&2&3&0\\0&1&-2&-4\\4&5&7&1\\3&1&0&1\end{bmatrix}\to\begin{bmatrix}1&2&3&0\\0&1&-2&-4\\0&-3&-5&1\\0&-5&-9&1\end{bmatrix}\to\begin{bmatrix}1&2&3&0\\0&1&-2&-4\\0&0&-11&-11\\0&0&-19&-19\end{bmatrix}\to\begin{bmatrix}1&2&3&0\\0&1&-2&-4\\0&0&1&1\\0&0&0&0\end{bmatrix}=A'$$

これに行基本変形を行った行列を A' とおくと，

$$A'=\begin{bmatrix}1&2&3&0\\0&1&-2&-4\\0&0&1&1\\0&0&0&0\end{bmatrix}\quad (\mathrm{rank}A=3)$$

$$\therefore ②は,\ \begin{bmatrix}1&2&3&0\\0&1&-2&-4\\0&0&1&1\\0&0&0&0\end{bmatrix}\begin{bmatrix}c_1\\c_2\\c_3\\c_4\end{bmatrix}=\begin{bmatrix}0\\0\\0\\0\end{bmatrix}$$ となる。

$\therefore\ c_1+2c_2+3c_3=0,\quad c_2-2c_3-4c_4=0,\quad c_3+c_4=0$

ここで，自由度 $=4-3=1$ より，$c_4=k$ (k：任意の実数) とおくと，上式より，

$c_1=-k,\ c_2=2k,\ c_3=-k,\ c_4=k$ 　これらを②に代入して，

$$-k\boldsymbol{a}_1+2k\boldsymbol{a}_2-k\boldsymbol{a}_3+k\boldsymbol{a}_4=\underbrace{k}_{\text{任意}}\cdot\underbrace{(-\boldsymbol{a}_1+2\boldsymbol{a}_2-\boldsymbol{a}_3+\boldsymbol{a}_4)}_{0}=\boldsymbol{0}$$

k は任意の実数より，

$-\boldsymbol{a}_1+2\boldsymbol{a}_2-\boldsymbol{a}_3+\boldsymbol{a}_4=\boldsymbol{0}$ 　$\therefore\ \boldsymbol{a}_4=\boldsymbol{a}_1-2\boldsymbol{a}_2+\boldsymbol{a}_3$ ……③

③を①に代入して，

$$\boldsymbol{x}=c_1\boldsymbol{a}_1+c_2\boldsymbol{a}_2+c_3\boldsymbol{a}_3+c_4(\boldsymbol{a}_1-2\boldsymbol{a}_2+\boldsymbol{a}_3)$$
$$=(c_1+c_4)\boldsymbol{a}_1+(c_2-2c_4)\boldsymbol{a}_2+(c_3+c_4)\boldsymbol{a}_3\ \cdots\cdots④$$

ここで，線形関係式：$c_1\boldsymbol{a}_1+c_2\boldsymbol{a}_2+c_3\boldsymbol{a}_3=[\boldsymbol{a}_1\ \boldsymbol{a}_2\ \boldsymbol{a}_3]\begin{bmatrix}c_1\\c_2\\c_3\end{bmatrix}=\begin{bmatrix}0\\0\\0\\0\end{bmatrix}$ ……⑤ から，

$B=[\boldsymbol{a}_1\ \boldsymbol{a}_2\ \boldsymbol{a}_3]=\begin{bmatrix}1&2&3\\0&1&-2\\4&5&7\\3&1&0\end{bmatrix}$ とおき，

$$B=\begin{bmatrix}1&2&3\\0&1&-2\\4&5&7\\3&1&0\end{bmatrix}\to\begin{bmatrix}1&2&3\\0&1&-2\\0&-3&-5\\0&-5&-9\end{bmatrix}\to\begin{bmatrix}1&2&3\\0&1&-2\\0&0&-11\\0&0&-19\end{bmatrix}\to\begin{bmatrix}1&2&3\\0&1&-2\\0&0&1\\0&0&0\end{bmatrix}=B'$$

これに行基本変形を行った行列を B' と

おくと，$B'=\begin{bmatrix}1&2&3\\0&1&-2\\0&0&1\\0&0&0\end{bmatrix}$ $\quad \mathrm{rank}B=3$

$\therefore$ ⑤は，$\begin{bmatrix}1&2&3\\0&1&-2\\0&0&1\\0&0&0\end{bmatrix}\begin{bmatrix}c_1\\c_2\\c_3\end{bmatrix}=\begin{bmatrix}0\\0\\0\\0\end{bmatrix}$ となる。

$\therefore\ c_1+2c_2+3c_3=0,\quad c_2-2c_3=0,\quad c_3=0$

$c_1\boldsymbol{a}_1+c_2\boldsymbol{a}_2+c_3\boldsymbol{a}_3=\boldsymbol{0}$ ……⑤ $\Leftrightarrow c_1=c_2=c_3=0$

これより，$c_1=c_2=c_3=0$ だから，$\boldsymbol{a}_1,\ \boldsymbol{a}_2,\ \boldsymbol{a}_3$ は線形独立である。

以上より，④から，W の任意の元 $\boldsymbol{x}$ は，$\boldsymbol{a}_1,\ \boldsymbol{a}_2,\ \boldsymbol{a}_3$ の線形結合で表され，かつ $\boldsymbol{a}_1,\ \boldsymbol{a}_2,\ \boldsymbol{a}_3$ は線形独立。

$\therefore$ W の1組の基底は，$\{\boldsymbol{a}_1,\ \boldsymbol{a}_2,\ \boldsymbol{a}_3\}$ で，$\dim W=3$ となる。…………(答)

講義 Lecture 6 線形写像 methods & formulae

§1. 線形写像

線形写像の定義

V, V'を，R上の線形空間として，VからV'への写像$f:V\to V'$が，任意の$\boldsymbol{x}$，$\boldsymbol{y}\in V$と任意の$\lambda\in R$に対して，次の2つの条件をみたすとき，fをVからV'への"**線形写像**"という。

$$\begin{cases}(1)\ f(\boldsymbol{x}+\boldsymbol{y})=f(\boldsymbol{x})+f(\boldsymbol{y})\\(2)\ f(\lambda\boldsymbol{x})=\lambda f(\boldsymbol{x})\end{cases}$$

(1)(2)をまとめて，$f(\lambda\boldsymbol{x}+\mu\boldsymbol{y})=\lambda f(\boldsymbol{x})+\mu f(\boldsymbol{y})$を線形写像の条件としてもいい。

(ex) 2つの条件(1) $f(x_1+x_2)=f(x_1)+f(x_2)$，(2) $f(\lambda x_1)=\lambda f(x_1)$をみたす実数変数$x$から$x'$への線形写像$x'=f(x)$は，下図より原点を通る直線$x'=f(x)=ax$の場合に限ることが分かる。

(i) $f(x_1+x_2)=f(x_1)+f(x_2)$

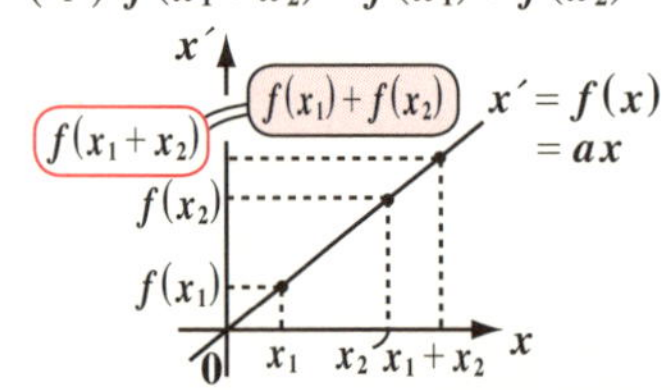

(ii) $f(\lambda x_1)=\lambda f(x_1)$

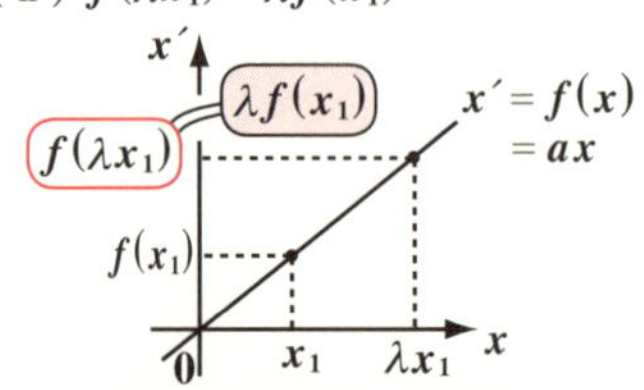

線形写像の性質

線形写像$f:V\to V'$は，次の性質をもつ。((ii)の性質を，fの"**線形性**"という。)

(i) $f(\boldsymbol{0})=\boldsymbol{0}'$　(Vの零ベクトル$\boldsymbol{0}$は，V'の零ベクトル$\boldsymbol{0}'$に写される)

(ii) $f(c_1\boldsymbol{x}_1+c_2\boldsymbol{x}_2+\cdots+c_n\boldsymbol{x}_n)=c_1f(\boldsymbol{x}_1)+c_2f(\boldsymbol{x}_2)+\cdots\cdots+c_nf(\boldsymbol{x}_n)$

$f(V)=\{f(\boldsymbol{x})|\boldsymbol{x}\in V\}$を，$V$の$f$による"**像**"と呼び，$\mathrm{Im}f$とも表す。

$\mathrm{Im}f$はV'の部分空間

線形写像$f:V\to V'$について，

$\mathrm{Im}f=f(V)=\{f(\boldsymbol{x})|\boldsymbol{x}\in V\}$

は，V'の部分空間となる。

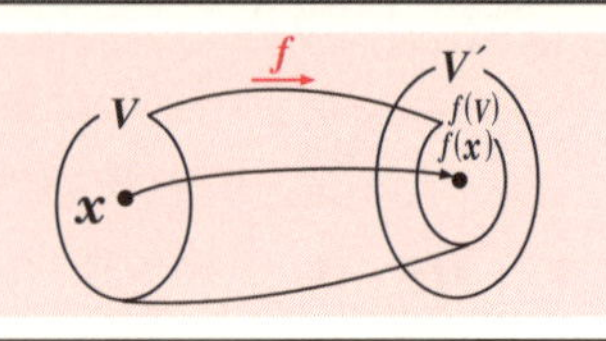

$f(V)=V'$となるとき，この写像fを，VからV'の"**上への写像**"という。

核 (Ker$f$) の定義

線形写像 $f: V \to V'$ について，

$f^{-1}(0') = \{x \in V \mid f(x) = 0'\}$

を V の f による“核”といい，

これを Ker$f$ で表す。

そして，Ker$f$ は V の部分空間である。

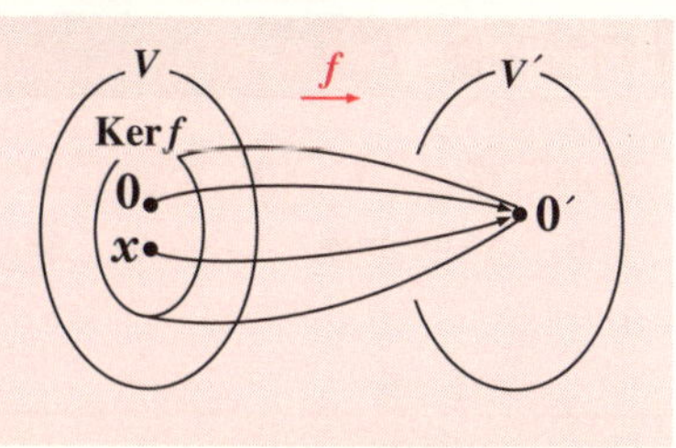

線形写像と表現行列

線形写像 $f: R^n \to R^m$ に対して，$(m,\ n)$ 型の行列 A がただ 1 つ定まり，

$x' = f(x) = Ax$　と表せる。$(x \in R^n,\ x' \in R^m)$

この行列 A を，線形写像 f の“**表現行列**”という。

n 次元ベクトルから n 次元ベクトルへの線形写像 $f: R^n \to R^n$ のことを特に“**線形変換**”という。従って，線形変換 f の表現行列 A は，n 次の正方行列になる。

合成写像

2 つの線形写像 $f: R^n \to R^m$，$g: R^m \to R^l$ の表現行列をそれぞれ A，B とおくと，($A:(m,\ n)$ 型行列，$B:(l,\ m)$ 型行列)

$$\begin{cases} f: x' = Ax & \cdots\cdots(a) \quad (x \in R^n,\ x' \in R^m) \\ g: x'' = Bx' & \cdots\cdots(b) \quad (x' \in R^m,\ x'' \in R^l) \end{cases}$$

ここで，**合成写像** $g \circ f$ を考えると，

$g \circ f: R^n \longrightarrow R^l$
（g：後，f：先）

(R^m を経由せず，直接 R^n から R^l へと直行する写像が，合成写像 $g \circ f$ なんだ。)

よって，$g \circ f$ の表現行列は BA となる。
（B：後，A：先）

(a)を(b)に代入することにより，

$x'' = Bx' = BAx$　$\therefore x'' = BAx$　となる。

よって，$g \circ f$ の表現行列は，BA となる。

§2. Ker$f$ と商空間

同型写像

線形写像 $f: V \to V'$ が，"**上への 1 対 1 写像 (全単射)**" であるとき，f を "**同型写像**" という。また，V と V' を "**同型**" と呼び，$V \cong V'$ と表す。

$V \cong V'$ のときの次元について，次の同型写像の基本定理が成り立つ。

同型写像の基本定理

dim V が有限のとき，← 本書では，無限次元のものは扱わない
$V \cong V'$ (同型) となるための必要十分条件は，$\dim V = \dim V'$ である。

線形変換 $f: R^n \to R^n$ はすべて同型写像になるとは限らない。同型写像にならない場合を，次の線形変換 $f: V = R^2 \to V' = R^2$ について考えてみよう。

$$\begin{bmatrix} x_1' \\ x_2' \end{bmatrix} = \begin{bmatrix} 3 & 1 \\ 9 & 3 \end{bmatrix} \begin{bmatrix} x_1 \\ x_2 \end{bmatrix} \quad \cdots\cdots ①$$

$$[\ x' = A \cdot x\ ] \quad (x' \in R^2, \quad x \in R^2)$$

①より，$\begin{bmatrix} x_1' \\ x_2' \end{bmatrix} = \begin{bmatrix} 3x_1 + x_2 \\ 9x_1 + 3x_2 \end{bmatrix} \cdots\cdots ①'$ となって，

図 1　2 次元平面を直線に写す線形写像 f

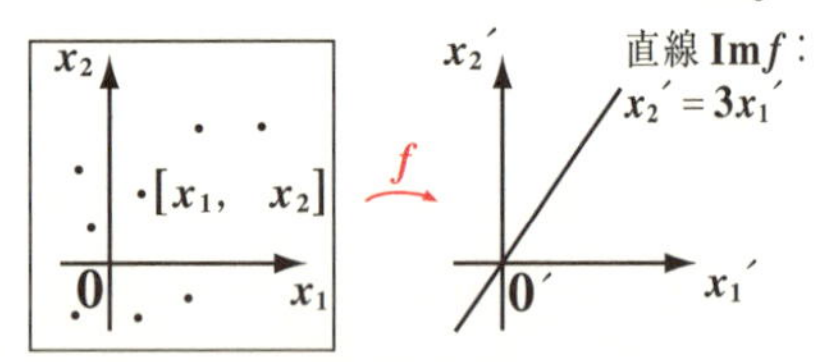

$$\begin{cases} x_1' = \underline{3x_1 + x_2} \\ x_2' = 9x_1 + 3x_2 = 3(\underline{3x_1 + x_2}) = 3x_1' \end{cases}$$

よって，点 $[x_1,\ x_2]$ が x_1x_2 平面上を自由に動けば，点 $[x_1',\ x_2']$ は，直線 $x_2' = 3x_1'$ を描く。これから，平面全体 (V) が直線 $(\mathrm{Im} f)$ に写されることが分かる。この Imf は，V' とは一致せず，次元は，$\dim V = 2$，$\dim(\mathrm{Im} f) = 1$ となって，$\dim V \neq \dim(\mathrm{Im} f)$ なので，これは同型写像ではない。ここで，Ker$f$ を求めてみよう。これは，①′ の $x' = \begin{bmatrix} x_1' \\ x_2' \end{bmatrix}$ に $0' = \begin{bmatrix} 0 \\ 0 \end{bmatrix}$ を代入して求まる。よって，$\begin{bmatrix} 3x_1 + x_2 \\ 9x_1 + 3x_2 \end{bmatrix} = \begin{bmatrix} 0 \\ 0 \end{bmatrix}$ より，$3x_1 + x_2 = 0$

よって，Ker$f$ は，x_1x_2 平面上の直線 $x_2 = -3x_1$ と分かる。

ここで，**Ker*f*** : 直線 $x_2=-3x_1$ を x_2 軸方向に k だけ平行移動させた直線 $x_2=-3x_1+k$ は，$3x_1+x_2=k$ となるので，これを①′に代入して，

$$\begin{bmatrix} x_1' \\ x_2' \end{bmatrix}=\begin{bmatrix} k \\ 3k \end{bmatrix}$$ となる。

図 2　Ker*f* $\xrightarrow{f}$ **0**′

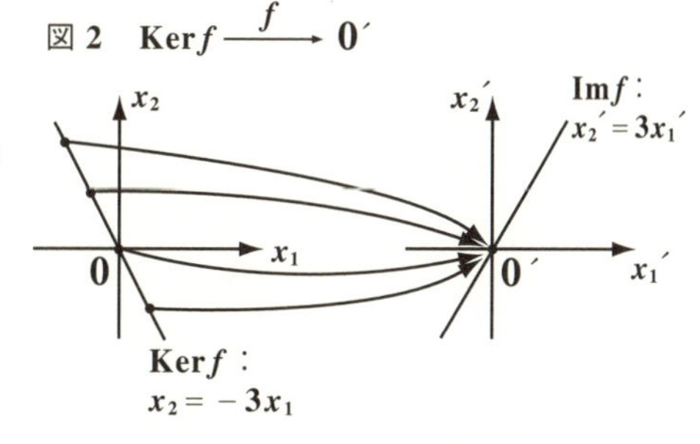

よって，図 **3** に示すように，x_1x_2 平面における直線 $3x_1+x_2=k$ 上のすべての点は，すべて直線 $x_2'=3x_1'$ 上の 1 点 $[k,\ 3k]$ に写される。

図 3　$3x_1+x_2=k \xrightarrow{f} [k,\ 3k]$

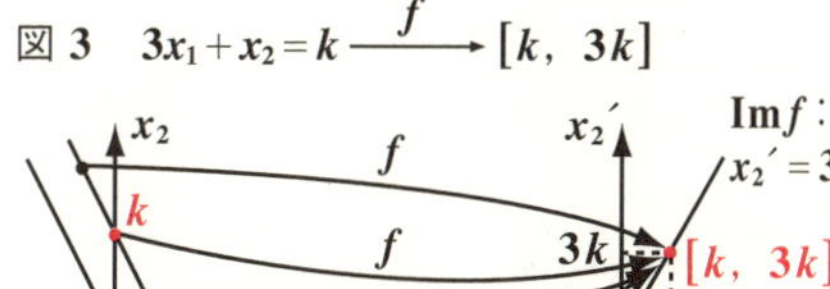
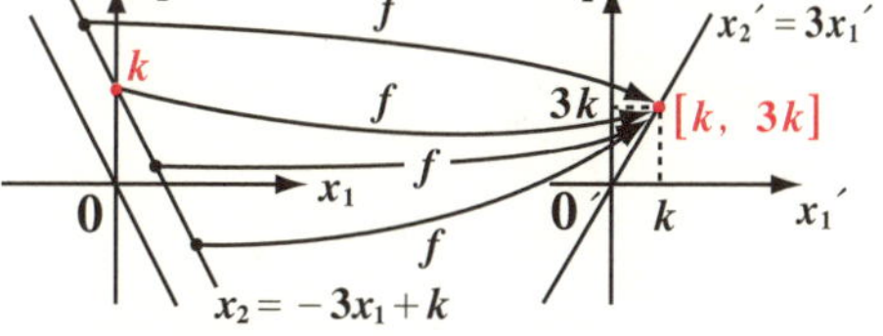

この k の値を様々に変化させて考えると，図 **4** のように，

Ker*f* と平行な直線の集合の各元は，**Im*f*** の直線 $x_2'=3x_1'$ 上の各点に **1** 対 **1** に写される。

この集合を V の **Ker*f*** による"**商空間**"と呼び，$V/\mathrm{Ker}f$ と表す。そして，これは，**Im*f*** と同型より，$V/\mathrm{Ker}f \cong \mathrm{Im}f$ となる。

また，$\dim V=2$，$\dim(\mathrm{Ker}f)=1$，$\dim(\mathrm{Im}f)=1$ から，

$\dim V-\dim(\mathrm{Ker}f)=\dim(\mathrm{Im}f)$

も成り立つ。

図 4　商空間 $\cong$ Im*f*

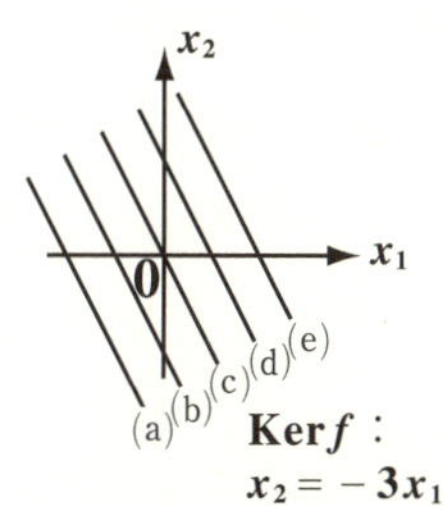

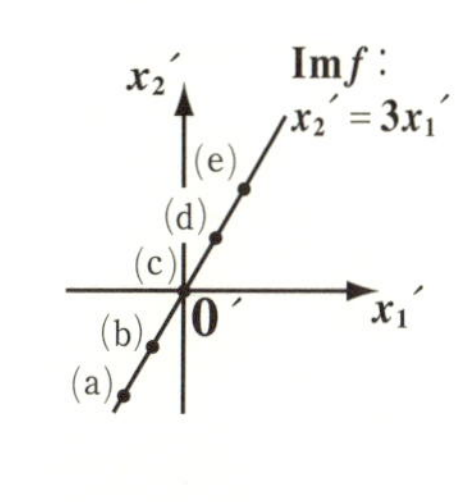

線形写像の基本定理

線形写像 $f : V \to V'$ について，次の基本定理が成り立つ。

(1) $V/\mathrm{Ker}f \cong \mathrm{Im}f$

　($V/\mathrm{Ker}f$: 商空間，$\mathrm{Im}f=f(V)$)

次に，(1) を次元で考えると，次のようになる。

(2) $\dim V-\dim(\mathrm{Ker}f)=\dim(\mathrm{Im}f)$

演習問題 85　● 表現行列と合成写像(Ⅰ) 

次のような **2** つの線形写像 f と g がある。

$f: \boldsymbol{R}^2 \longrightarrow \boldsymbol{R}^2$　　　　$g: \boldsymbol{R}^2 \longrightarrow \boldsymbol{R}^2$

$\begin{bmatrix} x_1 \\ x_2 \end{bmatrix} \longrightarrow \begin{bmatrix} x_1 - x_2 \\ x_1 + 3x_2 \end{bmatrix}$　　　　$\begin{bmatrix} x_1' \\ x_2' \end{bmatrix} \longrightarrow \begin{bmatrix} 2x_1' + x_2' \\ -x_1' - x_2' \end{bmatrix}$

(1) f と g それぞれの表現行列 A と B を求めよ。

(2) 合成写像 $g \circ f$ の表現行列 BA を求めよ。

ヒント！ **(1)** $f: \boldsymbol{x}' = A\boldsymbol{x}$ ……①，$g: \boldsymbol{x}'' = B\boldsymbol{x}'$ ……② の形にする。**(2)** ①，②から $\boldsymbol{x}'$ を消去すれば，合成写像の表現行列が得られるんだね。

解答＆解説

(1) $f: \boldsymbol{x}' = \begin{bmatrix} x_1' \\ x_2' \end{bmatrix} = \begin{bmatrix} x_1 - x_2 \\ x_1 + 3x_2 \end{bmatrix} = \underbrace{\begin{bmatrix} 1 & -1 \\ 1 & 3 \end{bmatrix}}_{A} \underbrace{\begin{bmatrix} x_1 \\ x_2 \end{bmatrix}}_{\boldsymbol{x}}$ ……①

$\therefore$ f の表現行列 A は，$A = \begin{bmatrix} 1 & -1 \\ 1 & 3 \end{bmatrix}$ ……………………(答)

$g: \boldsymbol{x}'' = \begin{bmatrix} x_1'' \\ x_2'' \end{bmatrix} = \begin{bmatrix} 2x_1' + x_2' \\ -x_1' - x_2' \end{bmatrix} = \underbrace{\begin{bmatrix} 2 & 1 \\ -1 & -1 \end{bmatrix}}_{B} \underbrace{\begin{bmatrix} x_1' \\ x_2' \end{bmatrix}}_{\boldsymbol{x}'}$ ……②

$\therefore$ g の表現行列 B は，$B = \begin{bmatrix} 2 & 1 \\ -1 & -1 \end{bmatrix}$ ……………………(答)

(2) ①を②に代入して $\boldsymbol{x}'$ を消去すると，

$\underbrace{g}_{後} \circ \underbrace{f}_{先} : \boldsymbol{x}'' = B\boldsymbol{x}' = \underbrace{B}_{後}\underbrace{A}_{先}\boldsymbol{x}$

$\therefore$ $g \circ f$ の表現行列 BA は，

$BA = \begin{bmatrix} 2 & 1 \\ -1 & -1 \end{bmatrix} \begin{bmatrix} 1 & -1 \\ 1 & 3 \end{bmatrix} = \begin{bmatrix} 3 & 1 \\ -2 & -2 \end{bmatrix}$ ……………………(答)

演習問題 86　● 表現行列と合成写像 (Ⅱ) ●

次のような 2 つの線形写像 f と g がある。

$f: R^3 \longrightarrow R^2$　　　$g: R^2 \longrightarrow R$

$\begin{bmatrix} x_1 \\ x_2 \\ x_3 \end{bmatrix} \longrightarrow \begin{bmatrix} x_1 - 2x_2 \\ x_2 + x_3 \end{bmatrix}$　　　$\begin{bmatrix} x_1' \\ x_2' \end{bmatrix} \longrightarrow [3x_1' + x_2']$

(1) f と g それぞれの表現行列 A と B を求めよ。

(2) 合成写像 $g \circ f$ の表現行列 BA を求めよ。

ヒント！ (1)(2) $f: \boldsymbol{x}' = A\boldsymbol{x}$, $g: \boldsymbol{x}'' = B\boldsymbol{x}'$ より, $\boldsymbol{x}'$ を消去しよう。

解答＆解説

(1) $f: \boldsymbol{x}' = \begin{bmatrix} x_1' \\ x_2' \end{bmatrix} = \begin{bmatrix} x_1 - 2x_2 \\ x_2 + x_3 \end{bmatrix} = \boxed{(ア)} \begin{bmatrix} x_1 \\ x_2 \\ x_3 \end{bmatrix}$ ……①

（$\boxed{(ア)}$ が A, $\begin{bmatrix} x_1 \\ x_2 \\ x_3 \end{bmatrix}$ が $\boldsymbol{x}$）

∴ f の表現行列 A は, $A = \boxed{(ア)}$ ……………………(答)

$g: \boldsymbol{x}'' = [x_1''] = [3x_1' + x_2'] = \boxed{(イ)} \begin{bmatrix} x_1' \\ x_2' \end{bmatrix}$ ……②

（$\boxed{(イ)}$ が B, $\begin{bmatrix} x_1' \\ x_2' \end{bmatrix}$ が $\boldsymbol{x}'$）

∴ g の表現行列 B は, $B = \boxed{(イ)}$ ……………………(答)

(2) ①を②に代入して $\boldsymbol{x}'$ を消去すると,

$g \circ f: \boldsymbol{x}'' = B\boldsymbol{x}' = BA\boldsymbol{x}$

（$g \circ f$：合成写像）

∴ $g \circ f$ の表現行列 BA は,

$BA = \boxed{(イ)} \boxed{(ア)} = \boxed{(ウ)}$ ……………………(答)

解答　(ア) $\begin{bmatrix} 1 & -2 & 0 \\ 0 & 1 & 1 \end{bmatrix}$　(イ) $[3 \ \ 1]$　(ウ) $[3 \ \ -5 \ \ 1]$

演習問題 87 ● 表現行列と合成写像(Ⅲ) ●

次のような 2 つの線形写像 f と g がある。

$$f : R^3 \longrightarrow R^4 \qquad \begin{bmatrix} x_1 \\ x_2 \\ x_3 \end{bmatrix} \longrightarrow \begin{bmatrix} -2x_1+x_2-x_3 \\ x_1+x_2+3x_3 \\ 4x_1-5x_2-x_3 \\ x_1+x_3 \end{bmatrix}$$

$$g : R^4 \longrightarrow R^2 \qquad \begin{bmatrix} x_1' \\ x_2' \\ x_3' \\ x_4' \end{bmatrix} \longrightarrow \begin{bmatrix} x_1'+2x_2'+x_4' \\ -x_1'+3x_3'+x_4' \end{bmatrix}$$

(1) f と g それぞれの表現行列 A と B を求めよ。

(2) 合成写像 $g \circ f$ の表現行列 BA を求めよ。

ヒント! 表現行列 A は 4 行 3 列，B は 2 行 4 列の行列となる。

解答＆解説

(1) $f : \boldsymbol{x}' = \begin{bmatrix} x_1' \\ x_2' \\ x_3' \\ x_4' \end{bmatrix} = \begin{bmatrix} -2x_1+x_2-x_3 \\ x_1+x_2+3x_3 \\ 4x_1-5x_2-x_3 \\ x_1+x_3 \end{bmatrix} = \underbrace{\begin{bmatrix} -2 & 1 & -1 \\ 1 & 1 & 3 \\ 4 & -5 & -1 \\ 1 & 0 & 1 \end{bmatrix}}_{A} \underbrace{\begin{bmatrix} x_1 \\ x_2 \\ x_3 \end{bmatrix}}_{\boldsymbol{x}}$ ……①

∴ f の表現行列 A は，$A = \begin{bmatrix} -2 & 1 & -1 \\ 1 & 1 & 3 \\ 4 & -5 & -1 \\ 1 & 0 & 1 \end{bmatrix}$ ……………………………………(答)

$g : \boldsymbol{x}'' = \begin{bmatrix} x_1'' \\ x_2'' \end{bmatrix} = \begin{bmatrix} x_1'+2x_2'+x_4' \\ -x_1'+3x_3'+x_4' \end{bmatrix} = \underbrace{\begin{bmatrix} 1 & 2 & 0 & 1 \\ -1 & 0 & 3 & 1 \end{bmatrix}}_{B} \underbrace{\begin{bmatrix} x_1' \\ x_2' \\ x_3' \\ x_4' \end{bmatrix}}_{\boldsymbol{x}'}$ ……②

∴ g の表現行列 B は，$B = \begin{bmatrix} 1 & 2 & 0 & 1 \\ -1 & 0 & 3 & 1 \end{bmatrix}$ ……………………………………(答)

(2) ①，②より $\boldsymbol{x}'$ を消去して，$g \circ f : \boldsymbol{x}'' = B\boldsymbol{x}' = BA\boldsymbol{x}$

∴ $g \circ f$ の表現行列 BA は，$BA = \begin{bmatrix} 1 & 2 & 0 & 1 \\ -1 & 0 & 3 & 1 \end{bmatrix} \begin{bmatrix} -2 & 1 & -1 \\ 1 & 1 & 3 \\ 4 & -5 & -1 \\ 1 & 0 & 1 \end{bmatrix} = \begin{bmatrix} 1 & 3 & 6 \\ 15 & -16 & -1 \end{bmatrix}$ …(答)

演習問題 88　● 表現行列と合成写像(Ⅳ) ●

次のような2つの線形写像 f と g がある。

$f : R^4 \longrightarrow R^3$　　　$g : R^3 \longrightarrow R^3$

$$\begin{bmatrix} x_1 \\ x_2 \\ x_3 \\ x_4 \end{bmatrix} \longrightarrow \begin{bmatrix} x_1+x_2-x_3 \\ -x_1+2x_2+x_4 \\ x_2+x_4 \end{bmatrix} \qquad \begin{bmatrix} x_1' \\ x_2' \\ x_3' \end{bmatrix} \longrightarrow \begin{bmatrix} x_1'+3x_2' \\ x_2'-x_3' \\ x_1'+2x_3' \end{bmatrix}$$

(1) f と g それぞれの表現行列 A と B を求めよ。

(2) 合成写像 $g \circ f$ の表現行列 BA を求めよ。

ヒント！ 表現行列 A, B は，それぞれ $(3,\ 4)$, $(3,\ 3)$ 型の行列だね。

解答&解説

(1) $f : \boldsymbol{x}' = \begin{bmatrix} x_1' \\ x_2' \\ x_3' \end{bmatrix} = \begin{bmatrix} x_1+x_2-x_3 \\ -x_1+2x_2+x_4 \\ x_2+x_4 \end{bmatrix} = \underbrace{\begin{bmatrix} 1 & 1 & -1 & 0 \\ -1 & 2 & 0 & 1 \\ 0 & 1 & 0 & 1 \end{bmatrix}}_{A} \underbrace{\begin{bmatrix} x_1 \\ x_2 \\ x_3 \\ x_4 \end{bmatrix}}_{\boldsymbol{x}}$ ……①

$\therefore$ f の表現行列 A は，$A = \begin{bmatrix} 1 & 1 & -1 & 0 \\ -1 & 2 & 0 & 1 \\ 0 & 1 & 0 & 1 \end{bmatrix}$ ……………………………(答)

$g : \boldsymbol{x}'' = \begin{bmatrix} x_1'' \\ x_2'' \\ x_3'' \end{bmatrix} = \begin{bmatrix} x_1'+3x_2' \\ x_2'-x_3' \\ x_1'+2x_3' \end{bmatrix} = \underbrace{\begin{bmatrix} 1 & 3 & 0 \\ 0 & 1 & -1 \\ 1 & 0 & 2 \end{bmatrix}}_{B} \underbrace{\begin{bmatrix} x_1' \\ x_2' \\ x_3' \end{bmatrix}}_{\boldsymbol{x}'}$ ……②

$\therefore$ g の表現行列 B は，$B = \begin{bmatrix} 1 & 3 & 0 \\ 0 & 1 & -1 \\ 1 & 0 & 2 \end{bmatrix}$ ……………………………(答)

(2) ①，②より $\boldsymbol{x}'$ を消去して，$g \circ f : \boldsymbol{x}'' = B\boldsymbol{x}' = BA\boldsymbol{x}$

$\therefore$ $g \circ f$ の表現行列 BA は，$BA = \begin{bmatrix} 1 & 3 & 0 \\ 0 & 1 & -1 \\ 1 & 0 & 2 \end{bmatrix} \begin{bmatrix} 1 & 1 & -1 & 0 \\ -1 & 2 & 0 & 1 \\ 0 & 1 & 0 & 1 \end{bmatrix} = \begin{bmatrix} -2 & 7 & -1 & 3 \\ -1 & 1 & 0 & 0 \\ 1 & 3 & -1 & 2 \end{bmatrix}$

…………(答)

演習問題 89　● 線形写像の表現行列(Ⅰ) ●

線形写像 $f: R^3 \longrightarrow R^2$ によって，

$$\begin{bmatrix} 1 \\ 0 \\ 1 \end{bmatrix} \longrightarrow \begin{bmatrix} 4 \\ 6 \end{bmatrix},\quad \begin{bmatrix} 5 \\ 4 \\ -3 \end{bmatrix} \longrightarrow \begin{bmatrix} -4 \\ -6 \end{bmatrix},\quad \begin{bmatrix} 3 \\ 1 \\ 2 \end{bmatrix} \longrightarrow \begin{bmatrix} 9 \\ 13 \end{bmatrix}$$

となるとき，f の表現行列 A を求めよ。

ヒント！ 線形写像 $f: R^3 \to R^2$ について，$(2,\ 3)$ 型の f の表現行列 A がただ 1 つ定まり，$x' = Ax$ と表せる。$(x \in R^3,\ x' \in R^2)$　この行列 A は，与えられた 3 つの対応関係を 1 つにまとめることにより求めることができる。

解答＆解説

$f: R^3 \to R^2$ によって，

(i) $\begin{bmatrix} 1 \\ 0 \\ 1 \end{bmatrix} \longrightarrow \begin{bmatrix} 4 \\ 6 \end{bmatrix}$ となるので，f の表現行列 A を用いて，次式が成り立つ。

$$\begin{bmatrix} 4 \\ 6 \end{bmatrix} = A \begin{bmatrix} 1 \\ 0 \\ 1 \end{bmatrix} \quad \cdots\cdots①$$

同様に，

(ii) $\begin{bmatrix} 5 \\ 4 \\ -3 \end{bmatrix} \longrightarrow \begin{bmatrix} -4 \\ -6 \end{bmatrix}$ より，$\begin{bmatrix} -4 \\ -6 \end{bmatrix} = A \begin{bmatrix} 5 \\ 4 \\ -3 \end{bmatrix} \quad \cdots\cdots②$

(iii) $\begin{bmatrix} 3 \\ 1 \\ 2 \end{bmatrix} \longrightarrow \begin{bmatrix} 9 \\ 13 \end{bmatrix}$ より，$\begin{bmatrix} 9 \\ 13 \end{bmatrix} = A \begin{bmatrix} 3 \\ 1 \\ 2 \end{bmatrix} \quad \cdots\cdots③$

①，②，③を 1 つの式にまとめて，

$$\begin{bmatrix} 4 & -4 & 9 \\ 6 & -6 & 13 \end{bmatrix} = A \underbrace{\begin{bmatrix} 1 & 5 & 3 \\ 0 & 4 & 1 \\ 1 & -3 & 2 \end{bmatrix}}_{B} \quad \cdots\cdots④$$

ここで，$B = \begin{bmatrix} 1 & 5 & 3 \\ 0 & 4 & 1 \\ 1 & -3 & 2 \end{bmatrix}$ とおくと，④は，

$$\begin{bmatrix} 4 & -4 & 9 \\ 6 & -6 & 13 \end{bmatrix} = AB \quad \cdots\cdots ④'$$

ここで，B の逆行列 B^{-1} を余因子行列 $\widetilde{B}$ を用いて，求める。

$$|B| = \begin{vmatrix} 1 & 5 & 3 \\ 0 & 4 & 1 \\ 1 & -3 & 2 \end{vmatrix} = 8 + 5 - 12 + 3 = 4$$

サラスの公式！

$$B_{11} = (-1)^{1+1}\begin{vmatrix} 4 & 1 \\ -3 & 2 \end{vmatrix} = 11 \qquad B_{12} = (-1)^{1+2}\begin{vmatrix} 0 & 1 \\ 1 & 2 \end{vmatrix} = 1$$

$$B_{13} = (-1)^{1+3}\begin{vmatrix} 0 & 4 \\ 1 & -3 \end{vmatrix} = -4 \qquad B_{21} = (-1)^{2+1}\begin{vmatrix} 5 & 3 \\ -3 & 2 \end{vmatrix} = -19$$

$$B_{22} = (-1)^{2+2}\begin{vmatrix} 1 & 3 \\ 1 & 2 \end{vmatrix} = -1 \qquad B_{23} = (-1)^{2+3}\begin{vmatrix} 1 & 5 \\ 1 & -3 \end{vmatrix} = 8$$

$$B_{31} = (-1)^{3+1}\begin{vmatrix} 5 & 3 \\ 4 & 1 \end{vmatrix} = -7 \qquad B_{32} = (-1)^{3+2}\begin{vmatrix} 1 & 3 \\ 0 & 1 \end{vmatrix} = -1$$

$$B_{33} = (-1)^{3+3}\begin{vmatrix} 1 & 5 \\ 0 & 4 \end{vmatrix} = 4$$

B^{-1} は，掃き出し法で求めてもいい。

$$\therefore B^{-1} = \frac{1}{|B|}\widetilde{B} = \frac{1}{|B|}\begin{bmatrix} B_{11} & B_{21} & B_{31} \\ B_{12} & B_{22} & B_{32} \\ B_{13} & B_{23} & B_{33} \end{bmatrix} = \frac{1}{4}\begin{bmatrix} 11 & -19 & -7 \\ 1 & -1 & -1 \\ -4 & 8 & 4 \end{bmatrix}$$

よって，④′の両辺に右から B^{-1} をかけて，

$$\underbrace{ABB^{-1}}_{E} = \begin{bmatrix} 4 & -4 & 9 \\ 6 & -6 & 13 \end{bmatrix} B^{-1}$$

$$= \begin{bmatrix} 4 & -4 & 9 \\ 6 & -6 & 13 \end{bmatrix} \cdot \frac{1}{4}\begin{bmatrix} 11 & -19 & -7 \\ 1 & -1 & -1 \\ -4 & 8 & 4 \end{bmatrix}$$

$$= \frac{1}{4}\begin{bmatrix} 4 & 0 & 12 \\ 8 & -4 & 16 \end{bmatrix}$$

∴求める f の表現行列 A は，$A = \begin{bmatrix} 1 & 0 & 3 \\ 2 & -1 & 4 \end{bmatrix}$ ……………………………(答)

演習問題 90　● 線形写像の表現行列(Ⅱ) ●

線形写像 $f: R^3 \longrightarrow R^2$ によって,

$$\begin{bmatrix} 2 \\ -1 \\ 0 \end{bmatrix} \longrightarrow \begin{bmatrix} 3 \\ -5 \end{bmatrix}, \quad \begin{bmatrix} 1 \\ 2 \\ 1 \end{bmatrix} \longrightarrow \begin{bmatrix} 8 \\ 7 \end{bmatrix}, \quad \begin{bmatrix} 1 \\ 0 \\ 3 \end{bmatrix} \longrightarrow \begin{bmatrix} 14 \\ 5 \end{bmatrix}$$

となるとき, f の表現行列 A を求めよ。

ヒント! 線形写像 $f: R^3 \to R^2$ より, f の表現行列 A は $(2, 3)$ 型の行列だね。

解答&解説

$f: R^3 \to R^2$ によって,

(i) $\begin{bmatrix} 2 \\ -1 \\ 0 \end{bmatrix} \longrightarrow \begin{bmatrix} 3 \\ -5 \end{bmatrix}$ となるので, f の表現行列 A を用いて, 次式が成り立つ。

$$\begin{bmatrix} 3 \\ -5 \end{bmatrix} = A \begin{bmatrix} 2 \\ -1 \\ 0 \end{bmatrix} \quad \cdots\cdots ①$$

同様に,

(ii) $\begin{bmatrix} 1 \\ 2 \\ 1 \end{bmatrix} \longrightarrow \begin{bmatrix} 8 \\ 7 \end{bmatrix}$ より, $\begin{bmatrix} 8 \\ 7 \end{bmatrix} = A \begin{bmatrix} 1 \\ 2 \\ 1 \end{bmatrix} \quad \cdots\cdots ②$

(iii) $\begin{bmatrix} 1 \\ 0 \\ 3 \end{bmatrix} \longrightarrow \begin{bmatrix} 14 \\ 5 \end{bmatrix}$ より, $\begin{bmatrix} 14 \\ 5 \end{bmatrix} = A \begin{bmatrix} 1 \\ 0 \\ 3 \end{bmatrix} \quad \cdots\cdots ③$

①, ②, ③を 1 つの式にまとめて,

(ア) $= A$ (イ) $\cdots\cdots ④$

(イ) の下: B

ここで, $B =$ (イ) とおくと, ④は,

$$\begin{bmatrix} 3 & 8 & 14 \\ -5 & 7 & 5 \end{bmatrix} = AB \quad \cdots\cdots ④'$$

ここで，$\boldsymbol{B}$ の逆行列 $\boldsymbol{B}^{-1}$ を余因子行列 $\widetilde{\boldsymbol{B}}$ を用いて，求める。

$$|\boldsymbol{B}|=\begin{vmatrix} 2 & 1 & 1 \\ -1 & 2 & 0 \\ 0 & 1 & 3 \end{vmatrix}=12-1+3=14$$ ← サラス

$$B_{11}=(-1)^{1+1}\begin{vmatrix} 2 & 0 \\ 1 & 3 \end{vmatrix}=6 \qquad B_{12}=(-1)^{1+2}\begin{vmatrix} -1 & 0 \\ 0 & 3 \end{vmatrix}=3$$

$$B_{13}=(-1)^{1+3}\begin{vmatrix} -1 & 2 \\ 0 & 1 \end{vmatrix}=-1 \qquad B_{21}=(-1)^{2+1}\begin{vmatrix} 1 & 1 \\ 1 & 3 \end{vmatrix}=-2$$

$$B_{22}=(-1)^{2+2}\begin{vmatrix} 2 & 1 \\ 0 & 3 \end{vmatrix}=6 \qquad B_{23}=(-1)^{2+3}\begin{vmatrix} 2 & 1 \\ 0 & 1 \end{vmatrix}=-2$$

$$B_{31}=(-1)^{3+1}\begin{vmatrix} 1 & 1 \\ 2 & 0 \end{vmatrix}=-2 \qquad B_{32}=(-1)^{3+2}\begin{vmatrix} 2 & 1 \\ -1 & 0 \end{vmatrix}=-1$$

$$B_{33}=(-1)^{3+3}\begin{vmatrix} 2 & 1 \\ -1 & 2 \end{vmatrix}=5$$

$\boldsymbol{B}^{-1}$ は，掃き出し法で求めてもいい。

$$\therefore\ \boldsymbol{B}^{-1}=\frac{1}{|\boldsymbol{B}|}\widetilde{\boldsymbol{B}}=\frac{1}{|\boldsymbol{B}|}\begin{bmatrix} B_{11} & B_{21} & B_{31} \\ B_{12} & B_{22} & B_{32} \\ B_{13} & B_{23} & B_{33} \end{bmatrix}=\frac{1}{14}\begin{bmatrix} 6 & -2 & -2 \\ 3 & 6 & -1 \\ -1 & -2 & 5 \end{bmatrix}$$

よって，④′の両辺に右から $\boldsymbol{B}^{-1}$ をかけて，

$$\underbrace{\boldsymbol{A}\boldsymbol{B}\boldsymbol{B}^{-1}}_{\boldsymbol{E}}=\begin{bmatrix} 3 & 8 & 14 \\ -5 & 7 & 5 \end{bmatrix}\boldsymbol{B}^{-1}$$

$$=\begin{bmatrix} 3 & 8 & 14 \\ -5 & 7 & 5 \end{bmatrix}\cdot\frac{1}{14}\begin{bmatrix} 6 & -2 & -2 \\ 3 & 6 & -1 \\ -1 & -2 & 5 \end{bmatrix}$$

$$=\frac{1}{14}\ \boxed{(ウ)\qquad}$$

∴求める f の表現行列 $\boldsymbol{A}$ は，$\boldsymbol{A}=$ (エ) ……………………………(答)

解答

(ア) $\begin{bmatrix} 3 & 8 & 14 \\ -5 & 7 & 5 \end{bmatrix}$　(イ) $\begin{bmatrix} 2 & 1 & 1 \\ -1 & 2 & 0 \\ 0 & 1 & 3 \end{bmatrix}$　(ウ) $\begin{bmatrix} 28 & 14 & 56 \\ -14 & 42 & 28 \end{bmatrix}$　(エ) $\begin{bmatrix} 2 & 1 & 4 \\ -1 & 3 & 2 \end{bmatrix}$

演習問題 91　● 同型写像 (Ⅰ) ●

$\boldsymbol{V} = \boldsymbol{R}^3$, $\boldsymbol{V}' = \boldsymbol{R}^3$ とおく。

$$\begin{bmatrix} x_1' \\ x_2' \\ x_3' \end{bmatrix} = \begin{bmatrix} 1 & 2 & 3 \\ 0 & -1 & 1 \\ 2 & 1 & 0 \end{bmatrix} \begin{bmatrix} x_1 \\ x_2 \\ x_3 \end{bmatrix} \cdots\cdots(a)$$

で与えられる線形写像 $f : \boldsymbol{V} \to \boldsymbol{V}'$ が同型写像であり，$\boldsymbol{V} \cong \boldsymbol{V}'$ となることを示せ。

ヒント！ まず，(ⅰ) f が全射 (上への写像) であり，次に，(ⅱ) 単射 (1 対 1 写像) でもあることを示せばいい。

解答＆解説

(ⅰ) f が全射 (上への写像) の証明：

(a)を変形して，

$$\boldsymbol{x}' = \begin{bmatrix} x_1' \\ x_2' \\ x_3' \end{bmatrix} = x_1 \begin{bmatrix} 1 \\ 0 \\ 2 \end{bmatrix} + x_2 \begin{bmatrix} 2 \\ -1 \\ 1 \end{bmatrix} + x_3 \begin{bmatrix} 3 \\ 1 \\ 0 \end{bmatrix} \cdots\cdots(a)'$$

ここで，$\boldsymbol{a}_1 = \begin{bmatrix} 1 \\ 0 \\ 2 \end{bmatrix}$, $\boldsymbol{a}_2 = \begin{bmatrix} 2 \\ -1 \\ 1 \end{bmatrix}$, $\boldsymbol{a}_3 = \begin{bmatrix} 3 \\ 1 \\ 0 \end{bmatrix}$ とおくと，(a)′は，

$\boldsymbol{x}' = x_1\boldsymbol{a}_1 + x_2\boldsymbol{a}_2 + x_3\boldsymbol{a}_3 \cdots\cdots(a)''$ となる。

線形関係式 $c_1\boldsymbol{a}_1 + c_2\boldsymbol{a}_2 + c_3\boldsymbol{a}_3 = \boldsymbol{0} \cdots\cdots(b)$ を変形して，

$$\underbrace{[\boldsymbol{a}_1 \ \boldsymbol{a}_2 \ \boldsymbol{a}_3]}_{A} \begin{bmatrix} c_1 \\ c_2 \\ c_3 \end{bmatrix} = \begin{bmatrix} 0 \\ 0 \\ 0 \end{bmatrix} \cdots\cdots(b)' \quad (c_1,\ c_2,\ c_3 : \text{未知数})$$

3 次の正方行列 A の $rankA = 3$
$\rightleftarrows |A| \neq 0$ (A は正則)
$\rightleftarrows A^{-1}$ が存在する。

ここで，$A = [\boldsymbol{a}_1 \ \boldsymbol{a}_2 \ \boldsymbol{a}_3]$ とおいて，このランク (階数) を調べる。

$$A = \begin{bmatrix} 1 & 2 & 3 \\ 0 & -1 & 1 \\ 2 & 1 & 0 \end{bmatrix} \xrightarrow{③-2\times①} \begin{bmatrix} 1 & 2 & 3 \\ 0 & -1 & 1 \\ 0 & -3 & -6 \end{bmatrix} \xrightarrow{③-3\times②} \begin{bmatrix} 1 & 2 & 3 \\ 0 & -1 & 1 \\ 0 & 0 & -9 \end{bmatrix} \quad rankA = 3$$

$\therefore rankA = 3$ より，(b)′すなわち(b)は自明な解 $c_1 = c_2 = c_3 = 0$ のみをもつ。

よって，$\boldsymbol{a}_1$, $\boldsymbol{a}_2$, $\boldsymbol{a}_3$ は線形独立より，$\{\boldsymbol{a}_1,\ \boldsymbol{a}_2,\ \boldsymbol{a}_3\}$ は 3 次元ベクトル空間の 1 組の基底である。

$\boldsymbol{a}_1$, $\boldsymbol{a}_2$, $\boldsymbol{a}_3$ は同一平面内に収まることはない。

従って，(a)''より，$[x_1,\ x_2,\ x_3]$ が自由に変化するとき，$\boldsymbol{x}'$ は $\boldsymbol{a}_1$，$\boldsymbol{a}_2$，$\boldsymbol{a}_3$ で張られる 3 次元空間のすべての元となり得る。

$\therefore f(V)=V'$　$[\mathrm{Im} f=V']$ より，f は全射である。

(ii) f が単射（1 対 1 写像）の証明：

写像 $\boldsymbol{x}'=f(\boldsymbol{x})$ が単射であることを示すには，「$\boldsymbol{a}\neq\boldsymbol{b}\Rightarrow f(\boldsymbol{a})\neq f(\boldsymbol{b})$」を示せばいい。ここでは，対偶：「$f(\boldsymbol{a})=f(\boldsymbol{b})\Rightarrow\boldsymbol{a}=\boldsymbol{b}$」を示すことで，単射であることを示す。

$\boldsymbol{e}_1=\begin{bmatrix}1\\0\\0\end{bmatrix}$，$\boldsymbol{e}_2=\begin{bmatrix}0\\1\\0\end{bmatrix}$，$\boldsymbol{e}_3=\begin{bmatrix}0\\0\\1\end{bmatrix}$ とおき，

V の基底として，$\{\boldsymbol{e}_1,\ \boldsymbol{e}_2,\ \boldsymbol{e}_3\}$ を用いる。また，

$$\boldsymbol{a}_1=f(\boldsymbol{e}_1)=\begin{bmatrix}1&2&3\\0&-1&1\\2&1&0\end{bmatrix}\begin{bmatrix}1\\0\\0\end{bmatrix}=\begin{bmatrix}1\\0\\2\end{bmatrix}$$

$$\boldsymbol{a}_2=f(\boldsymbol{e}_2)=\begin{bmatrix}1&2&3\\0&-1&1\\2&1&0\end{bmatrix}\begin{bmatrix}0\\1\\0\end{bmatrix}=\begin{bmatrix}2\\-1\\1\end{bmatrix}$$

$$\boldsymbol{a}_3=f(\boldsymbol{e}_3)=\begin{bmatrix}1&2&3\\0&-1&1\\2&1&0\end{bmatrix}\begin{bmatrix}0\\0\\1\end{bmatrix}=\begin{bmatrix}3\\1\\0\end{bmatrix}$$ より，V' の基底として $\{\boldsymbol{a}_1,\ \boldsymbol{a}_2,\ \boldsymbol{a}_3\}$

を用いる。ここで，V の 2 つの元 $\boldsymbol{a}$，$\boldsymbol{b}$ は，$\boldsymbol{e}_1$，$\boldsymbol{e}_2$，$\boldsymbol{e}_3$ の線形結合で表されるので，

$\boldsymbol{a}=\lambda_1\boldsymbol{e}_1+\lambda_2\boldsymbol{e}_2+\lambda_3\boldsymbol{e}_3$ ……(c)，$\boldsymbol{b}=\mu_1\boldsymbol{e}_1+\mu_2\boldsymbol{e}_2+\mu_3\boldsymbol{e}_3$ ……(d)

(c)，(d)より，

線形性

$$\begin{cases}f(\boldsymbol{a})=f(\lambda_1\boldsymbol{e}_1+\lambda_2\boldsymbol{e}_2+\lambda_3\boldsymbol{e}_3)=\lambda_1 f(\boldsymbol{e}_1)+\lambda_2 f(\boldsymbol{e}_2)+\lambda_3 f(\boldsymbol{e}_3)=\lambda_1\boldsymbol{a}_1+\lambda_2\boldsymbol{a}_2+\lambda_3\boldsymbol{a}_3\\ f(\boldsymbol{b})=f(\mu_1\boldsymbol{e}_1+\mu_2\boldsymbol{e}_2+\mu_3\boldsymbol{e}_3)=\mu_1 f(\boldsymbol{e}_1)+\mu_2 f(\boldsymbol{e}_2)+\mu_3 f(\boldsymbol{e}_3)=\mu_1\boldsymbol{a}_1+\mu_2\boldsymbol{a}_2+\mu_3\boldsymbol{a}_3\end{cases}$$

ここで，$f(\boldsymbol{a})=f(\boldsymbol{b})$ とすると，

$\lambda_1\boldsymbol{a}_1+\lambda_2\boldsymbol{a}_2+\lambda_3\boldsymbol{a}_3=\mu_1\boldsymbol{a}_1+\mu_2\boldsymbol{a}_2+\mu_3\boldsymbol{a}_3$ より，

$(\lambda_1-\mu_1)\boldsymbol{a}_1+(\lambda_2-\mu_2)\boldsymbol{a}_2+(\lambda_3-\mu_3)\boldsymbol{a}_3=\boldsymbol{0}'$ となる。（c_1，c_2，c_3）

この $\boldsymbol{a}_1$，$\boldsymbol{a}_2$，$\boldsymbol{a}_3$ は線形独立より，$\lambda_1-\mu_1=\lambda_2-\mu_2=\lambda_3-\mu_3=0$　$[c_1=c_2=c_3=0]$

$\therefore\lambda_1=\mu_1$ かつ $\lambda_2=\mu_2$ かつ $\lambda_3=\mu_3$ となるので，(c)，(d)より，$\boldsymbol{a}=\boldsymbol{b}$ となる。

従って，$f(\boldsymbol{a})=f(\boldsymbol{b})\Rightarrow\boldsymbol{a}=\boldsymbol{b}$ であるから，f は単射である。

以上(i)(ii)より，与線形写像 $f:V\to V'$ は全単射となるので，同型写像である。よって，$V\cong V'$ ……………………………………………………(終)

演習問題 92　● 同型写像 (Ⅱ) ●

$V=R^3$, $V'=R^3$ とおく。

$$\begin{bmatrix} x_1' \\ x_2' \\ x_3' \end{bmatrix}=\begin{bmatrix} 1 & 2 & 1 \\ 2 & -1 & 5 \\ 4 & -2 & 0 \end{bmatrix}\begin{bmatrix} x_1 \\ x_2 \\ x_3 \end{bmatrix} \cdots\cdots(a)$$

で与えられる線形写像 $f:V\to V'$ が同型写像であり，$V\cong V'$ となることを示せ。

ヒント！ (i) f が全射であることを示した後，(ii) 単射であることも示すんだね。

解答&解説

(i) f が全射 (上への写像) の証明：

(a)を変形して，

$$\boldsymbol{x}'=\begin{bmatrix} x_1' \\ x_2' \\ x_3' \end{bmatrix}=x_1\begin{bmatrix} 1 \\ 2 \\ 4 \end{bmatrix}+x_2\begin{bmatrix} 2 \\ -1 \\ -2 \end{bmatrix}+x_3\begin{bmatrix} 1 \\ 5 \\ 0 \end{bmatrix}\cdots\cdots(a)'$$

ここで，$\boldsymbol{a}_1=\begin{bmatrix} 1 \\ 2 \\ 4 \end{bmatrix}$，$\boldsymbol{a}_2=\begin{bmatrix} 2 \\ -1 \\ -2 \end{bmatrix}$，$\boldsymbol{a}_3=\begin{bmatrix} 1 \\ 5 \\ 0 \end{bmatrix}$ とおくと，(a)′は，

$\boldsymbol{x}'=x_1\boldsymbol{a}_1+x_2\boldsymbol{a}_2+x_3\boldsymbol{a}_3 \cdots\cdots(a)''$ となる。

線形関係式 $c_1\boldsymbol{a}_1+c_2\boldsymbol{a}_2+c_3\boldsymbol{a}_3=\boldsymbol{0}$ ……(b) を変形して，

$$\boxed{(ア)\qquad}\begin{bmatrix} c_1 \\ c_2 \\ c_3 \end{bmatrix}=\begin{bmatrix} 0 \\ 0 \\ 0 \end{bmatrix}\cdots\cdots(b)' \quad (c_1,\ c_2,\ c_3：未知数)$$

ここで，$A=[\boldsymbol{a}_1\ \boldsymbol{a}_2\ \boldsymbol{a}_3]$ とおいて，このランク (階数) を調べる。

$$A=\begin{bmatrix} 1 & 2 & 1 \\ 2 & -1 & 5 \\ 4 & -2 & 0 \end{bmatrix}\xrightarrow[③-4\times①]{②-2\times①}\boxed{(イ)\qquad}\xrightarrow{③-2\times②}\begin{bmatrix} 1 & 2 & 3 \\ 0 & -5 & 3 \\ 0 & 0 & -10 \end{bmatrix}$$ $rankA=3$

$\therefore rankA=3$ より，(b)′すなわち(b)は自明な解 $\boxed{(ウ)\qquad}$ のみをもつ。

よって，$\boldsymbol{a}_1$，$\boldsymbol{a}_2$，$\boldsymbol{a}_3$ は線形独立より，$\{\boldsymbol{a}_1,\ \boldsymbol{a}_2,\ \boldsymbol{a}_3\}$ は 3 次元ベクトル空間の 1 組の基底である。

従って，(a)″より，$[x_1,\ x_2,\ x_3]$ が自由に変化するとき，$\boldsymbol{x}'$ は $\boldsymbol{a}_1$，$\boldsymbol{a}_2$，$\boldsymbol{a}_3$ で張られる3次元空間のすべての元となり得る。

$\therefore\ f(V)=V'$ $[\mathrm{Im}f=V']$ より，f は全射である。

(ii) f が単射 (1対1写像) の証明：

$\boldsymbol{e}_1=\begin{bmatrix}1\\0\\0\end{bmatrix}$，$\boldsymbol{e}_2=\begin{bmatrix}0\\1\\0\end{bmatrix}$，$\boldsymbol{e}_3=\begin{bmatrix}0\\0\\1\end{bmatrix}$ とおき，V の基底として，$\{\boldsymbol{e}_1,\ \boldsymbol{e}_2,\ \boldsymbol{e}_3\}$ を用いる。

$$\boldsymbol{a}_1=f(\boldsymbol{e}_1)=\begin{bmatrix}1&2&1\\2&-1&5\\4&-2&0\end{bmatrix}\begin{bmatrix}1\\0\\0\end{bmatrix}=\begin{bmatrix}1\\2\\4\end{bmatrix},\quad \boldsymbol{a}_2=f(\boldsymbol{e}_2)=\begin{bmatrix}1&2&1\\2&-1&5\\4&-2&0\end{bmatrix}\begin{bmatrix}0\\1\\0\end{bmatrix}=\begin{bmatrix}2\\-1\\-2\end{bmatrix}$$

$$\boldsymbol{a}_3=f(\boldsymbol{e}_3)=\begin{bmatrix}1&2&1\\2&-1&5\\4&-2&0\end{bmatrix}\begin{bmatrix}0\\0\\1\end{bmatrix}=\begin{bmatrix}1\\5\\0\end{bmatrix}$$

より，V' の基底として $\{\boldsymbol{a}_1,\ \boldsymbol{a}_2,\ \boldsymbol{a}_3\}$ を用いる。ここで，V の2つの元 $\boldsymbol{a}$，$\boldsymbol{b}$ は，$\boldsymbol{e}_1$，$\boldsymbol{e}_2$，$\boldsymbol{e}_3$ の線形結合で表されるので，

$$\boldsymbol{a}=\lambda_1\boldsymbol{e}_1+\lambda_2\boldsymbol{e}_2+\lambda_3\boldsymbol{e}_3\ \cdots\cdots(\mathrm{c}),\quad \boldsymbol{b}=\mu_1\boldsymbol{e}_1+\mu_2\boldsymbol{e}_2+\mu_3\boldsymbol{e}_3\ \cdots\cdots(\mathrm{d})$$

(c)，(d)より，

線形性

$$\begin{cases}f(\boldsymbol{a})=f(\lambda_1\boldsymbol{e}_1+\lambda_2\boldsymbol{e}_2+\lambda_3\boldsymbol{e}_3)=\lambda_1f(\boldsymbol{e}_1)+\lambda_2f(\boldsymbol{e}_2)+\lambda_3f(\boldsymbol{e}_3)=\lambda_1\boldsymbol{a}_1+\lambda_2\boldsymbol{a}_2+\lambda_3\boldsymbol{a}_3\\ f(\boldsymbol{b})=f(\mu_1\boldsymbol{e}_1+\mu_2\boldsymbol{e}_2+\mu_3\boldsymbol{e}_3)=\mu_1f(\boldsymbol{e}_1)+\mu_2f(\boldsymbol{e}_2)+\mu_3f(\boldsymbol{e}_3)=\mu_1\boldsymbol{a}_1+\mu_2\boldsymbol{a}_2+\mu_3\boldsymbol{a}_3\end{cases}$$

ここで，$f(\boldsymbol{a})=f(\boldsymbol{b})$ とすると，

$\lambda_1\boldsymbol{a}_1+\lambda_2\boldsymbol{a}_2+\lambda_3\boldsymbol{a}_3=\mu_1\boldsymbol{a}_1+\mu_2\boldsymbol{a}_2+\mu_3\boldsymbol{a}_3$ より，

$(\lambda_1-\mu_1)\boldsymbol{a}_1+(\lambda_2-\mu_2)\boldsymbol{a}_2+(\lambda_3-\mu_3)\boldsymbol{a}_3=\boldsymbol{0}'$ となる。

この $\boldsymbol{a}_1$，$\boldsymbol{a}_2$，$\boldsymbol{a}_3$ は線形独立より，[(エ)　　　　] $=0$

$\therefore\lambda_1=\mu_1$ かつ $\lambda_2=\mu_2$ かつ $\lambda_3=\mu_3$ となるので，(c)，(d)より，$\boldsymbol{a}=\boldsymbol{b}$ となる。

従って，$f(\boldsymbol{a})=f(\boldsymbol{b})\Rightarrow$ [(オ)　　] であるから，f は単射である。

以上(i)(ii)より，与線形写像 $f:V\to V'$ は [(カ)　　] となるので，同型写像である。よって，$V\cong V'$ ……………………………(終)

……………………………………………………………………

解答

(ア) $[\boldsymbol{a}_1\ \boldsymbol{a}_2\ \boldsymbol{a}_3]$　(イ) $\begin{bmatrix}1&2&1\\0&-5&3\\0&-10&-4\end{bmatrix}$　(ウ) $c_1=c_2=c_3=0$

(エ) $\lambda_1-\mu_1=\lambda_2-\mu_2=\lambda_3-\mu_3$　(オ) $\boldsymbol{a}=\boldsymbol{b}$　(カ) 全単射

演習問題 93　● 線形写像の基本定理(Ⅰ) ●

次の線形写像 $f: V \to V'$ について，各問いに答えよ。

$$\begin{bmatrix} x_1' \\ x_2' \end{bmatrix} = \begin{bmatrix} -1 & 2 \\ 3 & -6 \end{bmatrix} \begin{bmatrix} x_1 \\ x_2 \end{bmatrix}$$

(1) $\mathrm{Im}f$ と $\mathrm{Ker}f$ を求め，その概形を図示せよ。

(2) 線形写像の基本定理 $\dim V - \dim(\mathrm{Ker}f) = \dim(\mathrm{Im}f)$ が成り立つことを確かめよ。

ヒント！ 線形写像の式から，$\mathrm{Im}f: x_2' = -3x_1'$ が導ける。また，$\boldsymbol{x}' = \boldsymbol{0}'$ とおくことにより，$\mathrm{Ker}f: x_1 - 2x_2 = 0$ も分かるんだね。

解答＆解説

(1) 線形写像 $f: V \to V'$ の式を変形して，

$$\begin{bmatrix} x_1' \\ x_2' \end{bmatrix} = \begin{bmatrix} -1 & 2 \\ 3 & -6 \end{bmatrix} \begin{bmatrix} x_1 \\ x_2 \end{bmatrix} = \begin{bmatrix} -x_1 + 2x_2 \\ 3x_1 - 6x_2 \end{bmatrix} \cdots\cdots ①$$

$[\ \boldsymbol{x}' = A \cdot \boldsymbol{x} \quad (\boldsymbol{x} \in V,\ \boldsymbol{x}' \in V')]$

よって，$x_1' = -x_1 + 2x_2$ ……②，$x_2' = 3x_1 - 6x_2 = -3(-x_1 + 2x_2)$ ……③

②を③に代入して，求める $\mathrm{Im}f$ は，

$x_2' = -3x_1'$ …………(答)

これは，原点 $\boldsymbol{0}'$ を通り，方向ベクトル $\boldsymbol{d}' = [1,\ -3]$ の直線を表す。

図 1

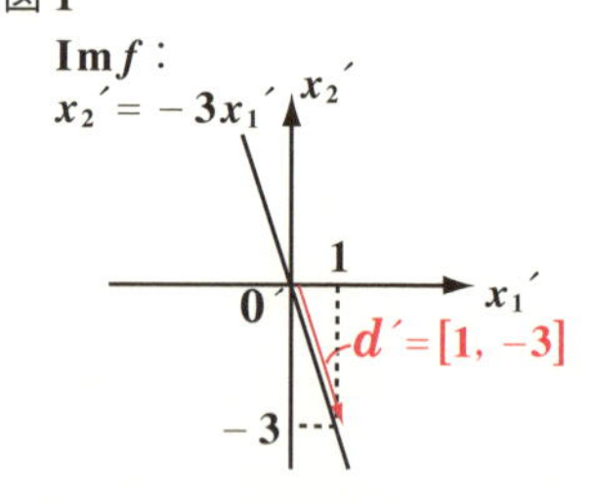

また，この図を図 1 に示す。…………(答)

次に，$\boldsymbol{x}' = \boldsymbol{0}'$ を①に代入して，$\mathrm{Ker}f$ を求める。

$$\begin{bmatrix} -x_1 + 2x_2 \\ -3(-x_1 + 2x_2) \end{bmatrix} = \begin{bmatrix} 0 \\ 0 \end{bmatrix}$$

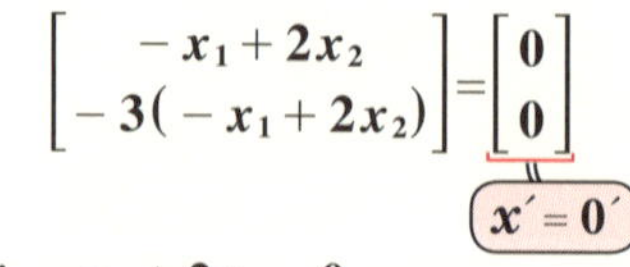

$\boldsymbol{x}' = \boldsymbol{0}'$

$\therefore\ -x_1 + 2x_2 = 0$

$-3(-x_1 + 2x_2) = 0$ は，これと同値

図 2

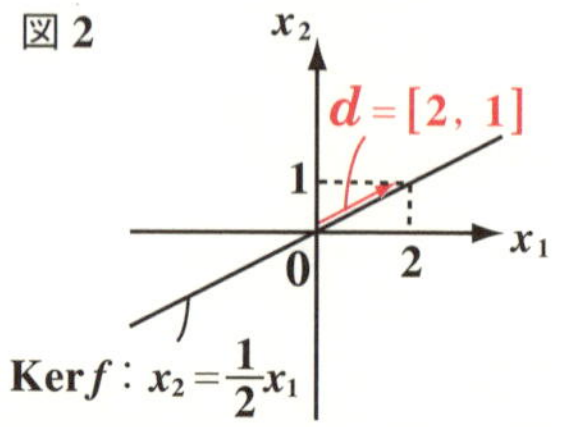

よって，求める $\mathrm{Ker}f$ は，$x_2 = \dfrac{1}{2}x_1$ …(答) また，この図を，図 2 に示す。…(答)

これは，原点 $\boldsymbol{0}$ を通り，方向ベクトル $\boldsymbol{d} = [2,\ 1]$ の直線を表す。

参考

x_1x_2 平面 (V) は，

$\mathrm{Ker}f : x_2 = \frac{1}{2}x_1$ の直線に平行な直線の集合と考えることができ，これを商空間：$V/\mathrm{Ker}f$ で表す。これは，$x'y'$ 平面 (V') 上の直線 $x_2' = -3x_1'$，すなわち $\mathrm{Im}f$ と同型である。

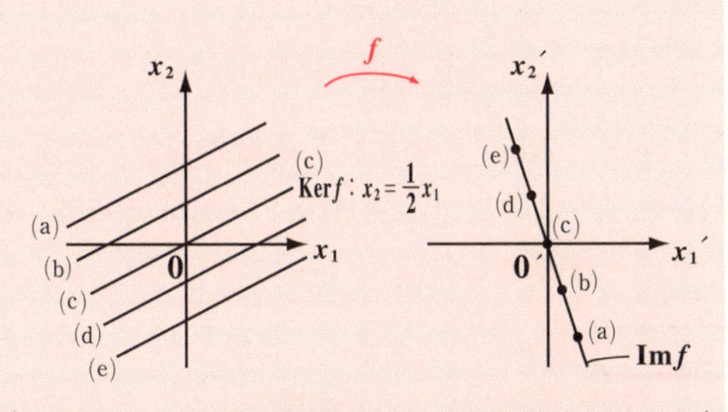

（直線(a)～(e)は，直線上の点(a)～(e)に写される。）

∴線形写像の基本定理 (1) $V/\mathrm{Ker}f \cong \mathrm{Im}f$ が成り立っている。

(2) V は 2 次元ベクトル空間 R^2 より，$\dim V = 2$

$\mathrm{Ker}f$ は直線より，$\dim(\mathrm{Ker}f) = 1$

$\mathrm{Im}f$ も直線より，$\dim(\mathrm{Im}f) = 1$

以上より，$2 - 1 = 1$ となって，

線形写像の基本定理：$\dim V - \dim(\mathrm{Ker}f) = \dim(\mathrm{Im}f)$

は成り立つ。………………………………………………………………(終)

演習問題 94	● 線形写像の基本定理 (Ⅱ) ●

次の線形写像 $f: V \to V'$ について，各問いに答えよ。

$$\begin{bmatrix} x_1' \\ x_2' \end{bmatrix} = \begin{bmatrix} 2 & 4 \\ -1 & -2 \end{bmatrix} \begin{bmatrix} x_1 \\ x_2 \end{bmatrix}$$

(1) $\mathrm{Im}f$ と $\mathrm{Ker}f$ を求め，その概形を図示せよ。

(2) 線形写像の基本定理 $\dim V - \dim(\mathrm{Ker}f) = \dim(\mathrm{Im}f)$ が成り立つことを確かめよ。

ヒント！ 線形写像の式から，$x_1' = -2x_2'$ が導ける。また，$\boldsymbol{x}' = \boldsymbol{0}'$ とおくことで，$\mathrm{Ker}f$ を求められる。頑張ろう！

解答＆解説

(1) 線形写像 $f: V \to V'$ の式を変形して，

$$\begin{bmatrix} x_1' \\ x_2' \end{bmatrix} = \begin{bmatrix} 2 & 4 \\ -1 & -2 \end{bmatrix} \begin{bmatrix} x_1 \\ x_2 \end{bmatrix} = \begin{bmatrix} 2x_1 + 4x_2 \\ -x_1 - 2x_2 \end{bmatrix} \quad \cdots\cdots ①$$

$[\ \boldsymbol{x}' = A \cdot \boldsymbol{x} \quad (\boldsymbol{x} \in V,\ \boldsymbol{x}' \in V')\ ]$

よって，$x_1' = -2$ (ア) ……②，$x_2' = -x_1 - 2x_2$ ……③

③を②に代入して，$x_1' = -2x_2'$

∴求める $\mathrm{Im}f$ は，(イ) ………(答)

（これは，原点 $\boldsymbol{0}'$ を通り，方向ベクトル $\boldsymbol{d}' = [2,\ -1]$ の直線を表す。）

また，この図を図 1 に示す。…………(答)

図 1

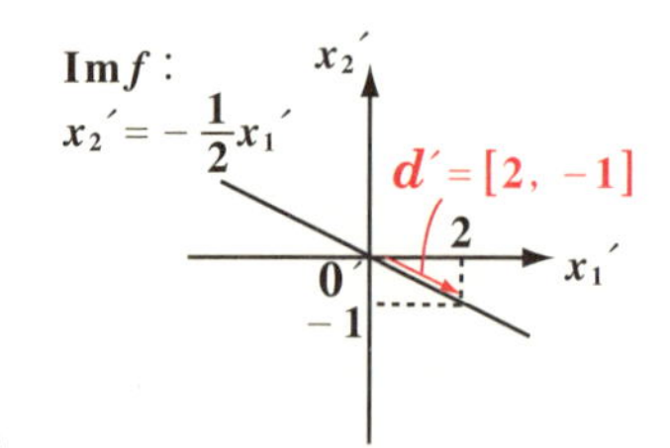

次に，$\boldsymbol{x}' = \boldsymbol{0}'$ を①に代入して，$\mathrm{Ker}f$ を求める。

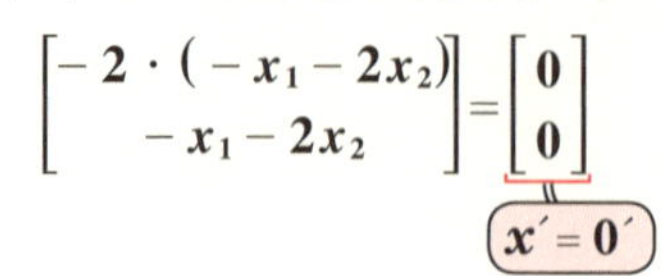

$$\begin{bmatrix} -2 \cdot (-x_1 - 2x_2) \\ -x_1 - 2x_2 \end{bmatrix} = \begin{bmatrix} 0 \\ 0 \end{bmatrix}$$

（$\boldsymbol{x}' = \boldsymbol{0}'$）

∴ $-x_1 - 2x_2 = 0$

（$-2 \cdot (-x_1 - 2x_2) = 0$ は，これと同値）

図 2

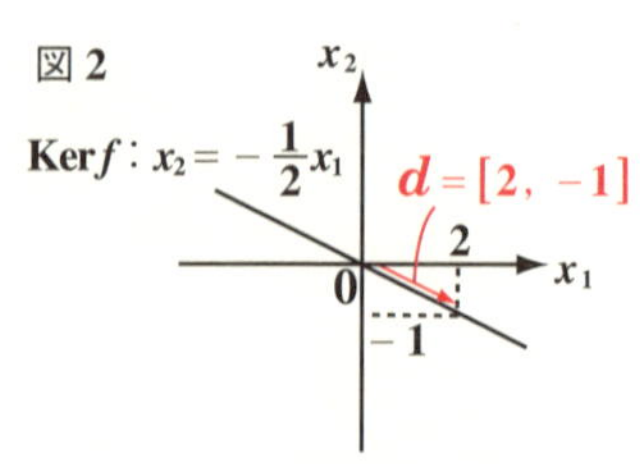

よって，求める $\mathrm{Ker}f$ は，(ウ) …(答) また，この図を，図 2 に示す。…(答)

（これは，原点 $\boldsymbol{0}$ を通り，方向ベクトル $\boldsymbol{d} = [2,\ -1]$ の直線を表す。）

参考

x_1x_2 平面 (V) は，

$\mathbf{Ker}f : x_2 = -\frac{1}{2}x_1$

の直線に平行な直線の集合と考えることができ，これを商空間：$V/\mathbf{Ker}f$ で表す。これは，$x'y'$ 平面 (V') 上の

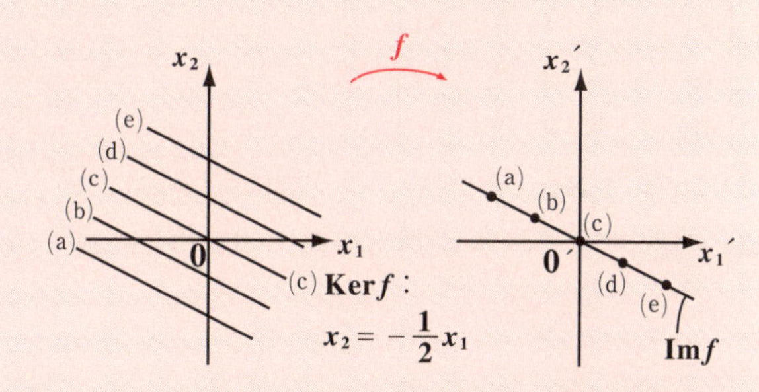

（直線(a)～(e)は，直線上の点(a)～(e)に写される。）

直線 $x_2' = -\frac{1}{2}x_1'$，すなわち $\mathbf{Im}f$ と同型である。

∴線形写像の基本定理 (1) $V/\mathbf{Ker}f \cong \mathbf{Im}f$ が成り立っている。

(2) V は 2 次元ベクトル空間 R^2 より，$\dim V = 2$

$\mathbf{Ker}f$ は直線より，$\dim(\mathbf{Ker}f) = 1$

$\mathbf{Im}f$ も直線より，$\dim(\mathbf{Im}f) = 1$

以上より，$2 - 1 = 1$ となって，

線形写像の基本定理：$\dim V - \dim(\mathbf{Ker}f) = \dim(\mathbf{Im}f)$

は成り立つ。……………………………………………………………(終)

解答　(ア) $(-x_1 - 2x_2)$　(イ) $x_2' = -\frac{1}{2}x_1'$　(ウ) $x_2 = -\frac{1}{2}x_1$

演習問題 95　● 線形写像の基本定理(Ⅲ) ●

次の線形写像 $f: V \to V'$ について，各問いに答えよ。

$$\begin{bmatrix} x_1' \\ x_2' \\ x_3' \end{bmatrix} = \begin{bmatrix} 1 & 1 & 0 \\ 2 & 2 & 0 \\ 0 & 0 & 1 \end{bmatrix} \begin{bmatrix} x_1 \\ x_2 \\ x_3 \end{bmatrix}$$

(1) $\mathrm{Im}f$ と $\mathrm{Ker}f$ を求め，その概形を図示せよ。

(2) 線形写像の基本定理 $\dim V - \dim(\mathrm{Ker}f) = \dim(\mathrm{Im}f)$ が成り立つことを確かめよ。

ヒント！ 線形写像の式から，$\mathrm{Im}f: x_2' = 2x_1'$ (x_3'：任意) が導かれる。これは，平面を表すんだね。

解答＆解説

(1) 線形写像 $f: V \to V'$ の式を変形して，

$$\begin{bmatrix} x_1' \\ x_2' \\ x_3' \end{bmatrix} = \begin{bmatrix} 1 & 1 & 0 \\ 2 & 2 & 0 \\ 0 & 0 & 1 \end{bmatrix} \begin{bmatrix} x_1 \\ x_2 \\ x_3 \end{bmatrix} = \begin{bmatrix} x_1 + x_2 \\ 2x_1 + 2x_2 \\ x_3 \end{bmatrix} \cdots\cdots①$$

$[\ \boldsymbol{x}' = A \cdot \boldsymbol{x} \quad (\boldsymbol{x} \in V,\ \boldsymbol{x}' \in V')\ ]$

$\therefore\ x_1' = x_1 + x_2 \cdots\cdots②$，$x_2' = 2(x_1 + x_2) \cdots\cdots③$，$x_3' = x_3 \cdots\cdots④$

②を③に代入して，

$x_2' = 2x_1'$

④より，x_3 は自由に値をとれるので，x_3' 軸方向には自由に動く。つまり，拘束条件は，$x_2' = 2x_1'$ だけなので，これは，x_3' 軸を含む平面を表す。

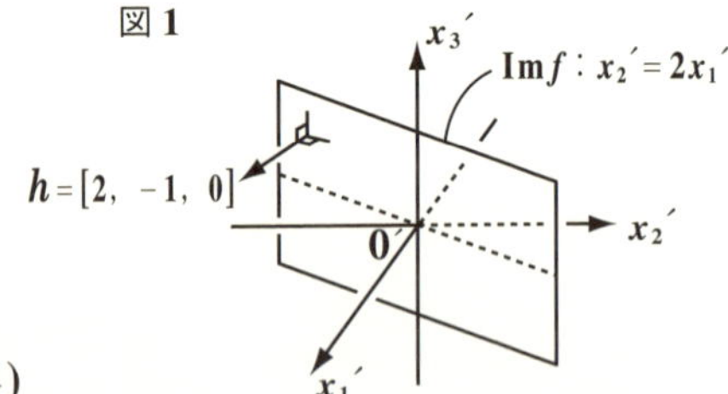

図 1

$\therefore$ 求める $\mathrm{Im}f$ は，$x_2' = 2x_1'$ …(答)

$2 \cdot x_1' + (-1) \cdot x_2' + 0 \cdot x_3' = 0$ より，これは，原点 $0'$ を通り，法線ベクトル $\boldsymbol{h} = [2,\ -1,\ 0]$ の平面を表す。

この図を，図 1 に示す。 ……………………………………(答)

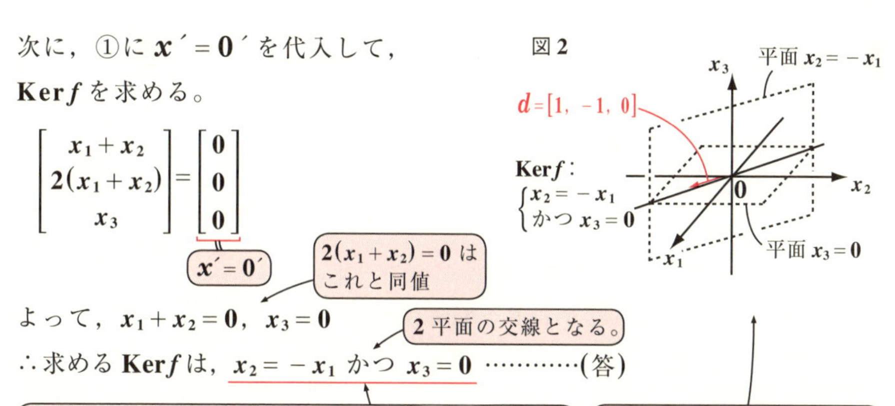

次に，①に $x'=0'$ を代入して，Ker$f$ を求める。

$$\begin{bmatrix} x_1+x_2 \\ 2(x_1+x_2) \\ x_3 \end{bmatrix} = \begin{bmatrix} 0 \\ 0 \\ 0 \end{bmatrix}$$

$x'=0'$

$2(x_1+x_2)=0$ はこれと同値

よって，$x_1+x_2=0$，$x_3=0$

2平面の交線となる。

∴求める Ker$f$ は，$x_2=-x_1$ かつ $x_3=0$ …………(答)

これは，原点 0 を通り，方向ベクトル $d=[1,\ -1,\ 0]$ の直線を表す。

Ker$f$ は，2平面 $x_2=-x_1$ と $x_3=0$ の交線になる。

また，この図を図2に示す。……………………………………………(答)

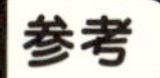

参考

$x_1x_2x_3$ 座標空間 (V) は，Ker$f$：$x_2=-x_1$ かつ $x_3=0$ の直線に平行な直線の集合と考えることができ，これを商空間：$V/\mathrm{Ker}f$ で表す。

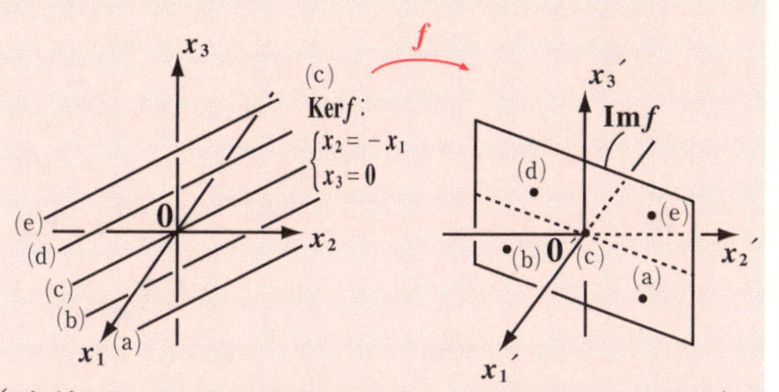

(直線(a)～(e)が，平面上の点(a)～(e)に写される。)

これは，$x_1'x_2'x_3'$ 空間 (V') 内の平面 $x_2'=2x_1'$，すなわち Imf と同型である。

∴線形写像の基本定理(1) $V/\mathrm{Ker}f \cong \mathrm{Im}f$ が成り立っている。

(2) V は3次元ベクトル空間 R^3 より，$\dim V=3$

Ker$f$ は直線より，$\dim(\mathrm{Ker}f)=1$

Imf は平面より，$\dim(\mathrm{Im}f)=2$

以上より，$3-1=2$ となって，

線形写像の基本定理：$\dim V-\dim(\mathrm{Ker}f)=\dim(\mathrm{Im}f)$

は成り立つ。……………………………………………………(終)

演習問題 96　●線形写像の基本定理(Ⅳ)●

次の線形写像 $f : V \to V'$ について，各問いに答えよ。

$$\begin{bmatrix} x_1' \\ x_2' \\ x_3' \end{bmatrix} = \begin{bmatrix} 1 & 2 & -1 \\ 2 & 4 & -2 \\ -1 & -2 & 1 \end{bmatrix} \begin{bmatrix} x_1 \\ x_2 \\ x_3 \end{bmatrix}$$

(1) $\mathrm{Im}f$ と $\mathrm{Ker}f$ を求め，その概形を図示せよ。

(2) 線形写像の基本定理 $\dim V - \dim(\mathrm{Ker}f) = \dim(\mathrm{Im}f)$ が成り立つことを確かめよ。

ヒント！ 線形写像の式から，$x_2' = 2x_1'$，$x_3' = -x_1'$ が導かれる。また，$\boldsymbol{x}' = \boldsymbol{0}'$ とおくことにより，$x_1 + 2x_2 - x_3 = 0$ が，$\mathrm{Ker}f$ の方程式であることが分かる。頑張ろう！

解答＆解説

(1) 線形写像 $f : V \to V'$ の式を変形して，

$$\begin{bmatrix} x_1' \\ x_2' \\ x_3' \end{bmatrix} = \begin{bmatrix} 1 & 2 & -1 \\ 2 & 4 & -2 \\ -1 & -2 & 1 \end{bmatrix} \begin{bmatrix} x_1 \\ x_2 \\ x_3 \end{bmatrix} = \begin{bmatrix} x_1 + 2x_2 - x_3 \\ 2x_1 + 4x_2 - 2x_3 \\ -x_1 - 2x_2 + x_3 \end{bmatrix} \cdots\cdots ①$$

$[\ \boldsymbol{x}' = A \cdot \boldsymbol{x} \quad (\boldsymbol{x} \in V,\ \boldsymbol{x}' \in V')\ ]$

$\therefore x_1' = x_1 + 2x_2 - x_3 \cdots ②$，$x_2' = 2(x_1 + 2x_2 - x_3) \cdots ③$，$x_3' =$ (ア) $\cdots ④$

②を③，④に代入して，$x_2' = 2x_1'$，$x_3' = -x_1'$

よって，$x_1' = t$ とおくと，$x_2' = 2t$，$x_3' = -t$

この3式を t についてまとめて，

求める $\mathrm{Im}f$ は，(イ) $\cdots$(答)

これは，原点 $\boldsymbol{0}'$ を通り，方向ベクトル $\boldsymbol{d} = [1,\ 2,\ -1]$ の直線を表す。

図1

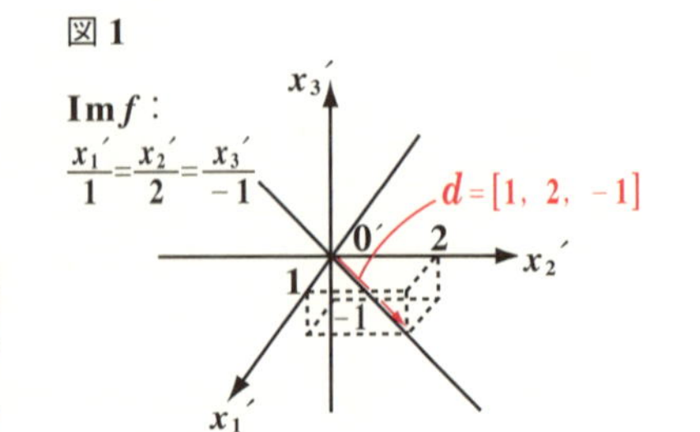

また，この図を図1に示す。……(答)

次に，①に $\boldsymbol{x}' = \boldsymbol{0}'$ を代入して，$\mathrm{Ker}f$ を求める。

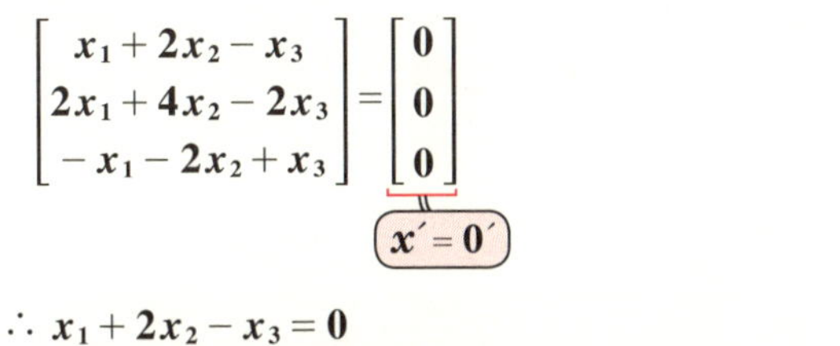

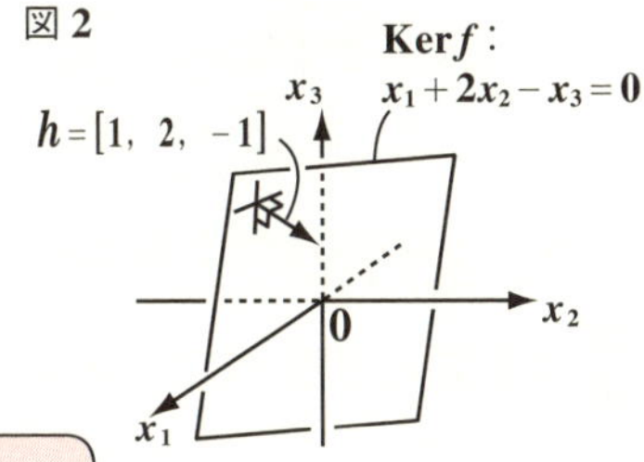

$\therefore\ x_1+2x_2-x_3=0$

$2x_1+4x_2-2x_3=0$ と $-x_1-2x_2+x_3=0$ はこれと同値

これは，原点 $\mathbf{0}$ を通り，法線ベクトル $h=[1,\ 2,\ -1]$ の平面を表す。

よって，求める Ker$f$ は，(ウ) ……………………(答)

また，この図を図2に示す。……………………(答)

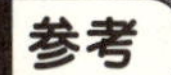

$x_1x_2x_3$ 座標空間 (V) は，Ker$f$：$x_1+2x_2-x_3=0$ の平面に平行な平面の集合と考えることができ，これを

商空間：$V/\mathrm{Ker}f$

で表す。

これは，$x_1'x_2'x_3'$ 空間 (V') 内の直線 $\dfrac{x_1'}{1}=\dfrac{x_2'}{2}=\dfrac{x_3'}{-1}$，すなわち Im$f$ と同型である。

(c) Ker$f$：$x_1+2x_2-x_3=0$　　Imf

（平面(a)〜(e)が，直線上の点(a)〜(e)に写される。）

$\therefore$ 線形写像の基本定理 (1) $V/\mathrm{Ker}f \cong \mathrm{Im}f$ が成り立っている。

(2) V は3次元ベクトル空間 R^3 より，$\dim V = 3$

Ker$f$ は平面より，$\dim(\mathrm{Ker}f)=2$

Imf は直線より，$\dim(\mathrm{Im}f)=1$

以上より，$3-2=1$ となって，

線形写像の基本定理：$\dim V - \dim(\mathrm{Ker}f) = \dim(\mathrm{Im}f)$

は成り立つ。……………………(終)

解答　(ア) $-(x_1+2x_2-x_3)$　(イ) $\dfrac{x_1'}{1}=\dfrac{x_2'}{2}=\dfrac{x_3'}{-1}\ (=t)$　(ウ) $x_1+2x_2-x_3=0$

講義 Lecture 7 行列の対角化 ● methods & formulae

§1. 行列の対角化(Ⅰ)

固有値と固有ベクトルの定義

ある n 次正方行列 A に対して，

$A\boldsymbol{x}=\lambda\boldsymbol{x}$ ……(＊)

をみたす n 次元列ベクトル $\boldsymbol{x}$ $(\boldsymbol{x}\neq\boldsymbol{0})$

と実数 λ が存在するとき，

- ・λ を A の"**固有値**"といい，
- ・$\boldsymbol{x}$ を λ に対する"**固有ベクトル**"という。

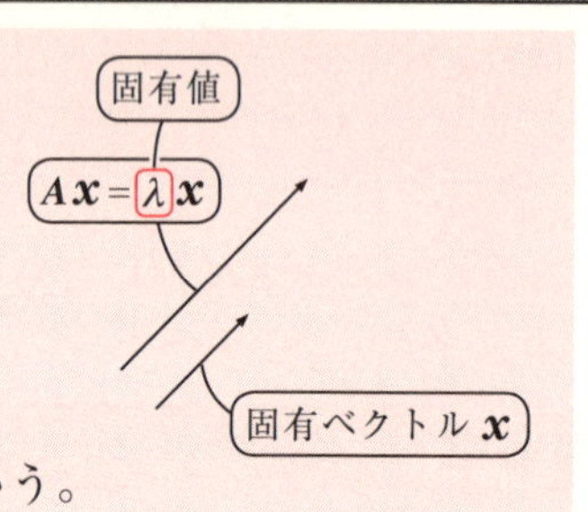

固有値 λ と固有ベクトル $\boldsymbol{x}$ は，次の **2** つのステップで求めることができる。

(Ⅰ) まず，固有方程式から，(複数の)固有値 λ_1，λ_2，… を計算する。
(Ⅱ) それぞれの固有値(λ_1，λ_2，…)に対応する固有ベクトル $\boldsymbol{x}_1$，$\boldsymbol{x}_2$，…を求める。
($\boldsymbol{x}_1$，$\boldsymbol{x}_2$ は，パラメータ(文字定数)を含んだ形で求められる。)

(Ⅰ) 固有値の計算

(＊)の式を変形して，

$A-\lambda E=T$ と表す場合もある。

$A\boldsymbol{x}-\lambda\boldsymbol{x}=\boldsymbol{0}$　　$(A-\lambda E)\boldsymbol{x}=\boldsymbol{0}$ ……①

ここで，$\boldsymbol{x}\neq\boldsymbol{0}$ より，

自明な解以外の解をもつ。

$|A-\lambda E|=0$ ……②

②を A の"**固有方程式**"と呼ぶ。

これは λ の n 次方程式になる。

②を解いて，

$\lambda=\lambda_1$，λ_2，… の解を得る。

この中に重解が含まれることもある。

背理法

$|A-\lambda E|\neq 0$ と仮定すると，$(A-\lambda E)^{-1}$ が存在して，これを①の両辺に左からかけると，
$\boldsymbol{x}=(A-\lambda E)^{-1}\boldsymbol{0}=\boldsymbol{0}$
となって，①は自明な解のみをもつことになる。よって，矛盾だね。

(Ⅱ) $\lambda=\lambda_i$ $(i=1,\ 2,\ \cdots)$ を①に代入して，

$(A-\lambda_i E)\boldsymbol{x}=\boldsymbol{0}$ ……③

$|A-\lambda_i E|=0$ より，③は自由度が **1** 以上の解をもつ。よって，パラメータ k などを含む形の解になる。

③の解を $\boldsymbol{x}_i$ $(i=1,\ 2,\ \cdots)$ とおくと，

各 λ_1，λ_2，… に対応する固有ベクトル

$\boldsymbol{x}_1$，$\boldsymbol{x}_2$，… が求まる。

固有値と固有ベクトルの関係

n 次正方行列 A の 2 つの固有値 λ_i，λ_j が $\lambda_i \neq \lambda_j$ $(i \neq j)$ のとき，それぞれに対応する固有ベクトル $\boldsymbol{x}_i$ と $\boldsymbol{x}_j$ は線形独立となる。

行列の対角化

n 次正方行列 A が，n 個の異なる固有値 λ_1，λ_2，…，λ_n をもち，それぞれの固有値に対応する線形独立な固有ベクトルが $\boldsymbol{x}_1$，$\boldsymbol{x}_2$，…，$\boldsymbol{x}_n$ のとき，正則行列 $P=[\boldsymbol{x}_1\ \boldsymbol{x}_2\ \cdots\ \boldsymbol{x}_n]$ を用いて，行列 A は次のように対角化できる。

$$P^{-1}AP=\begin{bmatrix}\lambda_1 & 0 & \cdots & 0\\ 0 & \lambda_2 & \cdots & 0\\ \vdots & \vdots & \ddots & \vdots\\ 0 & 0 & \cdots & \lambda_n\end{bmatrix}$$

対角成分は，λ_1，λ_2，…，λ_n と，すべて固有値

n 個の固有ベクトル $\boldsymbol{x}_1$，$\boldsymbol{x}_2$，…，$\boldsymbol{x}_n$ は線形独立より，

$c_1\boldsymbol{x}_1+c_2\boldsymbol{x}_2+\cdots+c_n\boldsymbol{x}_n=\boldsymbol{0}$ ……(a)　をみたす係数 c_1，c_2，…，c_n は，$c_1=c_2=\cdots=c_n=0$（自明な解）のみである。(a)を変形して，

$$[\boldsymbol{x}_1\ \boldsymbol{x}_2\ \cdots\ \boldsymbol{x}_n]\begin{bmatrix}c_1\\ c_2\\ \vdots\\ c_n\end{bmatrix}=\begin{bmatrix}0\\ 0\\ \vdots\\ 0\end{bmatrix}$$

ここで，$P=[\boldsymbol{x}_1\ \boldsymbol{x}_2\ \cdots\ \boldsymbol{x}_n]$ とおく。P のランクが $\mathrm{rank}P<n$ とすると，

$\boldsymbol{x}_1\ \boldsymbol{x}_2\ \cdots\ \boldsymbol{x}_n$ は，すべて n 次元の列ベクトルより，P は n 次正方行列になる。

(a)は自明な解以外の解 c_1，c_2，…，c_n をもって，矛盾する。

よって，$\mathrm{rank}P=n$ となって，P は正則，すなわち逆行列 P^{-1} をもつ行列である。A は異なる n 個の固有値，固有ベクトルをもち，

$A\boldsymbol{x}_1=\lambda_1\boldsymbol{x}_1$ ……(b)，$A\boldsymbol{x}_2=\lambda_2\boldsymbol{x}_2$ ……(c)，…，$A\boldsymbol{x}_n=\lambda_n\boldsymbol{x}_n$ ……(d)

とおけるので，この(b)，(c)，…，(d)は，次のようにまとめて 1 式で表せる。

$A[\boldsymbol{x}_1\ \boldsymbol{x}_2\ \cdots\ \boldsymbol{x}_n]=[\lambda_1\boldsymbol{x}_1\ \ \lambda_2\boldsymbol{x}_2\ \cdots\ \lambda_n\boldsymbol{x}_n]$ ……(e)

(e)のようにまとめても，各成分の対応関係は，(b)，(c)，…，(d)のときとまったく変わらない。

(e)の右辺を変形して，

$$\boldsymbol{A}[\boldsymbol{x}_1\ \boldsymbol{x}_2\ \cdots\ \boldsymbol{x}_n] = [\boldsymbol{x}_1\ \boldsymbol{x}_2\ \cdots\ \boldsymbol{x}_n]\begin{bmatrix} \lambda_1 & 0 & \cdots & 0 \\ 0 & \lambda_2 & \cdots & 0 \\ \vdots & \vdots & \ddots & \vdots \\ 0 & 0 & \cdots & \lambda_n \end{bmatrix}$$

（$[\boldsymbol{x}_1\ \boldsymbol{x}_2\ \cdots\ \boldsymbol{x}_n]$ は両辺とも $\boldsymbol{P}$）

この右辺は(e)の右辺と同じだね。

$[\boldsymbol{x}_1\ \boldsymbol{x}_2\ \cdots\ \boldsymbol{x}_n] = \boldsymbol{P}$　より，

$$\boldsymbol{AP} = \boldsymbol{P}\begin{bmatrix} \lambda_1 & 0 & \cdots & 0 \\ 0 & \lambda_2 & \cdots & 0 \\ \vdots & \vdots & \ddots & \vdots \\ 0 & 0 & \cdots & \lambda_n \end{bmatrix} \quad \cdots\cdots(\mathrm{f})$$

$\boldsymbol{P}$ は正則より，$\boldsymbol{P}^{-1}$ が存在する。$\boldsymbol{P}^{-1}$ を(f)の両辺に左からかけて，

$$\boldsymbol{P}^{-1}\boldsymbol{AP} = \begin{bmatrix} \lambda_1 & 0 & \cdots & 0 \\ 0 & \lambda_2 & \cdots & 0 \\ \vdots & \vdots & \ddots & \vdots \\ 0 & 0 & \cdots & \lambda_n \end{bmatrix}$$

となり，$\boldsymbol{A}$ を対角行列に変換できる。

対角行列の対角成分は，すべて固有値になる。

このように，$\boldsymbol{P}^{-1}\boldsymbol{AP}$ により対角行列となる行列 $\boldsymbol{A}$ を“**対角化可能な行列**”といい，$\boldsymbol{P}$ を“**変換行列**”という。

§2. 計量線形空間と正規直交基底

計量線形空間の定義

$\boldsymbol{R}$ 上の線形空間 $\boldsymbol{V}$ の任意の 2 つの元 $\boldsymbol{a}$，$\boldsymbol{b}$ に対して，**内積**という実数 $\boldsymbol{a}\cdot\boldsymbol{b}$ が定まり，次の 4 つの条件をみたすとき，この線形空間 $\boldsymbol{V}$ を“**計量線形空間**”または“**内積空間**”という。

(i) $\boldsymbol{a}\cdot\boldsymbol{b} = \boldsymbol{b}\cdot\boldsymbol{a}$

(ii) $(\boldsymbol{a}_1+\boldsymbol{a}_2)\cdot\boldsymbol{b} = \boldsymbol{a}_1\cdot\boldsymbol{b}+\boldsymbol{a}_2\cdot\boldsymbol{b}$, $\boldsymbol{a}\cdot(\boldsymbol{b}_1+\boldsymbol{b}_2) = \boldsymbol{a}\cdot\boldsymbol{b}_1+\boldsymbol{a}\cdot\boldsymbol{b}_2$

(iii) $(k\boldsymbol{a})\cdot\boldsymbol{b} = k(\boldsymbol{a}\cdot\boldsymbol{b})$, $\boldsymbol{a}\cdot(k\boldsymbol{b}) = k(\boldsymbol{a}\cdot\boldsymbol{b})$　$(k\in\boldsymbol{R})$

(iv) $\boldsymbol{a}\cdot\boldsymbol{a} \geqq 0$　(特に，$\boldsymbol{a}=\boldsymbol{0} \Longleftrightarrow \boldsymbol{a}\cdot\boldsymbol{a}=0$)

これから，計量線形空間 $\boldsymbol{V}$ の元 $\boldsymbol{a}$ に対して，次のように“**大きさ**”を定義する。

大きさの定義

計量線形空間 V の元 $\boldsymbol{a}$ に対して，$\sqrt{\boldsymbol{a}\cdot\boldsymbol{a}}$ を元 $\boldsymbol{a}$ の“**大きさ**”または“**ノルム**”と呼び，次のように表す。

$\|\boldsymbol{a}\|=\sqrt{\boldsymbol{a}\cdot\boldsymbol{a}}$　（特に，$\boldsymbol{a}=\boldsymbol{0} \Longleftrightarrow \|\boldsymbol{a}\|=0$）

この $\|\boldsymbol{a}\|$ については，次の性質がある。

ノルム $\|\boldsymbol{a}\|$ の性質

(i) $\|\boldsymbol{a}\| \geqq 0$　　(ii) $\|k\boldsymbol{a}\| \geqq |k|\|\boldsymbol{a}\|$　$(k \in \boldsymbol{R})$

(iii) $|\boldsymbol{a}\cdot\boldsymbol{b}| \leqq \|\boldsymbol{a}\|\|\boldsymbol{b}\|$　（シュワルツの不等式）

(iv) $\|\boldsymbol{a}+\boldsymbol{b}\| \leqq \|\boldsymbol{a}\|+\|\boldsymbol{b}\|$　（三角不等式）

(iii) のシュワルツの不等式から，

$-\|\boldsymbol{a}\|\|\boldsymbol{b}\| \leqq \boldsymbol{a}\cdot\boldsymbol{b} \leqq \|\boldsymbol{a}\|\|\boldsymbol{b}\|$ ……(＊)

$\boldsymbol{a} \neq \boldsymbol{0}$，$\boldsymbol{b} \neq \boldsymbol{0}$ のとき，$\|\boldsymbol{a}\| \neq 0$，$\|\boldsymbol{b}\| \neq 0$ より，(＊) の両辺を $\|\boldsymbol{a}\|\|\boldsymbol{b}\|$ (>0) で割って，

$$-1 \leqq \frac{\boldsymbol{a}\cdot\boldsymbol{b}}{\|\boldsymbol{a}\|\|\boldsymbol{b}\|} \leqq 1$$

$\cos\theta$ $(0 \leqq \theta \leqq \pi)$ とおいて，$\boldsymbol{a}$ と $\boldsymbol{b}$ のなす角 θ を定義する。

これから，計量線形空間 V の 2 つの元 $\boldsymbol{a}$，$\boldsymbol{b}$ のなす角 θ を次のように定義する。

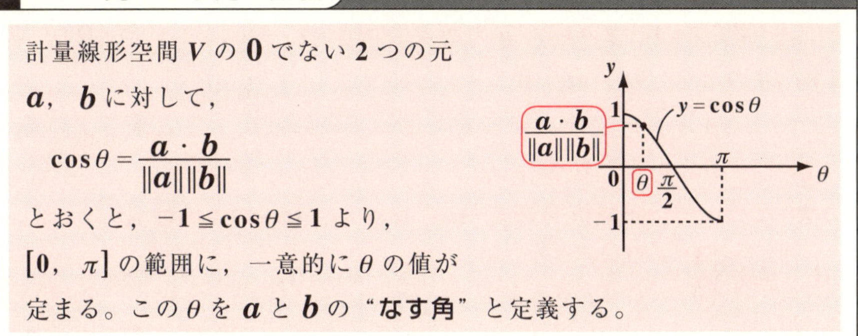

2 つの元のなす角の定義

計量線形空間 V の $\boldsymbol{0}$ でない 2 つの元 $\boldsymbol{a}$，$\boldsymbol{b}$ に対して，

$$\cos\theta=\frac{\boldsymbol{a}\cdot\boldsymbol{b}}{\|\boldsymbol{a}\|\|\boldsymbol{b}\|}$$

とおくと，$-1 \leqq \cos\theta \leqq 1$ より，$[0,\ \pi]$ の範囲に，一意的に θ の値が定まる。この θ を $\boldsymbol{a}$ と $\boldsymbol{b}$ の“**なす角**”と定義する。

これから，よく見慣れた内積の公式：$\boldsymbol{a}\cdot\boldsymbol{b}=\|\boldsymbol{a}\|\|\boldsymbol{b}\|\cos\theta$ が導ける。

ここで，直交条件 $\boldsymbol{a} \perp \boldsymbol{b}$（直交）$\Longleftrightarrow$ $\boldsymbol{a} \cdot \boldsymbol{b} = 0$ も覚えておこう。

（$\boldsymbol{a} = \boldsymbol{0}$ または，$\boldsymbol{b} = \boldsymbol{0}$ で $\boldsymbol{a} \cdot \boldsymbol{b} = 0$ となるときでも，$\boldsymbol{a} \perp \boldsymbol{b}$ ということにする。）

それでは，R^n 空間の 2 つの元 $\boldsymbol{a}$ と $\boldsymbol{b}$ の**内積**を定義しておこう。

内積の定義

R^n の 2 つの元 $\boldsymbol{a} = \begin{bmatrix} a_1 \\ a_2 \\ \vdots \\ a_n \end{bmatrix}$，$\boldsymbol{b} = \begin{bmatrix} b_1 \\ b_2 \\ \vdots \\ b_n \end{bmatrix}$ に対して，内積 $\boldsymbol{a} \cdot \boldsymbol{b}$ を

$\boldsymbol{a} \cdot \boldsymbol{b} = {}^t\boldsymbol{a}\boldsymbol{b} = a_1b_1 + a_2b_2 + \cdots + a_nb_n$ と定義する。

この定義から，$\boldsymbol{a} \cdot \boldsymbol{a} = a_1{}^2 + a_2{}^2 + \cdots + a_n{}^2$ より，ノルム $\|\boldsymbol{a}\|$ は，

$\|\boldsymbol{a}\| = \sqrt{\boldsymbol{a} \cdot \boldsymbol{a}} = \sqrt{{}^t\boldsymbol{a}\boldsymbol{a}} = \sqrt{a_1{}^2 + a_2{}^2 + \cdots + a_n{}^2}$ となる。

正規直交基底の定義

$\boldsymbol{R}$ 上の計量線形空間 V の基底 $\{\boldsymbol{u}_1, \boldsymbol{u}_2, \cdots, \boldsymbol{u}_n\}$ が，

$$\boldsymbol{u}_i \cdot \boldsymbol{u}_j = \begin{cases} 1 & (i = j \text{ のとき}) \\ 0 & (i \neq j \text{ のとき}) \end{cases} \quad (i, j = 1, 2, \cdots, n)$$

をみたすとき，この基底を“**正規直交基底**”という。

“大きさが 1”の意味（正規）　“互いに直交する”の意味（直交）

（ｉ）$i = j$ のとき，$\boldsymbol{u}_i \cdot \boldsymbol{u}_j = \|\boldsymbol{u}_i\|^2 = 1$

よって，$i = 1, 2, \cdots, n$ のとき，$\|\boldsymbol{u}_i\| = 1$ ← 大きさ 1：“正規”

（ii）$i \neq j$ のとき，$\boldsymbol{u}_i \cdot \boldsymbol{u}_j = 0$ より，$\boldsymbol{u}_i \perp \boldsymbol{u}_j$ ← “直交”

以上（ｉ）(ii) から，正規直交基底とは，互いに直交する大きさ 1 の基底となることが分かると思う。

$V = R^n$ について，正規直交基底 $\{\boldsymbol{u}_1, \boldsymbol{u}_2, \cdots, \boldsymbol{u}_n\}$ のもつ性質：

$\boldsymbol{u}_i \cdot \boldsymbol{u}_j = \begin{cases} 1 & (i = j \text{ のとき}) \\ 0 & (i \neq j \text{ のとき}) \end{cases}$ から，$\boldsymbol{u}_1, \boldsymbol{u}_2, \cdots, \boldsymbol{u}_n$ を列ベクトル成分としてもつ行列 $U = [\boldsymbol{u}_1 \ \boldsymbol{u}_2 \ \cdots \ \boldsymbol{u}_n]$ を作ると，次に示す面白い性質が現われる。

直交行列の性質

R^n の正規直交基底 $\{\boldsymbol{u}_1, \ \boldsymbol{u}_2, \ \cdots, \ \boldsymbol{u}_n\}$ を列ベクトル成分にもつ行列 $U = [\boldsymbol{u}_1 \ \boldsymbol{u}_2 \ \cdots \ \boldsymbol{u}_n]$ を“**直交行列**”といい，これは次の性質をもつ。

(ⅰ) ${}^tUU = U{}^tU = E$ (ⅱ) ${}^tU = U^{-1}$

シュミットの正規直交化法

R^n における一般の基底 $\{\boldsymbol{a}_1, \ \boldsymbol{a}_2, \ \cdots, \ \boldsymbol{a}_n\}$ を，次の手順に従って，正規直交基底 $\{\boldsymbol{u}_1, \ \boldsymbol{u}_2, \ \cdots, \ \boldsymbol{u}_n\}$ に変換することができる。

(ⅰ) $m = 1$ のとき，$\boldsymbol{u}_1 = \dfrac{1}{\|\boldsymbol{a}_1\|}\boldsymbol{a}_1$ で求める。

(ⅱ) $2 \leqq m \leqq n$ のとき，

$$\boldsymbol{b}_m = \boldsymbol{a}_m - \sum_{k=1}^{m-1}(\boldsymbol{u}_k \cdot \boldsymbol{a}_m)\boldsymbol{u}_k \quad \text{から，} \quad \boldsymbol{u}_m = \frac{1}{\|\boldsymbol{b}_m\|}\boldsymbol{b}_m \quad \text{を求める。}$$

($\boldsymbol{a}_m$ から $\boldsymbol{u}_k$ への正射影)

§3. 行列の対角化（Ⅱ）と2次形式

対称行列の定義

n 次正方行列が ${}^tA = A$ をみたすとき，A を“**対称行列**”という。
対称行列 A は次に示すように，対角線に関して成分が対称に並ぶ。

$$A = \begin{bmatrix} a_{11} & a_{12} & a_{13} & \cdots & a_{1n} \\ a_{12} & a_{22} & a_{23} & \cdots & a_{2n} \\ a_{13} & a_{23} & a_{33} & \cdots & a_{3n} \\ \vdots & \vdots & \vdots & \ddots & \vdots \\ a_{1n} & a_{2n} & a_{3n} & \cdots & a_{nn} \end{bmatrix}$$

（対称行列 A を成分で表現すると，$a_{ij} = a_{ji} \ (i, \ j = 1, \ 2, \ \cdots, \ n)$ となる。）

対角線

(ex) $A = \begin{bmatrix} 1 & 3 \\ 3 & 2 \end{bmatrix}$ 対角線　　$B = \begin{bmatrix} 0 & 4 & 1 \\ 4 & -3 & 5 \\ 1 & 5 & 2 \end{bmatrix}$ 対角線

この対称行列の対角化について，考えてみよう。

対称行列の固有値と固有ベクトル

n 次の対称行列 A には，重複も数えて，n 個の固有値が存在する。そして，異なる固有値 λ_i，λ_j のそれぞれに対応する固有ベクトル $\boldsymbol{x}_i$，$\boldsymbol{x}_j$ は，互いに直交する。

n 次の対称行列 A が n 個の異なる固有値 λ_1，λ_2，…，λ_n をもち，それぞれに対応する固有ベクトルを $\boldsymbol{x}_1$，$\boldsymbol{x}_2$，…，$\boldsymbol{x}_n$ とおくと，
$\boldsymbol{x}_1$，$\boldsymbol{x}_2$，…，$\boldsymbol{x}_n$ は互いに直交する。
ここで，$\|\boldsymbol{x}_1\|=\|\boldsymbol{x}_2\|=\cdots=\|\boldsymbol{x}_n\|=1$ のものをとると，直交行列
$U=[\boldsymbol{x}_1\ \boldsymbol{x}_2\ \cdots\ \boldsymbol{x}_n]$ を用いて，A は $U^{-1}AU=\begin{bmatrix}\lambda_1 & & \mathbf{0}\\ & \ddots & \\ \mathbf{0} & & \lambda_n\end{bmatrix}$ と対角化できる。
ここで，A を対角化する変換行列 $[\boldsymbol{x}_1\ \boldsymbol{x}_2\ \cdots\ \boldsymbol{x}_n]$ の条件は，各列ベクトルが直交する，すなわち線形独立ということだけで，それぞれのノルムが 1 である必要はない。
よって，$\|\boldsymbol{x}_i\|\neq 1$ $(i=1,\ 2,\ \cdots,\ n)$ の行列 $[\boldsymbol{x}_1\ \boldsymbol{x}_2\ \cdots\ \boldsymbol{x}_n]=Q$ とでもおいて，$Q^{-1}AQ$ としても，同様に対角化は可能で，同じ対角行列が得られる。
(ただし，この後の“**2 次形式**”の変換では，$Q^{-1}AQ$ ではなく，$U^{-1}AU$ が必要となる。)
また，対称行列では λ_i が k 重解のときでも，λ_i に対応する線形独立な k 個の互いに直交する大きさ 1 の固有ベクトルが存在するので，対称行列 A は必ず直交行列 U で対角化できる。(→演習問題 **112** 参照)

● 2 次形式

n 個の実数変数 x_1，x_2，…，x_n の 2 次の多項式：

$$\sum_{i=1}^{n}\sum_{j=1}^{n}a_{ij}x_ix_j \qquad (\text{ただし，} a_{ij}=a_{ji} \text{ とおく})$$

（これは，対称行列の成分表示）

を“**2 次形式**”という。具体的に，$n=2$，3 のときについて示す。
(i) $n=2$ のとき，

$$\sum_{i=1}^{2}\left(\sum_{j=1}^{2}a_{ij}x_ix_j\right)=\sum_{i=1}^{2}\left(a_{i1}x_ix_1+a_{i2}x_ix_2\right)$$

$$=a_{11}x_1^2+\underset{a_{12}}{a_{21}}x_2x_1+a_{12}x_1x_2+a_{22}x_2^2$$

$$= a_{11}x_1{}^2 + 2a_{12}x_1x_2 + a_{22}x_2{}^2$$

$$= [x_1\ x_2]\begin{bmatrix} a_{11} & a_{12} \\ a_{12} & a_{22} \end{bmatrix}\begin{bmatrix} x_1 \\ x_2 \end{bmatrix}$$

この式を逆に計算すると，元の式に戻るのが分かるはずだ。

対称行列

(ⅱ) $n = 3$ のときも同様に変形すると，

$$\sum_{i=1}^{3}\left(\sum_{j=1}^{3} a_{ij}x_ix_j\right) = \sum_{i=1}^{3}\left(a_{i1}x_ix_1 + a_{i2}x_ix_2 + a_{i3}x_ix_3\right)$$

$$= a_{11}x_1{}^2 + a_{22}x_2{}^2 + a_{33}x_3{}^2 + 2a_{12}\,x_1x_2 + 2a_{13}\,x_1x_3 + 2a_{23}\,x_2x_3$$

$$= [x_1\ x_2\ x_3]\begin{bmatrix} a_{11} & a_{12} & a_{13} \\ a_{12} & a_{22} & a_{23} \\ a_{13} & a_{23} & a_{33} \end{bmatrix}\begin{bmatrix} x_1 \\ x_2 \\ x_3 \end{bmatrix}$$ となる。

対称行列

ここで，

(ⅰ) $n = 2$ のとき，$a_{11}x_1{}^2 + a_{22}x_2{}^2 + 2a_{12}\,x_1x_2$ は，

$\begin{bmatrix} x_1 \\ x_2 \end{bmatrix} = U\begin{bmatrix} x_1' \\ x_2' \end{bmatrix}$ (U：直交行列) によって，x_1'，x_2' に変数変換すると，

$a'_{11}x'_1{}^2 + a'_{22}x'_2{}^2$ (標準形) にもち込める。

(ⅱ) $n = 3$ のとき，$a_{11}x_1{}^2 + a_{22}x_2{}^2 + a_{33}x_3{}^2 + 2a_{12}\,x_1x_2 + 2a_{13}\,x_1x_3 + 2a_{23}\,x_2x_3$ は，

$\begin{bmatrix} x_1 \\ x_2 \\ x_3 \end{bmatrix} = U\begin{bmatrix} x_1' \\ x_2' \\ x_3' \end{bmatrix}$ (U:直交行列) によって，x_1'，x_2'，x_3' に変数変換すると，

$a'_{11}x'_1{}^2 + a'_{22}x'_2{}^2 + a'_{33}x'_3{}^2$ (標準形) にもち込める。

§4. エルミート行列とユニタリ行列

成分が複素数である行列やベクトルを，複素行列や複素ベクトルと呼ぼう。複素ベクトル $\boldsymbol{x}$ の成分をその共役複素数にしたベクトルを，$\boldsymbol{x}$ の**複素共役** $\overline{\boldsymbol{x}}$ と定める。2つの複素ベクトル

$\boldsymbol{x} = \begin{bmatrix} x_1 \\ x_2 \\ \vdots \\ x_n \end{bmatrix}$，$\boldsymbol{y} = \begin{bmatrix} y_1 \\ y_2 \\ \vdots \\ y_n \end{bmatrix}$ の**内積** $\boldsymbol{x}\cdot\boldsymbol{y}$ を次式で定義する。

$$\boldsymbol{x}\cdot\boldsymbol{y}={}^t\boldsymbol{x}\overline{\boldsymbol{y}}=[x_1\ \ x_2\ \ \cdots\ \ x_n]\begin{bmatrix}\overline{y_1}\\ \overline{y_2}\\ \vdots\\ \overline{y_n}\end{bmatrix}=x_1\overline{y_1}+x_2\overline{y_2}+\cdots+x_n\overline{y_n}$$

すると，複素ベクトル $\boldsymbol{x}$ の絶対値 $\|\boldsymbol{x}\|$ は，

$\|\boldsymbol{x}\|=\sqrt{\boldsymbol{x}\cdot\boldsymbol{x}}=\sqrt{{}^t\boldsymbol{x}\cdot\overline{\boldsymbol{x}}}=\sqrt{x_1\overline{x_1}+x_2\overline{x_2}+\cdots+x_n\overline{x_n}}$ で計算される。

また，$\boldsymbol{x}\cdot\boldsymbol{y}=0$ のとき，$\boldsymbol{x}$ と $\boldsymbol{y}$ は**直交する**といい，$\boldsymbol{x}\perp\boldsymbol{y}$ で表す。

一般に行列 A に対して，${}^t\overline{A}$ を A の**共役転置行列**または**随伴行列**と呼び，$A^*={}^t\overline{A}$ で表す。ここで，**エルミート行列** A_H の定義を示す。

n 次の複素行列 A_H が，（$A_H{}^*=A_H$ のこと）
${}^t\overline{A_H}=A_H$ …(＊1) をみたすとき，A_H を**エルミート行列**と呼ぶ。

公式：${}^t\overline{A}=\overline{{}^tA}$ より，${}^t\overline{A_H}=\overline{{}^tA_H}$ となる。これを(＊1)の左辺に代入し，

（左の公式の A に A_H を代入した）

さらに両辺の複素共役をとると，

$\overline{\overline{{}^tA_H}}=\overline{A_H}$ ∴ ${}^tA_H=\overline{A_H}$ が導かれる。

（「$\overline{\alpha}=\alpha \Leftrightarrow \alpha$ は実数」より）

(＊1)から，エルミート行列 A_H の対角成分 a_{jj} ($j=1, 2, \cdots, n$) は，$\overline{a_{jj}}=a_{jj}$ をみたすから実数である。また，この対角線に関して対称な位置にある a_{jk} と a_{kj} に対して，$a_{kj}=\overline{a_{jk}}$ となるから，a_{jk} と a_{kj} は互いに共役な複素数である。

エルミート行列 A_H には次の性質がある。

エルミート行列 A_H の固有値はすべて実数であり，相異なる固有値に対する固有ベクトルは互いに直交する。

次に，**ユニタリ行列** U_U の定義を示す。

n 次の複素行列 U_U が，（$U_U{}^*U_U=E$ のこと）
${}^t\overline{U}_UU_U=E$(単位行列) …(＊2) をみたすとき，U_U を**ユニタリ行列**と呼ぶ。

(＊2)より，${}^t\overline{U}_U$ は U_U の逆行列 $U_U{}^{-1}$ である：${}^t\overline{U}_U=U_U{}^{-1}$

n 次のユニタリ行列 U_U を，次のように n 個の列ベクトル $\boldsymbol{u}_1, \boldsymbol{u}_2, \cdots, \boldsymbol{u}_n$ に分解して考える。

$\boldsymbol{u}_U=[\boldsymbol{u}_1\ \ \boldsymbol{u}_2\ \ \cdots\ \ \boldsymbol{u}_n]$ ……① すると，${}^t\overline{U}_U=\begin{bmatrix}{}^t\overline{\boldsymbol{u}}_1\\ {}^t\overline{\boldsymbol{u}}_2\\ \vdots\\ {}^t\overline{\boldsymbol{u}}_n\end{bmatrix}$

これらを $(*2)$ の左辺に代入すると，

$$ {}^t\overline{U}_U U_U = \begin{bmatrix} {}^t\overline{u}_1 \\ {}^t\overline{u}_2 \\ \vdots \\ {}^t\overline{u}_n \end{bmatrix} [u_1 \ \ u_2 \ \cdots \ \ u_n] = \begin{bmatrix} {}^t\overline{u}_1 u_1 & {}^t\overline{u}_1 u_2 & \cdots & {}^t\overline{u}_1 u_n \\ {}^t\overline{u}_2 u_1 & {}^t\overline{u}_2 u_2 & \cdots & {}^t\overline{u}_2 u_n \\ \vdots & \vdots & \ddots & \vdots \\ {}^t\overline{u}_n u_1 & {}^t\overline{u}_n u_2 & \cdots & {}^t\overline{u}_n u_n \end{bmatrix} $$

（${}^t\overline{u}_1 u_1 = 1$, ${}^t\overline{u}_1 u_2 = 0$, ${}^t\overline{u}_1 u_n = 0$, ${}^t\overline{u}_2 u_1 = 0$, ${}^t\overline{u}_2 u_2 = 1$, ${}^t\overline{u}_2 u_n = 0$, ${}^t\overline{u}_n u_1 = 0$, ${}^t\overline{u}_n u_2 = 0$, ${}^t\overline{u}_n u_n = 1$）

よって，これが単位行列 E となるための条件は，

$$ {}^t\overline{u}_i u_j = \begin{cases} 1 & (i=j) \\ 0 & (i \neq j) \end{cases} \cdots ② \quad (i,\ j = 1,\ 2,\ \cdots,\ n) \text{ である。} $$

（${}^t\overline{u}_i = \overline{{}^t u_i}$）

「$\overline{\alpha} = \alpha \Leftrightarrow \alpha$ は実数」より

②の右辺は実数だから，左辺はその複素共役をとっても変わらない。

$$ \therefore\ {}^t u_i \overline{u}_j = u_i \cdot u_j = \begin{cases} 1 & (i=j) \\ 0 & (i \neq j) \end{cases} \cdots ③ $$

（${}^t u_i \overline{u}_j = u_i \cdot u_j$）

となる。　よって，①で与えられた

互いに直交するノルム（大きさ）1 のベクトルの集合

ユニタリ行列 U_U の列ベクトル u_1，u_2，…，u_n は正規直交系をつくる。

n 次のエルミート行列 A_H は，互いに直交するノルム 1 の固有ベクトル u_1，u_2，…，u_n をもつので，対応する固有値を λ_1，λ_2，…，λ_n として，固有方程式 $A_H u_i = \lambda_i u_i\ (i = 1,\ 2,\ \cdots,\ n)$ より

$$ [A_H u_1 \ \ A_H u_2 \ \cdots \ A_H u_n] = [\lambda_1 u_1 \ \ \lambda_2 u_2 \ \cdots \ \lambda_n u_n] $$

$$ A_H \underbrace{[u_1 \ \ u_2 \ \cdots \ u_n]}_{U_U} = \underbrace{[u_1 \ \ u_2 \ \cdots \ u_n]}_{U_U \text{とおける}} \begin{bmatrix} \lambda_1 & 0 & \cdots & 0 \\ 0 & \lambda_2 & \cdots & 0 \\ \vdots & \vdots & \ddots & \vdots \\ 0 & 0 & \cdots & \lambda_n \end{bmatrix} $$

よって，ユニタリ行列 $U_U = [u_1 \ \ u_2 \ \cdots \ u_n]$ により，

$$ A_H U_U = U_U \begin{bmatrix} \lambda_1 & 0 & \cdots & 0 \\ 0 & \lambda_2 & \cdots & 0 \\ \vdots & \vdots & \ddots & \vdots \\ 0 & 0 & \cdots & \lambda_n \end{bmatrix} $$

この両辺に U_U^{-1}（$U_U^* = {}^t\overline{U}_U$）を左からかけて，エルミート行列 A_H は，

$$ U_U^{-1} A_H U_U = \begin{bmatrix} \lambda_1 & 0 & \cdots & 0 \\ 0 & \lambda_2 & \cdots & 0 \\ \vdots & \vdots & \ddots & \vdots \\ 0 & 0 & \cdots & \lambda_n \end{bmatrix} $$

と対角化できる。

演習問題 97 ● 固有値と固有ベクトル(Ⅰ) ●

2 次正方行列 $A = \begin{bmatrix} 4 & 1 \\ 2 & 3 \end{bmatrix}$ の固有値と固有ベクトルを求めよ。

ヒント！ (Ⅰ) まず，固有方程式から，固有値 λ_1, λ_2 を計算し，次に，(Ⅱ) それぞれの固有値 λ_1, λ_2 に対応する固有ベクトル $\boldsymbol{x}_1$, $\boldsymbol{x}_2$ を求めるんだね。

解答&解説

(Ⅰ) $A\boldsymbol{x} = \lambda\boldsymbol{x}$ より，$(A - \lambda E)\boldsymbol{x} = \boldsymbol{0}$ ……①

ここで，$T = A - \lambda E = \begin{bmatrix} 4 & 1 \\ 2 & 3 \end{bmatrix} - \begin{bmatrix} \lambda & 0 \\ 0 & \lambda \end{bmatrix} = \begin{bmatrix} 4-\lambda & 1 \\ 2 & 3-\lambda \end{bmatrix}$ ……②

$\boldsymbol{x} \neq \boldsymbol{0}$ より，固有方程式 $|T| = |A - \lambda E| = \begin{vmatrix} 4-\lambda & 1 \\ 2 & 3-\lambda \end{vmatrix} = 0$

$(4-\lambda)(3-\lambda) - 2 = 0$　　$\lambda^2 - 7\lambda + 10 = 0$

$(\lambda - 2)(\lambda - 5) = 0$　　∴求める固有値は，$\lambda = 2, 5$ （$\lambda_1 = 2$, $\lambda_2 = 5$）………………(答)

(Ⅱ)(ⅰ) $\lambda_1 = 2$ のとき，①を $T_1\boldsymbol{x}_1 = \boldsymbol{0}$　そして，$\boldsymbol{x}_1 = \begin{bmatrix} \alpha_1 \\ \alpha_2 \end{bmatrix}$ とおくと，

$$\begin{bmatrix} 2 & 1 \\ 2 & 1 \end{bmatrix}\begin{bmatrix} \alpha_1 \\ \alpha_2 \end{bmatrix} = \begin{bmatrix} 0 \\ 0 \end{bmatrix}$$

②の T の λ に $\lambda_1 = 2$ を代入したもの

$T_1 = \begin{bmatrix} 2 & 1 \\ 2 & 1 \end{bmatrix} \longrightarrow \begin{bmatrix} 2 & 1 \\ 0 & 0 \end{bmatrix}\Big\} r = 1$

$\mathrm{rank}\,T_1 = 1$ より，自由度 $= 2 - 1 = 1$

∴ $\alpha_1 = k_1$ とおく。（1 つのパラメータ）

これより，$2\alpha_1 + \alpha_2 = 0$

$\alpha_1 = k_1$ とおくと，$\alpha_2 = -2k_1$

∴ $\lambda_1 = 2$ のとき，固有ベクトル $\boldsymbol{x}_1 = \begin{bmatrix} k_1 \\ -2k_1 \end{bmatrix} = k_1\begin{bmatrix} 1 \\ -2 \end{bmatrix}$　$(k_1 \neq 0)$ ……(答)

(ⅱ) $\lambda_2 = 5$ のとき，①を $T_2\boldsymbol{x}_2 = \boldsymbol{0}$　そして，$\boldsymbol{x}_2 = \begin{bmatrix} \beta_1 \\ \beta_2 \end{bmatrix}$ とおくと，

$$\begin{bmatrix} -1 & 1 \\ 2 & -2 \end{bmatrix}\begin{bmatrix} \beta_1 \\ \beta_2 \end{bmatrix} = \begin{bmatrix} 0 \\ 0 \end{bmatrix}$$

②の T の λ に $\lambda_2 = 5$ を代入したもの

$T_2 = \begin{bmatrix} -1 & 1 \\ 2 & -2 \end{bmatrix} \longrightarrow \begin{bmatrix} -1 & 1 \\ 0 & 0 \end{bmatrix}\Big\} r = 1$

$\mathrm{rank}\,T_2 = 1$ より，自由度 $= 2 - 1 = 1$

∴ $\beta_1 = k_2$ とおく。（1 つのパラメータ）

これより，$-\beta_1 + \beta_2 = 0$

$\beta_1 = k_2$ とおくと，$\beta_2 = k_2$

∴ $\lambda_2 = 5$ のとき，固有ベクトル $\boldsymbol{x}_2 = \begin{bmatrix} k_2 \\ k_2 \end{bmatrix} = k_2\begin{bmatrix} 1 \\ 1 \end{bmatrix}$　$(k_2 \neq 0)$ ……(答)

演習問題 98 ● 固有値と固有ベクトル(Ⅱ) ●

2 次正方行列 $A=\begin{bmatrix}3 & -2\\ 2 & -2\end{bmatrix}$ の固有値と固有ベクトルを求めよ。

ヒント! 固有方程式から固有値，そして，対応する固有ベクトルの順に求めればいいね。

解答&解説

(Ⅰ) $A\boldsymbol{x}=\lambda\boldsymbol{x}$ より，$(A-\lambda E)\boldsymbol{x}=\boldsymbol{0}$ ……①

ここで，$T=A-\lambda E=\begin{bmatrix}3 & -2\\ 2 & -2\end{bmatrix}-\begin{bmatrix}\lambda & 0\\ 0 & \lambda\end{bmatrix}=\begin{bmatrix}3-\lambda & -2\\ 2 & -2-\lambda\end{bmatrix}$ ……②

$\boldsymbol{x}\neq\boldsymbol{0}$ より，固有方程式 $|T|=|A-\lambda E|=\begin{vmatrix}3-\lambda & -2\\ 2 & -2-\lambda\end{vmatrix}=0$

$(3-\lambda)(-2-\lambda)+$ (ア) $=0$　　$\lambda^2-\lambda-2=0$

$(\lambda+1)(\lambda-2)=0$　　∴求める固有値は，$\lambda=$ (イ) ……………(答)

(Ⅱ)(ⅰ) $\lambda_1=-1$ のとき，①を $T_1\boldsymbol{x}_1=\boldsymbol{0}$　そして，$\boldsymbol{x}_1=\begin{bmatrix}\alpha_1\\ \alpha_2\end{bmatrix}$ とおくと，

$\begin{bmatrix}4 & -2\\ 2 & -1\end{bmatrix}\begin{bmatrix}\alpha_1\\ \alpha_2\end{bmatrix}=\begin{bmatrix}0\\ 0\end{bmatrix}$

> $T_1=\begin{bmatrix}4 & -2\\ 2 & -1\end{bmatrix}\to\begin{bmatrix}2 & -1\\ 2 & -1\end{bmatrix}\to\begin{bmatrix}2 & -1\\ 0 & 0\end{bmatrix}\}r=1$
> $rank T_1=1$ より，自由度 $=2-1=1$
> ∴ $\alpha_1=k_1$ とおく。

これより，$2\alpha_1-\alpha_2=0$

$\alpha_1=k_1$ とおくと，$\alpha_2=2k_1$

∴ $\lambda_1=-1$ のとき，固有ベクトル $\boldsymbol{x}_1=k_1$ (ウ)　$(k_1\neq0)$ ……(答)

(ⅱ) $\lambda_2=2$ のとき，①を $T_2\boldsymbol{x}_2=\boldsymbol{0}$　そして，$\boldsymbol{x}_2=\begin{bmatrix}\beta_1\\ \beta_2\end{bmatrix}$ とおくと，

$\begin{bmatrix}1 & -2\\ 2 & -4\end{bmatrix}\begin{bmatrix}\beta_1\\ \beta_2\end{bmatrix}=\begin{bmatrix}0\\ 0\end{bmatrix}$

> $T_2=\begin{bmatrix}1 & -2\\ 2 & -4\end{bmatrix}\to\begin{bmatrix}1 & -2\\ 0 & 0\end{bmatrix}\}r=1$
> $rank T_2=1$ より，自由度 $=2-1=1$
> ∴ $\beta_2=k_2$ とおく。

これより，$\beta_1-2\beta_2=0$

$\beta_2=k_2$ とおくと，$\beta_1=2k_2$

∴ $\lambda_2=2$ のとき，固有ベクトル $\boldsymbol{x}_2=k_2$ (エ)　$(k_2\neq0)$ ………(答)

解答　(ア) 4　(イ) -1，2　(ウ) $\begin{bmatrix}1\\ 2\end{bmatrix}$　(エ) $\begin{bmatrix}2\\ 1\end{bmatrix}$

演習問題 99　● 変換行列 P による行列の対角化（Ⅰ）●

行列 $A = \begin{bmatrix} 1 & 2 \\ -1 & 4 \end{bmatrix}$ を，変換行列 P を用いて対角化せよ。

ヒント！ 行列 A の固有値と固有ベクトルを求めてから，変換行列 P を作ればいいね。

解答＆解説

$T\boldsymbol{x} = \boldsymbol{0}$ ……①　ただし，$T = A - \lambda E = \begin{bmatrix} 1-\lambda & 2 \\ -1 & 4-\lambda \end{bmatrix}$ ……② とおく。

固有方程式 $|T| = \begin{vmatrix} 1-\lambda & 2 \\ -1 & 4-\lambda \end{vmatrix} = (1-\lambda)(4-\lambda)+2 = 0$ より，

$\lambda^2 - 5\lambda + 6 = 0$　　$(\lambda-2)(\lambda-3) = 0$　　$\therefore \lambda = \underset{\lambda_1}{2}, \underset{\lambda_2}{3}$ ……………………（答）

（ⅰ）$\lambda_1 = 2$ のとき，①を $T_1\boldsymbol{x}_1 = \boldsymbol{0}$　そして，$\boldsymbol{x}_1 = \begin{bmatrix} \alpha_1 \\ \alpha_2 \end{bmatrix}$ とおくと，

$\begin{bmatrix} -1 & 2 \\ -1 & 2 \end{bmatrix}\begin{bmatrix} \alpha_1 \\ \alpha_2 \end{bmatrix} = \begin{bmatrix} 0 \\ 0 \end{bmatrix}$ より，

②の T の λ に $\lambda_1 = 2$ を代入

$-\alpha_1 + 2\alpha_2 = 0$

$\alpha_2 = k_1$ とおくと，$\alpha_1 = 2k_1$

$\therefore \boldsymbol{x}_1 = k_1\begin{bmatrix} 2 \\ 1 \end{bmatrix}$

固有値 λ	$\lambda_1 = 2$	$\lambda_2 = 3$
固有ベクトル $\boldsymbol{x}$	$k_1\begin{bmatrix} 2 \\ 1 \end{bmatrix}$	$k_2\begin{bmatrix} 1 \\ 1 \end{bmatrix}$
変換行列 P	$\begin{bmatrix} 2 & 1 \\ 1 & 1 \end{bmatrix}$	
対角行列 $P^{-1}AP$	$\begin{bmatrix} 2 & 0 \\ 0 & 3 \end{bmatrix}$	

（ⅱ）$\lambda_2 = 3$ のとき，①を $T_2\boldsymbol{x}_2 = \boldsymbol{0}$

そして，$\boldsymbol{x}_2 = \begin{bmatrix} \beta_1 \\ \beta_2 \end{bmatrix}$ とおくと，

$\begin{bmatrix} -2 & 2 \\ -1 & 1 \end{bmatrix}\begin{bmatrix} \beta_1 \\ \beta_2 \end{bmatrix} = \begin{bmatrix} 0 \\ 0 \end{bmatrix}$ より，$-\beta_1 + \beta_2 = 0$

②の T の λ に $\lambda_2 = 3$ を代入

$\beta_1 = k_2$ とおくと，$\beta_2 = k_2$　　$\therefore \boldsymbol{x}_2 = k_2\begin{bmatrix} 1 \\ 1 \end{bmatrix}$

以上（ⅰ）（ⅱ）より，$P = \begin{bmatrix} 2 & 1 \\ 1 & 1 \end{bmatrix}$ とおくと，$P^{-1}AP = \begin{bmatrix} 2 & 0 \\ 0 & 3 \end{bmatrix}$ …………（答）

（P の第1列は $\boldsymbol{x}_1$，第2列は $\boldsymbol{x}_2$；対角成分 2 は λ_1，3 は λ_2）

演習問題 100 ● 変換行列 P による行列の対角化(Ⅱ)●

行列 $A = \begin{bmatrix} -2 & 1 \\ 1 & -2 \end{bmatrix}$ を，変換行列 P を用いて対角化せよ。

ヒント！ 対角化の流れに従って解いていこう。

解答＆解説

$Tx = 0$ ……① ただし，$T = A - \lambda E = \begin{bmatrix} -2-\lambda & 1 \\ 1 & -2-\lambda \end{bmatrix}$ ……② とおく。

固有方程式 $|T| = \begin{vmatrix} -2-\lambda & 1 \\ 1 & -2-\lambda \end{vmatrix} = (-2-\lambda)(-2-\lambda) - \boxed{(ア)\quad} = 0$ より，

$\lambda^2 + 4\lambda + 3 = 0 \qquad (\lambda+3)(\lambda+1) = 0 \qquad \therefore \lambda = \underset{\lambda_1}{-3},\ \underset{\lambda_2}{-1}$ ……………(答)

(ⅰ) $\lambda_1 = -3$ のとき，①を $T_1 x_1 = 0$ そして，$x_1 = \begin{bmatrix} \alpha_1 \\ \alpha_2 \end{bmatrix}$ とおくと，

$\begin{bmatrix} 1 & 1 \\ 1 & 1 \end{bmatrix}\begin{bmatrix} \alpha_1 \\ \alpha_2 \end{bmatrix} = \begin{bmatrix} 0 \\ 0 \end{bmatrix}$ より，

$\alpha_1 + \alpha_2 = 0$

$\alpha_1 = k_1$ とおくと，$\alpha_2 = -k_1$

$\therefore x_1 = k_1 \boxed{(イ)\quad}$

(ⅱ) $\lambda_2 = -1$ のとき，①を $T_2 x_2 = 0$

そして，$x_2 = \begin{bmatrix} \beta_1 \\ \beta_2 \end{bmatrix}$ とおくと，

$\begin{bmatrix} -1 & 1 \\ 1 & -1 \end{bmatrix}\begin{bmatrix} \beta_1 \\ \beta_2 \end{bmatrix} = \begin{bmatrix} 0 \\ 0 \end{bmatrix}$

$-\beta_1 + \beta_2 = 0 \qquad \beta_1 = k_2$ とおくと，$\beta_2 = k_2$

$\therefore x_2 = k_2 \boxed{(ウ)\quad}$

固有値 λ	$\lambda_1 = -3$	$\lambda_2 = -1$
固有ベクトル x	$k_1\begin{bmatrix} 1 \\ -1 \end{bmatrix}$	$k_2\begin{bmatrix} 1 \\ 1 \end{bmatrix}$
変換行列 P	$\begin{bmatrix} 1 & 1 \\ -1 & 1 \end{bmatrix}$	
対角行列 $P^{-1}AP$	$\begin{bmatrix} -3 & 0 \\ 0 & -1 \end{bmatrix}$	

以上(ⅰ)(ⅱ)より，$P = \begin{bmatrix} 1 & 1 \\ -1 & 1 \end{bmatrix}$ とおくと，$P^{-1}AP = \boxed{(エ)\qquad}$ ………(答)

解答 (ア) 1 　(イ) $\begin{bmatrix} 1 \\ -1 \end{bmatrix}$ 　(ウ) $\begin{bmatrix} 1 \\ 1 \end{bmatrix}$ 　(エ) $\begin{bmatrix} -3 & 0 \\ 0 & -1 \end{bmatrix}$

演習問題 101　● 変換行列 P による行列の対角化(Ⅲ) 

行列 $A=\begin{bmatrix} -1 & 1 & 0 \\ 2 & 2 & -2 \\ -4 & 1 & 3 \end{bmatrix}$ を，変換行列 P を用いて対角化せよ。

ヒント！ 固有値が 3 つ存在する対角化の問題。固有方程式からスタートだ。

解答＆解説

$Tx=\mathbf{0}$ ……①　ただし，$T=A-\lambda E=\begin{bmatrix} -1-\lambda & 1 & 0 \\ 2 & 2-\lambda & -2 \\ -4 & 1 & 3-\lambda \end{bmatrix}$ ……② とおく。

（サラスの公式）

固有方程式 $|T|=\begin{vmatrix} -1-\lambda & 1 & 0 \\ 2 & 2-\lambda & -2 \\ -4 & 1 & 3-\lambda \end{vmatrix}=(-1-\lambda)(2-\lambda)(3-\lambda)+8-2(1+\lambda)-2(3-\lambda)$

$=-(\lambda+1)(\lambda-2)(\lambda-3)=0$

よって，$(\lambda+1)(\lambda-2)(\lambda-3)=0$ より，$\lambda=-1,\ 2,\ 3$ （λ_1，λ_2，λ_3）

(ⅰ) $\lambda_1=-1$ のとき，①を $T_1x_1=\mathbf{0}$　そして，$x_1=\begin{bmatrix} \alpha_1 \\ \alpha_2 \\ \alpha_3 \end{bmatrix}$ とおくと，

$\begin{bmatrix} 0 & 1 & 0 \\ 2 & 3 & -2 \\ -4 & 1 & 4 \end{bmatrix}\begin{bmatrix} \alpha_1 \\ \alpha_2 \\ \alpha_3 \end{bmatrix}=\begin{bmatrix} 0 \\ 0 \\ 0 \end{bmatrix}$ より，

（②の T の λ に $\lambda_1=-1$ を代入）

$T_1=\begin{bmatrix} 0 & 1 & 0 \\ 2 & 3 & -2 \\ -4 & 1 & 4 \end{bmatrix}\to\begin{bmatrix} 2 & 3 & -2 \\ 0 & 1 & 0 \\ -4 & 1 & 4 \end{bmatrix}$

$\to\begin{bmatrix} 2 & 3 & -2 \\ 0 & 1 & 0 \\ 0 & 7 & 0 \end{bmatrix}\to\begin{bmatrix} 2 & 3 & -2 \\ 0 & 1 & 0 \\ 0 & 0 & 0 \end{bmatrix}\Big\}r=2$

自由度 $=3-2=1$ より，

$\alpha_1=k_1$ とおく。

（パラメータが 1 つ）

$\begin{cases} 2\alpha_1+3\alpha_2-2\alpha_3=0 \\ \alpha_2=0 \end{cases}$

ここで，$\alpha_1=k_1$ とおくと，

$\alpha_2=0,\quad \alpha_3=k_1$

$\therefore\ x_1=\begin{bmatrix} k_1 \\ 0 \\ k_1 \end{bmatrix}=k_1\begin{bmatrix} 1 \\ 0 \\ 1 \end{bmatrix}$

(ii) $\lambda_2 = 2$ のとき，①を $T_2\boldsymbol{x}_2 = \boldsymbol{0}$ そして，$\boldsymbol{x}_2 = \begin{bmatrix} \beta_1 \\ \beta_2 \\ \beta_3 \end{bmatrix}$ とおくと，

$$\begin{bmatrix} -3 & 1 & 0 \\ 2 & 0 & -2 \\ -4 & 1 & 1 \end{bmatrix}\begin{bmatrix} \beta_1 \\ \beta_2 \\ \beta_3 \end{bmatrix} = \begin{bmatrix} 0 \\ 0 \\ 0 \end{bmatrix} \text{ より，}$$

②の T の λ に $\lambda_2 = 2$ を代入

$$T_2 = \begin{bmatrix} -3 & 1 & 0 \\ 2 & 0 & -2 \\ -4 & 1 & 1 \end{bmatrix} \to \begin{bmatrix} 2 & 0 & -2 \\ -3 & 1 & 0 \\ -4 & 1 & 1 \end{bmatrix} \to \begin{bmatrix} 1 & 0 & -1 \\ -3 & 1 & 0 \\ -4 & 1 & 1 \end{bmatrix} \to \begin{bmatrix} 1 & 0 & -1 \\ 0 & 1 & -3 \\ 0 & 1 & -3 \end{bmatrix} \to \begin{bmatrix} 1 & 0 & -1 \\ 0 & 1 & -3 \\ 0 & 0 & 0 \end{bmatrix} \Big\} r = 2$$

自由度 $= 3 - 2 = 1$ より，

$\beta_3 = k_2$ とおく。

パラメータが1つ

$$\begin{cases} \beta_1 - \beta_3 = 0 \\ \beta_2 - 3\beta_3 = 0 \end{cases}$$

ここで，$\beta_3 = k_2$ とおくと，

$\beta_1 = k_2$，$\beta_2 = 3k_2$

$$\therefore \boldsymbol{x}_2 = \begin{bmatrix} k_2 \\ 3k_2 \\ k_2 \end{bmatrix} = k_2\begin{bmatrix} 1 \\ 3 \\ 1 \end{bmatrix}$$

(iii) $\lambda_3 = 3$ のとき，①を $T_3\boldsymbol{x}_3 = \boldsymbol{0}$ そして，$\boldsymbol{x}_3 = \begin{bmatrix} \gamma_1 \\ \gamma_2 \\ \gamma_3 \end{bmatrix}$ とおくと，

$$\begin{bmatrix} -4 & 1 & 0 \\ 2 & -1 & -2 \\ -4 & 1 & 0 \end{bmatrix}\begin{bmatrix} \gamma_1 \\ \gamma_2 \\ \gamma_3 \end{bmatrix} = \begin{bmatrix} 0 \\ 0 \\ 0 \end{bmatrix} \text{ より，}$$

②の T の λ に $\lambda_3 = 3$ を代入

$$\begin{cases} 2\gamma_1 - \gamma_2 - 2\gamma_3 = 0 \\ -4\gamma_1 + \gamma_2 = 0 \end{cases}$$

このランクは2
自由度1

ここで，$\gamma_1 = k_3$ とおくと，

$\gamma_2 = 4k_3$，$\gamma_3 = -k_3$

$$\therefore \boldsymbol{x}_3 = \begin{bmatrix} k_3 \\ 4k_3 \\ -k_3 \end{bmatrix} = k_3\begin{bmatrix} 1 \\ 4 \\ -1 \end{bmatrix}$$

固有値 λ	$\lambda_1 = -1$	$\lambda_2 = 2$	$\lambda_3 = 3$
固有ベクトル $\boldsymbol{x}$	$k_1\begin{bmatrix} 1 \\ 0 \\ 1 \end{bmatrix}$	$k_2\begin{bmatrix} 1 \\ 3 \\ 1 \end{bmatrix}$	$k_3\begin{bmatrix} 1 \\ 4 \\ -1 \end{bmatrix}$
変換行列 P	$\begin{bmatrix} 1 & 1 & 1 \\ 0 & 3 & 4 \\ 1 & 1 & -1 \end{bmatrix}$		
対角行列 $P^{-1}AP$	$\begin{bmatrix} -1 & 0 & 0 \\ 0 & 2 & 0 \\ 0 & 0 & 3 \end{bmatrix}$		

以上(i)(ii)より，$P = \begin{bmatrix} 1 & 1 & 1 \\ 0 & 3 & 4 \\ 1 & 1 & -1 \end{bmatrix}$ とおくと，$P^{-1}AP = \begin{bmatrix} -1 & 0 & 0 \\ 0 & 2 & 0 \\ 0 & 0 & 3 \end{bmatrix}$ …(答)

演習問題 102　● 変換行列 P による行列の対角化(Ⅳ) ●

行列 $A=\begin{bmatrix}0&-4&2\\1&4&-1\\1&2&1\end{bmatrix}$ を，変換行列 P を用いて対角化せよ。

ヒント！ 固有値が，$\lambda_2=2$ (重解) のときでも，$T_2x_2=0$ は，自由度 2 より線形独立な 2 つの固有ベクトル x'_2，x''_2 をもつ。だから，対角化できるんだ。

解答＆解説

$Tx=0$ ……① ただし，$T=A-\lambda E=\begin{bmatrix}-\lambda&-4&2\\1&4-\lambda&-1\\1&2&1-\lambda\end{bmatrix}$ ……② とおく。

固有方程式 $|T|=\begin{vmatrix}-\lambda&-4&2\\1&4-\lambda&-1\\1&2&1-\lambda\end{vmatrix}=-\lambda(4-\lambda)(1-\lambda)+4+4-2(4-\lambda)-2\lambda+4(1-\lambda)$ （サラス）

$=-(\lambda-1)(\lambda-2)^2=0$

よって，$(\lambda-1)(\lambda-2)^2=0$ より，$\therefore\ \lambda=1,\ 2$ (重解)　（$\lambda_1=1$，$\lambda_2=2$）

(i) $\lambda_1=1$ のとき，①を $T_1x_1=0$ 　そして，$x_1=\begin{bmatrix}\alpha_1\\\alpha_2\\\alpha_3\end{bmatrix}$ とおくと，

$$\begin{bmatrix}-1&-4&2\\1&3&-1\\1&2&0\end{bmatrix}\begin{bmatrix}\alpha_1\\\alpha_2\\\alpha_3\end{bmatrix}=\begin{bmatrix}0\\0\\0\end{bmatrix}$$ より，

（②の T の λ に $\lambda_1=1$ を代入）

$T_1=\begin{bmatrix}-1&-4&2\\1&3&-1\\1&2&0\end{bmatrix}\to\begin{bmatrix}1&4&-2\\1&3&-1\\1&2&0\end{bmatrix}\to\begin{bmatrix}1&4&-2\\0&-1&1\\0&-2&2\end{bmatrix}\to\begin{bmatrix}1&4&-2\\0&-1&1\\0&0&0\end{bmatrix}\Big\}r=2$

自由度 $=3-2=1$ より，
$\alpha_2=k_1$ とおく。（パラメータが 1 つ）

$$\begin{cases}\alpha_1+4\alpha_2-2\alpha_3=0\\ \quad -\alpha_2+\alpha_3=0\end{cases}$$

ここで，$\alpha_2=k_1$ とおくと，

$\alpha_3=k_1$，$\alpha_1=2k_1-4k_1=-2k_1$

$$\therefore\ x_1=\begin{bmatrix}-2k_1\\k_1\\k_1\end{bmatrix}=k_1\begin{bmatrix}-2\\1\\1\end{bmatrix}$$

(ii) $\lambda_2 = 2$（重解）のとき，①を $T_2 \boldsymbol{x}_2 = \boldsymbol{0}$

そして，$\boldsymbol{x}_2 = \begin{bmatrix} \beta_1 \\ \beta_2 \\ \beta_3 \end{bmatrix}$ とおくと，

$$\begin{bmatrix} -2 & -4 & 2 \\ 1 & 2 & -1 \\ 1 & 2 & -1 \end{bmatrix} \begin{bmatrix} \beta_1 \\ \beta_2 \\ \beta_3 \end{bmatrix} = \begin{bmatrix} 0 \\ 0 \\ 0 \end{bmatrix}$$ より，

②の T の λ に $\lambda_2 = 2$ を代入したもの

$\beta_1 + 2\beta_2 - \beta_3 = 0$

ここで，$\beta_2 = k_2$，$\beta_3 = k_3$ とおくと，

$\beta_1 = -2k_2 + k_3$

$$\therefore \boldsymbol{x}_2 = \begin{bmatrix} -2k_2 + k_3 \\ k_2 \\ k_3 \end{bmatrix} = k_2 \begin{bmatrix} -2 \\ 1 \\ 0 \end{bmatrix} + k_3 \begin{bmatrix} 1 \\ 0 \\ 1 \end{bmatrix}$$

$T_2 \boldsymbol{x}_2 = \boldsymbol{0}$ の線形独立な2つの解ベクトル

$$T_2 = \begin{bmatrix} -2 & -4 & 2 \\ 1 & 2 & -1 \\ 1 & 2 & -1 \end{bmatrix} \to \begin{bmatrix} 1 & 2 & -1 \\ 1 & 2 & -1 \\ 1 & 2 & -1 \end{bmatrix} \to \begin{bmatrix} 1 & 2 & -1 \\ 0 & 0 & 0 \\ 0 & 0 & 0 \end{bmatrix} \} r = 1$$

自由度 $= 3 - 1 = 2$ より，

$\beta_2 = k_2$，$\beta_3 = k_3$ とおく。

パラメータが2つ

固有値 λ	$\lambda_1 = 1$	$\lambda_2 = 2$
固有ベクトル $\boldsymbol{x}$	$k_1 \begin{bmatrix} -2 \\ 1 \\ 1 \end{bmatrix}$	$k_2 \begin{bmatrix} -2 \\ 1 \\ 0 \end{bmatrix} + k_3 \begin{bmatrix} 1 \\ 0 \\ 1 \end{bmatrix}$
変換行列 P	$\begin{bmatrix} -2 & -2 & 1 \\ 1 & 1 & 0 \\ 1 & 0 & 1 \end{bmatrix}$	
対角行列 $P^{-1}AP$	$\begin{bmatrix} 1 & 0 & 0 \\ 0 & 2 & 0 \\ 0 & 0 & 2 \end{bmatrix}$	

以上(i)(ii)より，

$$P = \begin{bmatrix} -2 & -2 & 1 \\ 1 & 1 & 0 \\ 1 & 0 & 1 \end{bmatrix}$$ とおくと，

$$P^{-1}AP = \begin{bmatrix} 1 & 0 & 0 \\ 0 & 2 & 0 \\ 0 & 0 & 2 \end{bmatrix}$$ となる。 ……………………………………（答）

演習問題 103　●2つのベクトルのなす角（Ⅰ）●

次の各問いに答えよ。（ただし，$0 \leqq \theta \leqq \pi$ とする。）

(1) $\boldsymbol{a} = \begin{bmatrix} 0 \\ 1 \\ 3 \end{bmatrix}$，$\boldsymbol{b} = \begin{bmatrix} 0 \\ 2\sqrt{2} \\ \sqrt{2} \end{bmatrix}$ のとき，$\boldsymbol{a}$ と $\boldsymbol{b}$ のなす角 θ を求めよ。

(2) $\boldsymbol{c} = \begin{bmatrix} \sqrt{3} \\ 2 \\ 1 \\ \sqrt{2} \end{bmatrix}$，$\boldsymbol{d} = \begin{bmatrix} 2 \\ \sqrt{3} \\ \sqrt{3} \\ 0 \end{bmatrix}$ のとき，$\boldsymbol{c}$ と $\boldsymbol{d}$ のなす角 θ を求めよ。

ヒント！

R^n の2つの元 $\boldsymbol{a} = \begin{bmatrix} a_1 \\ a_2 \\ \vdots \\ a_n \end{bmatrix}$，$\boldsymbol{b} = \begin{bmatrix} b_1 \\ b_2 \\ \vdots \\ b_n \end{bmatrix}$ に対して，内積 $\boldsymbol{a} \cdot \boldsymbol{b}$ は，

$\boldsymbol{a} \cdot \boldsymbol{b} = {}^t\boldsymbol{a}\boldsymbol{b} = a_1b_1 + a_2b_2 + \cdots + a_nb_n$ だね。また，ノルム $\|\boldsymbol{a}\|$ は，

$\|\boldsymbol{a}\| = \sqrt{\boldsymbol{a} \cdot \boldsymbol{a}} = \sqrt{{}^t\boldsymbol{a}\,\boldsymbol{a}} = \sqrt{a_1^2 + a_2^2 + \cdots + a_n^2}$ だ。

よって，$\boldsymbol{a}$ と $\boldsymbol{b}$ のなす角 θ $(0 \leqq \theta \leqq \pi)$ は，

$\cos\theta = \dfrac{\boldsymbol{a} \cdot \boldsymbol{b}}{\|\boldsymbol{a}\|\|\boldsymbol{b}\|}$ で計算すればいいんだね。

解答＆解説

(1) $\|\boldsymbol{a}\| = \sqrt{0^2 + 1^2 + 3^2} = \sqrt{10}$

$\|\boldsymbol{b}\| = \sqrt{0^2 + (2\sqrt{2})^2 + (\sqrt{2})^2} = \sqrt{10}$

$\boldsymbol{a} \cdot \boldsymbol{b} = 0 \cdot 0 + 1 \cdot 2\sqrt{2} + 3 \cdot \sqrt{2} = 5\sqrt{2}$

よって，$\boldsymbol{a}$ と $\boldsymbol{b}$ のなす角を θ とおくと，

$$\cos\theta = \frac{\boldsymbol{a} \cdot \boldsymbol{b}}{\|\boldsymbol{a}\|\|\boldsymbol{b}\|} = \frac{5\sqrt{2}}{\sqrt{10}\sqrt{10}} = \frac{\sqrt{2}}{2} = \frac{1}{\sqrt{2}} \qquad \therefore\ \theta = \frac{\pi}{4} \quad \cdots\cdots\cdots\cdots(\text{答})$$

(2) $\|\boldsymbol{c}\| = \sqrt{(\sqrt{3})^2 + 2^2 + 1^2 + (\sqrt{2})^2} = \sqrt{3 + 4 + 1 + 2} = \sqrt{10}$

$\|\boldsymbol{d}\| = \sqrt{2^2 + (\sqrt{3})^2 + (\sqrt{3})^2 + 0^2} = \sqrt{4 + 3 + 3} = \sqrt{10}$

$\boldsymbol{c} \cdot \boldsymbol{d} = \sqrt{3} \cdot 2 + 2 \cdot \sqrt{3} + 1 \cdot \sqrt{3} + \sqrt{2} \cdot 0 = 5\sqrt{3}$

よって，$\boldsymbol{c}$ と $\boldsymbol{d}$ のなす角を θ とおくと，

$$\cos\theta = \frac{\boldsymbol{c} \cdot \boldsymbol{d}}{\|\boldsymbol{c}\|\|\boldsymbol{d}\|} = \frac{5\sqrt{3}}{\sqrt{10}\sqrt{10}} = \frac{\sqrt{3}}{2} \qquad \therefore\ \theta = \frac{\pi}{6} \quad \cdots\cdots\cdots\cdots\cdots\cdots(\text{答})$$

演習問題 104　● 2つのベクトルのなす角(Ⅱ) ●

次の各問いに答えよ。(ただし，$0 \leqq \theta \leqq \pi$ とする。)

(1) $\boldsymbol{a}=\begin{bmatrix}1\\2\\1\end{bmatrix}$，$\boldsymbol{b}=\begin{bmatrix}0\\\sqrt{3}\\\sqrt{3}\end{bmatrix}$ のとき，$\boldsymbol{a}$ と $\boldsymbol{b}$ のなす角 θ を求めよ。

(2) $\boldsymbol{c}=\begin{bmatrix}1\\0\\1\\-\sqrt{2}\end{bmatrix}$，$\boldsymbol{d}=\begin{bmatrix}-1\\\sqrt{2}\\-1\\0\end{bmatrix}$ のとき，$\boldsymbol{c}$ と $\boldsymbol{d}$ のなす角 θ を求めよ。

ヒント！ 2つのベクトル $\boldsymbol{a}$ と $\boldsymbol{b}$ のなす角 θ の余弦は，

$\cos\theta=\dfrac{\boldsymbol{a}\cdot\boldsymbol{b}}{\|\boldsymbol{a}\|\|\boldsymbol{b}\|}$ で求める。$(0 \leqq \theta \leqq \pi)$

解答&解説

(1) $\|\boldsymbol{a}\|=\sqrt{1^2+2^2+1^2}=\sqrt{6}$

$\|\boldsymbol{b}\|=\sqrt{0^2+(\sqrt{3})^2+(\sqrt{3})^2}=\sqrt{6}$

$\boldsymbol{a}\cdot\boldsymbol{b}=1\cdot 0+2\cdot\sqrt{3}+1\cdot\sqrt{3}=$ (ア)

よって，$\boldsymbol{a}$ と $\boldsymbol{b}$ のなす角を θ とおくと，

$\cos\theta=\dfrac{\boldsymbol{a}\cdot\boldsymbol{b}}{\|\boldsymbol{a}\|\|\boldsymbol{b}\|}=\dfrac{3\sqrt{3}}{\sqrt{6}\sqrt{6}}=\dfrac{\sqrt{3}}{2}$　$\therefore \theta=$ (イ) ……………(答)

(2) $\|\boldsymbol{c}\|=\sqrt{1^2+0^2+1^2+(-\sqrt{2})^2}=2$

$\|\boldsymbol{d}\|=\sqrt{(-1)^2+(\sqrt{2})^2+(-1)^2+0^2}=2$

$\boldsymbol{c}\cdot\boldsymbol{d}=1\cdot(-1)+0\cdot\sqrt{2}+1\cdot(-1)+(-\sqrt{2})\cdot 0=$ (ウ)

よって，$\boldsymbol{c}$ と $\boldsymbol{d}$ のなす角を θ とおくと，

$\cos\theta=\dfrac{\boldsymbol{c}\cdot\boldsymbol{d}}{\|\boldsymbol{c}\|\|\boldsymbol{d}\|}=\dfrac{-2}{2\cdot 2}=-\dfrac{1}{2}$　$\therefore \theta=$ (エ) ……………(答)

解答　(ア) $3\sqrt{3}$　(イ) $\dfrac{\pi}{6}$　(ウ) -2　(エ) $\dfrac{2}{3}\pi$

演習問題 105　● シュミットの正規直交化法（Ⅰ）●

$\boldsymbol{a}_1=\begin{bmatrix}1\\1\\0\end{bmatrix}$，$\boldsymbol{a}_2=\begin{bmatrix}1\\2\\1\end{bmatrix}$，$\boldsymbol{a}_3=\begin{bmatrix}1\\0\\1\end{bmatrix}$で与えられる$\boldsymbol{R}^3$の基底$\{\boldsymbol{a}_1,\ \boldsymbol{a}_2,\ \boldsymbol{a}_3\}$を正規直交基底$\{\boldsymbol{u}_1,\ \boldsymbol{u}_2,\ \boldsymbol{u}_3\}$に変換せよ。

ヒント！ シュミットの正規直交化法：（ｉ）$m=1$ のとき，$\boldsymbol{u}_1=\frac{1}{\|\boldsymbol{a}_1\|}\boldsymbol{a}_1$

（ⅱ）$m\geqq 2$ のとき，$\boldsymbol{b}_m=\boldsymbol{a}_m-\sum_{k=1}^{m-1}(\boldsymbol{u}_k\cdot\boldsymbol{a}_m)\boldsymbol{u}_k$，$\boldsymbol{u}_m=\frac{1}{\|\boldsymbol{b}_m\|}\boldsymbol{b}_m$ に従って求める。

解答＆解説

（ｉ）$\|\boldsymbol{a}_1\|=\sqrt{1^2+1^2+0^2}=\sqrt{2}$ より，$\boldsymbol{u}_1=\underbrace{\frac{1}{\sqrt{2}}}_{\frac{1}{\|\boldsymbol{a}_1\|}}\boldsymbol{a}_1=\frac{1}{\sqrt{2}}\begin{bmatrix}1\\1\\0\end{bmatrix}$ …………（答）

（ⅱ）$\boldsymbol{b}_2=\boldsymbol{a}_2-(\boldsymbol{u}_1\cdot\boldsymbol{a}_2)\boldsymbol{u}_1=\begin{bmatrix}1\\2\\1\end{bmatrix}-\frac{3}{\sqrt{2}}\cdot\frac{1}{\sqrt{2}}\begin{bmatrix}1\\1\\0\end{bmatrix}=\frac{1}{2}\begin{bmatrix}-1\\1\\2\end{bmatrix}$

$(\boldsymbol{u}_1\cdot\boldsymbol{a}_2)=\frac{1}{\sqrt{2}}(1\cdot1+1\cdot2+0\cdot1)=\frac{3}{\sqrt{2}}$

$\|\boldsymbol{b}_2\|=\frac{1}{2}\sqrt{(-1)^2+1^2+2^2}=\frac{\sqrt{6}}{2}$ より，$\boldsymbol{u}_2=\underbrace{\frac{2}{\sqrt{6}}}_{\frac{1}{\|\boldsymbol{b}_2\|}}\boldsymbol{b}_2=\frac{1}{\sqrt{6}}\begin{bmatrix}-1\\1\\2\end{bmatrix}$ …（答）

（ⅲ）$\boldsymbol{b}_3=\boldsymbol{a}_3-\{(\boldsymbol{u}_1\cdot\boldsymbol{a}_3)\boldsymbol{u}_1+(\boldsymbol{u}_2\cdot\boldsymbol{a}_3)\boldsymbol{u}_2\}$ ← 図は「線形代数キャンパス・ゼミ」参照。

$(\boldsymbol{u}_1\cdot\boldsymbol{a}_3)=\frac{1}{\sqrt{2}}(1\cdot1+1\cdot0+0\cdot1)=\frac{1}{\sqrt{2}}$，$(\boldsymbol{u}_2\cdot\boldsymbol{a}_3)=\frac{1}{\sqrt{6}}(-1\cdot1+1\cdot0+2\cdot1)=\frac{1}{\sqrt{6}}$

$$=\begin{bmatrix}1\\0\\1\end{bmatrix}-\left\{\frac{1}{\sqrt{2}}\cdot\frac{1}{\sqrt{2}}\begin{bmatrix}1\\1\\0\end{bmatrix}+\frac{1}{\sqrt{6}}\cdot\frac{1}{\sqrt{6}}\begin{bmatrix}-1\\1\\2\end{bmatrix}\right\}=\begin{bmatrix}1\\0\\1\end{bmatrix}-\left\{\frac{1}{2}\begin{bmatrix}1\\1\\0\end{bmatrix}+\frac{1}{6}\begin{bmatrix}-1\\1\\2\end{bmatrix}\right\}$$

$$=\begin{bmatrix}1\\0\\1\end{bmatrix}-\frac{1}{3}\begin{bmatrix}1\\2\\1\end{bmatrix}=\frac{2}{3}\begin{bmatrix}1\\-1\\1\end{bmatrix}$$

$\|\boldsymbol{b}_3\|=\frac{2}{3}\sqrt{1^2+(-1)^2+1^2}=\frac{2}{\sqrt{3}}$ より，$\boldsymbol{u}_3=\underbrace{\frac{\sqrt{3}}{2}}_{\frac{1}{\|\boldsymbol{b}_3\|}}\boldsymbol{b}_3=\frac{1}{\sqrt{3}}\begin{bmatrix}1\\-1\\1\end{bmatrix}$

…………（答）

演習問題 106 ● シュミットの正規直交化法(Ⅱ) ●

$\boldsymbol{a}_1=\begin{bmatrix}2\\0\\1\end{bmatrix}$, $\boldsymbol{a}_2=\begin{bmatrix}1\\3\\2\end{bmatrix}$, $\boldsymbol{a}_3=\begin{bmatrix}0\\-1\\-2\end{bmatrix}$ で与えられる $\boldsymbol{R}^3$ の基底 $\{\boldsymbol{a}_1, \boldsymbol{a}_2, \boldsymbol{a}_3\}$ を正規直交基底 $\{\boldsymbol{u}_1, \boldsymbol{u}_2, \boldsymbol{u}_3\}$ に変換せよ。

ヒント！ シュミットの正規直交化法を用いて，$\boldsymbol{u}_1$, $\boldsymbol{u}_2$, $\boldsymbol{u}_3$ を順次求める。

解答＆解説

(ⅰ) $\|\boldsymbol{a}_1\|=\sqrt{2^2+0^2+1^2}=\sqrt{5}$ より，$\boldsymbol{u}_1=\dfrac{1}{\sqrt{5}}\boldsymbol{a}_1=$ (ア) ……………(答)

$\left(\dfrac{1}{\sqrt{5}}=\dfrac{1}{\|\boldsymbol{a}_1\|}\right)$

(ⅱ) $\boldsymbol{b}_2=\boldsymbol{a}_2-(\boldsymbol{u}_1\cdot\boldsymbol{a}_2)\boldsymbol{u}_1=\begin{bmatrix}1\\3\\2\end{bmatrix}-\dfrac{4}{\sqrt{5}}\cdot\dfrac{1}{\sqrt{5}}\begin{bmatrix}2\\0\\1\end{bmatrix}=\dfrac{3}{5}\begin{bmatrix}-1\\5\\2\end{bmatrix}$

$\left(\boldsymbol{u}_1\cdot\boldsymbol{a}_2=\dfrac{1}{\sqrt{5}}(2\cdot1+0\cdot3+1\cdot2)=\dfrac{4}{\sqrt{5}}\right)$

$\|\boldsymbol{b}_2\|=\dfrac{3}{5}\sqrt{(-1)^2+5^2+2^2}=\dfrac{3\sqrt{30}}{5}$ より，$\boldsymbol{u}_2=\dfrac{5}{3\sqrt{30}}\boldsymbol{b}_2=$ (イ) …(答)

$\left(\dfrac{5}{3\sqrt{30}}=\dfrac{1}{\|\boldsymbol{b}_2\|}\right)$

(ⅲ) $\boldsymbol{b}_3=\boldsymbol{a}_3-\{(\boldsymbol{u}_1\cdot\boldsymbol{a}_3)\boldsymbol{u}_1+(\boldsymbol{u}_2\cdot\boldsymbol{a}_3)\boldsymbol{u}_2\}$

$\left(\boldsymbol{u}_1\cdot\boldsymbol{a}_3=\dfrac{1}{\sqrt{5}}\{2\cdot0+0\cdot(-1)+1\cdot(-2)\}=-\dfrac{2}{\sqrt{5}}\right)$, $\left(\boldsymbol{u}_2\cdot\boldsymbol{a}_3=\dfrac{1}{\sqrt{30}}\{(-1)\cdot0+5\cdot(-1)+2\cdot(-2)\}=-\dfrac{9}{\sqrt{30}}\right)$

$$=\begin{bmatrix}0\\-1\\-2\end{bmatrix}-\left\{-\frac{2}{\sqrt{5}}\cdot\frac{1}{\sqrt{5}}\begin{bmatrix}2\\0\\1\end{bmatrix}-\frac{9}{\sqrt{30}}\cdot\frac{1}{\sqrt{30}}\begin{bmatrix}-1\\5\\2\end{bmatrix}\right\}=\begin{bmatrix}0\\-1\\-2\end{bmatrix}+\frac{2}{5}\begin{bmatrix}2\\0\\1\end{bmatrix}+\frac{3}{10}\begin{bmatrix}-1\\5\\2\end{bmatrix}$$

$$=\begin{bmatrix}0\\-1\\-2\end{bmatrix}+\frac{1}{2}\begin{bmatrix}1\\3\\2\end{bmatrix}=\frac{1}{2}\begin{bmatrix}1\\1\\-2\end{bmatrix}$$

$\|\boldsymbol{b}_3\|=\dfrac{1}{2}\sqrt{1^2+1^2+(-2)^2}=\dfrac{\sqrt{6}}{2}$ より，$\boldsymbol{u}_3=\dfrac{2}{\sqrt{6}}\boldsymbol{b}_3=$ (ウ) ………(答)

$\left(\dfrac{2}{\sqrt{6}}=\dfrac{1}{\|\boldsymbol{b}_3\|}\right)$

解答

(ア) $\dfrac{1}{\sqrt{5}}\begin{bmatrix}2\\0\\1\end{bmatrix}$　(イ) $\dfrac{1}{\sqrt{30}}\begin{bmatrix}-1\\5\\2\end{bmatrix}$　(ウ) $\dfrac{1}{\sqrt{6}}\begin{bmatrix}1\\1\\-2\end{bmatrix}$

演習問題 107　●シュミットの正規直交化法(Ⅲ)●

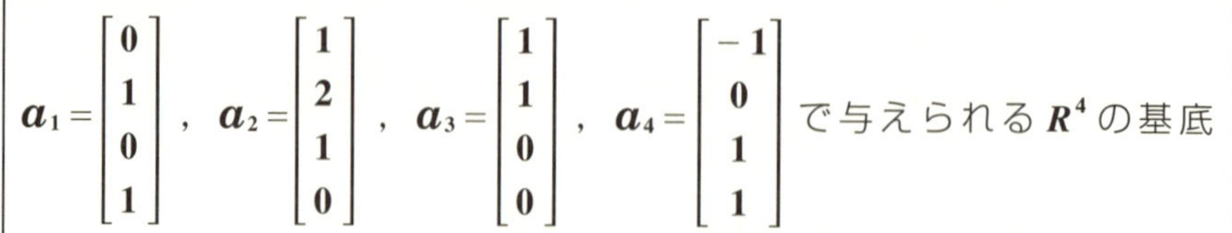

$\boldsymbol{a}_1 = \begin{bmatrix} 0 \\ 1 \\ 0 \\ 1 \end{bmatrix}$, $\boldsymbol{a}_2 = \begin{bmatrix} 1 \\ 2 \\ 1 \\ 0 \end{bmatrix}$, $\boldsymbol{a}_3 = \begin{bmatrix} 1 \\ 1 \\ 0 \\ 0 \end{bmatrix}$, $\boldsymbol{a}_4 = \begin{bmatrix} -1 \\ 0 \\ 1 \\ 1 \end{bmatrix}$ で与えられる $\boldsymbol{R}^4$ の基底 $\{\boldsymbol{a}_1,\ \boldsymbol{a}_2,\ \boldsymbol{a}_3,\ \boldsymbol{a}_4\}$ を正規直交基底 $\{\boldsymbol{u}_1,\ \boldsymbol{u}_2,\ \boldsymbol{u}_3,\ \boldsymbol{u}_4\}$ に変換せよ。

ヒント！ これも前問同様，シュミットの正規直交化法を使って計算する。

解答&解説

(ⅰ) $\boldsymbol{a}_1 \rightarrow \boldsymbol{u}_1$

$$\|\boldsymbol{a}_1\| = \sqrt{1^2+1^2} = \sqrt{2} \text{ より，} \boldsymbol{u}_1 = \frac{1}{\|\boldsymbol{a}_1\|}\boldsymbol{a}_1 = \frac{1}{\sqrt{2}}\begin{bmatrix} 0 \\ 1 \\ 0 \\ 1 \end{bmatrix} \cdots\cdots(\text{答})$$

(ⅱ) $\boldsymbol{a}_2 \rightarrow \boldsymbol{u}_2$

$$\boldsymbol{b}_2 = \boldsymbol{a}_2 - (\boldsymbol{u}_1 \cdot \boldsymbol{a}_2)\boldsymbol{u}_1 = \begin{bmatrix} 1 \\ 2 \\ 1 \\ 0 \end{bmatrix} - \sqrt{2} \cdot \frac{1}{\sqrt{2}}\begin{bmatrix} 0 \\ 1 \\ 0 \\ 1 \end{bmatrix} = \begin{bmatrix} 1 \\ 1 \\ 1 \\ -1 \end{bmatrix}$$

$\boldsymbol{u}_1 \cdot \boldsymbol{a}_2 = \frac{1}{\sqrt{2}}(0\cdot1+1\cdot2+0\cdot1+1\cdot0) = \sqrt{2}$

$$\|\boldsymbol{b}_2\| = \sqrt{1^2+1^2+1^2+(-1)^2} = 2 \text{ より，}$$

$$\boldsymbol{u}_2 = \frac{1}{\|\boldsymbol{b}_2\|}\boldsymbol{b}_2 = \frac{1}{2}\begin{bmatrix} 1 \\ 1 \\ 1 \\ -1 \end{bmatrix} \cdots\cdots(\text{答})$$

(ⅲ) $\boldsymbol{a}_3 \rightarrow \boldsymbol{u}_3$

$$\boldsymbol{b}_3 = \boldsymbol{a}_3 - \{(\boldsymbol{u}_1 \cdot \boldsymbol{a}_3)\boldsymbol{u}_1 + (\boldsymbol{u}_2 \cdot \boldsymbol{a}_3)\boldsymbol{u}_2\}$$

$\boldsymbol{u}_1 \cdot \boldsymbol{a}_3 = \frac{1}{\sqrt{2}}(0\cdot1+1\cdot1+0\cdot0+1\cdot0) = \frac{1}{\sqrt{2}}$　　$\boldsymbol{u}_2 \cdot \boldsymbol{a}_3 = \frac{1}{2}\{1\cdot1+1\cdot1+1\cdot0+(-1)\cdot0\} = 1$

$$= \begin{bmatrix} 1 \\ 1 \\ 0 \\ 0 \end{bmatrix} - \left\{\frac{1}{\sqrt{2}} \cdot \frac{1}{\sqrt{2}}\begin{bmatrix} 0 \\ 1 \\ 0 \\ 1 \end{bmatrix} + 1 \cdot \frac{1}{2}\begin{bmatrix} 1 \\ 1 \\ 1 \\ -1 \end{bmatrix}\right\} = \begin{bmatrix} 1 \\ 1 \\ 0 \\ 0 \end{bmatrix} - \frac{1}{2}\begin{bmatrix} 1 \\ 2 \\ 1 \\ 0 \end{bmatrix} = \frac{1}{2}\begin{bmatrix} 1 \\ 0 \\ -1 \\ 0 \end{bmatrix}$$

$\|\boldsymbol{b}_3\| = \frac{1}{2}\sqrt{1^2+(-1)^2} = \frac{1}{\sqrt{2}}$ より，

$$\boldsymbol{u}_3 = \frac{1}{\|\boldsymbol{b}_3\|}\boldsymbol{b}_3 = \sqrt{2}\cdot\frac{1}{2}\begin{bmatrix}1\\0\\-1\\0\end{bmatrix} = \frac{1}{\sqrt{2}}\begin{bmatrix}1\\0\\-1\\0\end{bmatrix}$$ ……………………………(答)

(iv) $\boldsymbol{a}_4 \longrightarrow \boldsymbol{u}_4$

$$\boldsymbol{b}_4 = \boldsymbol{a}_4 - \{(\boldsymbol{u}_1\cdot\boldsymbol{a}_4)\boldsymbol{u}_1 + (\boldsymbol{u}_2\cdot\boldsymbol{a}_4)\boldsymbol{u}_2 + (\boldsymbol{u}_3\cdot\boldsymbol{a}_4)\boldsymbol{u}_3\}$$

$\frac{1}{\sqrt{2}}\{0\cdot(-1)+1\cdot0+0\cdot1+1\cdot1\} = \frac{1}{\sqrt{2}}$　$\frac{1}{2}\{1\cdot(-1)+1\cdot0+1\cdot1+(-1)\cdot1\} = -\frac{1}{2}$　$\frac{1}{\sqrt{2}}\{1\cdot(-1)+0\cdot0+(-1)\cdot1+0\cdot1\} = -\sqrt{2}$

$$= \begin{bmatrix}-1\\0\\1\\1\end{bmatrix} - \left\{\frac{1}{\sqrt{2}}\cdot\frac{1}{\sqrt{2}}\begin{bmatrix}0\\1\\0\\1\end{bmatrix} - \frac{1}{2}\cdot\frac{1}{2}\begin{bmatrix}1\\1\\1\\-1\end{bmatrix} - \sqrt{2}\cdot\frac{1}{\sqrt{2}}\begin{bmatrix}1\\0\\-1\\0\end{bmatrix}\right\}$$

$$= \begin{bmatrix}-1\\0\\1\\1\end{bmatrix} - \frac{1}{2}\begin{bmatrix}0\\1\\0\\1\end{bmatrix} + \frac{1}{4}\begin{bmatrix}1\\1\\1\\-1\end{bmatrix} + \begin{bmatrix}1\\0\\-1\\0\end{bmatrix}$$

$$= \begin{bmatrix}0\\0\\0\\1\end{bmatrix} + \frac{1}{4}\begin{bmatrix}1\\-1\\1\\-3\end{bmatrix} = \frac{1}{4}\begin{bmatrix}1\\-1\\1\\1\end{bmatrix}$$

$\|\boldsymbol{b}_4\| = \frac{1}{4}\sqrt{1^2+(-1)^2+1^2+1^2} = \frac{\sqrt{4}}{4} = \frac{1}{2}$ より，

$$\boldsymbol{u}_4 = \frac{1}{\|\boldsymbol{b}_4\|}\boldsymbol{b}_4 = 2\cdot\frac{1}{4}\begin{bmatrix}1\\-1\\1\\1\end{bmatrix} = \frac{1}{2}\begin{bmatrix}1\\-1\\1\\1\end{bmatrix}$$ ……………………………(答)

演習問題 108 ● 対称行列の直交行列による対角化(Ⅰ)●

対称行列 $\boldsymbol{A}=\begin{bmatrix}-1 & 2\\ 2 & 2\end{bmatrix}$ を，変換行列に直交行列 $\boldsymbol{U}$ を用いて対角化せよ。

ヒント！ $\boldsymbol{A}$ の固有値と固有ベクトルを求め，それを正規化する。

解答＆解説

$\boldsymbol{Tx}=\boldsymbol{0}$ ……① ただし，$\boldsymbol{T}=\boldsymbol{A}-\lambda\boldsymbol{E}=\begin{bmatrix}-1-\lambda & 2\\ 2 & 2-\lambda\end{bmatrix}$ ……② とおく。

固有方程式 $|\boldsymbol{T}|=\begin{vmatrix}-1-\lambda & 2\\ 2 & 2-\lambda\end{vmatrix}=(-1-\lambda)(2-\lambda)-4=(\lambda+1)(\lambda-2)-4=0$ より，

$\lambda^2-\lambda-6=0$ $(\lambda+2)(\lambda-3)=0$ $\therefore\ \lambda=\underset{\lambda_1}{-2},\ \underset{\lambda_2}{3}$

(i) $\lambda_1=-2$ のとき，①を $\boldsymbol{T}_1\boldsymbol{x}_1=\boldsymbol{0}$ そして，$\boldsymbol{x}_1=\begin{bmatrix}\alpha_1\\ \alpha_2\end{bmatrix}$ とおくと，

$\begin{bmatrix}1 & 2\\ 2 & 4\end{bmatrix}\begin{bmatrix}\alpha_1\\ \alpha_2\end{bmatrix}=\begin{bmatrix}0\\ 0\end{bmatrix}$ より，$\alpha_1+2\alpha_2=0$

$\alpha_2=k_1$ とおくと，$\alpha_1=-2k_1$ $\therefore\ \boldsymbol{x}_1=\begin{bmatrix}-2k_1\\ k_1\end{bmatrix}=k_1\begin{bmatrix}-2\\ 1\end{bmatrix}$

$\|\boldsymbol{x}_1\|=1$ (正規化) とするために，$k_1=\dfrac{1}{\sqrt{5}}$ $\therefore\ \boldsymbol{x}_1=\dfrac{1}{\sqrt{5}}\begin{bmatrix}-2\\ 1\end{bmatrix}$

(ii) $\lambda_2=3$ のとき，①を $\boldsymbol{T}_2\boldsymbol{x}_2=\boldsymbol{0}$

そして，$\boldsymbol{x}_2=\begin{bmatrix}\beta_1\\ \beta_2\end{bmatrix}$ とおくと，

$\begin{bmatrix}-4 & 2\\ 2 & -1\end{bmatrix}\begin{bmatrix}\beta_1\\ \beta_2\end{bmatrix}=\begin{bmatrix}0\\ 0\end{bmatrix}$ より，

$2\beta_1-\beta_2=0$

$\beta_1=k_2$ とおくと，$\beta_2=2k_2$

$\therefore\ \boldsymbol{x}_2=\begin{bmatrix}k_2\\ 2k_2\end{bmatrix}=k_2\begin{bmatrix}1\\ 2\end{bmatrix}$

固有値 λ	$\lambda_1=-2$	$\lambda_2=3$
固有ベクトル $\boldsymbol{x}$	$\dfrac{1}{\sqrt{5}}\begin{bmatrix}-2\\ 1\end{bmatrix}$	$\dfrac{1}{\sqrt{5}}\begin{bmatrix}1\\ 2\end{bmatrix}$
変換行列 $\boldsymbol{U}$	$\dfrac{1}{\sqrt{5}}\begin{bmatrix}-2 & 1\\ 1 & 2\end{bmatrix}$	
対角行列 $\boldsymbol{U}^{-1}\boldsymbol{AU}$	$\begin{bmatrix}-2 & 0\\ 0 & 3\end{bmatrix}$	

$\|\boldsymbol{x}_2\|=1$ (正規化) とするために，$k_2=\dfrac{1}{\sqrt{5}}$ $\therefore\ \boldsymbol{x}_2=\dfrac{1}{\sqrt{5}}\begin{bmatrix}1\\ 2\end{bmatrix}$

以上 (i)(ii) より，$\boldsymbol{U}=\dfrac{1}{\sqrt{5}}\begin{bmatrix}-2 & 1\\ 1 & 2\end{bmatrix}$ とおくと，$\boldsymbol{U}^{-1}\boldsymbol{AU}=\begin{bmatrix}-2 & 0\\ 0 & 3\end{bmatrix}$ となる。 ……(答)

演習問題 109　●対称行列の直交行列による対角化(Ⅱ)●

対称行列$A=\begin{bmatrix}1 & \sqrt{5}\\ \sqrt{5} & -3\end{bmatrix}$を，変換行列に直交行列$U$を用いて対角化せよ。

ヒント！ 固有値，正規化された固有ベクトルの順に求める。

解答＆解説

$Tx=0$ ……① ただし，$T=A-\lambda E=\begin{bmatrix}1-\lambda & \sqrt{5}\\ \sqrt{5} & -3-\lambda\end{bmatrix}$……② とおく。

固有方程式$|T|=\begin{vmatrix}1-\lambda & \sqrt{5}\\ \sqrt{5} & -3-\lambda\end{vmatrix}=(1-\lambda)(-3-\lambda)-5=(\lambda-1)(\lambda+3)-5=0$ より，

$\lambda^2+2\lambda-8=0$ $(\lambda+4)(\lambda-2)=0$ $\therefore \lambda=-4,\ 2$ （$\lambda_1=-4$，$\lambda_2=2$）

(ⅰ) $\lambda_1=-4$ のとき，①を $T_1x_1=0$ そして，$x_1=\begin{bmatrix}\alpha_1\\ \alpha_2\end{bmatrix}$ とおくと，

$\begin{bmatrix}5 & \sqrt{5}\\ \sqrt{5} & 1\end{bmatrix}\begin{bmatrix}\alpha_1\\ \alpha_2\end{bmatrix}=\begin{bmatrix}0\\ 0\end{bmatrix}$ より，$\sqrt{5}\alpha_1+\alpha_2=0$

$\alpha_1=k_1$ とおくと，$\alpha_2=-\sqrt{5}k_1$ $\therefore x_1=\begin{bmatrix}k_1\\ -\sqrt{5}k_1\end{bmatrix}=k_1\begin{bmatrix}1\\ -\sqrt{5}\end{bmatrix}$

$\|x_1\|=1$ (正規化)とするために，$k_1=\frac{1}{\sqrt{6}}$ $\therefore x_1=\frac{1}{\sqrt{6}}\begin{bmatrix}1\\ -\sqrt{5}\end{bmatrix}$

(ⅱ) $\lambda_2=2$ のとき，①を $T_2x_2=0$

そして，$x_2=\begin{bmatrix}\beta_1\\ \beta_2\end{bmatrix}$ とおくと，

$\begin{bmatrix}-1 & \sqrt{5}\\ \sqrt{5} & -5\end{bmatrix}\begin{bmatrix}\beta_1\\ \beta_2\end{bmatrix}=\begin{bmatrix}0\\ 0\end{bmatrix}$ より，

$-\beta_1+\sqrt{5}\beta_2=0$

$\beta_2=k_2$ とおくと，$\beta_1=\sqrt{5}k_2$

$\therefore x_2=\begin{bmatrix}\sqrt{5}k_2\\ k_2\end{bmatrix}=k_2\begin{bmatrix}\sqrt{5}\\ 1\end{bmatrix}$

$\|x_2\|=1$ (正規化)とするために，$k_2=\frac{1}{\sqrt{6}}$ $\therefore x_2=\frac{1}{\sqrt{6}}\begin{bmatrix}\sqrt{5}\\ 1\end{bmatrix}$

固有値λ	$\lambda_1=-4$	$\lambda_2=2$
固有ベクトルx	$\frac{1}{\sqrt{6}}\begin{bmatrix}1\\ -\sqrt{5}\end{bmatrix}$	$\frac{1}{\sqrt{6}}\begin{bmatrix}\sqrt{5}\\ 1\end{bmatrix}$
変換行列U	$\frac{1}{\sqrt{6}}\begin{bmatrix}1 & \sqrt{5}\\ -\sqrt{5} & 1\end{bmatrix}$	
対角行列$U^{-1}AU$	$\begin{bmatrix}-4 & 0\\ 0 & 2\end{bmatrix}$	

以上(ⅰ)(ⅱ)より，$U=\frac{1}{\sqrt{6}}\begin{bmatrix}1 & \sqrt{5}\\ -\sqrt{5} & 1\end{bmatrix}$とおくと，$U^{-1}AU=\begin{bmatrix}-4 & 0\\ 0 & 2\end{bmatrix}$となる。……(答)

演習問題 110　● 対称行列の直交行列による対角化(Ⅲ) 

対称行列 $A = \begin{bmatrix} 2 & 0 & 3 \\ 0 & 2 & 0 \\ 3 & 0 & 2 \end{bmatrix}$ を，変換行列に直交行列 U を用いて対角化せよ。

ヒント！ 固有値を求めるのに，第 2 行による余因子展開を利用するといい。

解答＆解説

$Tx = 0$ ……①　　ただし，$T = A - \lambda E = \begin{bmatrix} 2-\lambda & 0 & 3 \\ 0 & 2-\lambda & 0 \\ 3 & 0 & 2-\lambda \end{bmatrix}$

固有方程式 $|T| = \begin{vmatrix} 2-\lambda & 0 & 3 \\ 0 & 2-\lambda & 0 \\ 3 & 0 & 2-\lambda \end{vmatrix} = (2-\lambda)\cdot(-1)^{2+2}\cdot\begin{vmatrix} 2-\lambda & 3 \\ 3 & 2-\lambda \end{vmatrix}$ ← 第 2 行による余因子展開

$= (2-\lambda)\{(2-\lambda)^2 - 9\} = (2-\lambda)(\lambda+1)(\lambda-5) = 0$

よって，$(\lambda+1)(\lambda-2)(\lambda-5) = 0$ より，$\lambda = -1, 2, 5$　（$\lambda_1 = -1$，$\lambda_2 = 2$，$\lambda_3 = 5$）

(i) $\lambda_1 = -1$ のとき，①を $T_1x_1 = 0$　そして，$x_1 = \begin{bmatrix} \alpha_1 \\ \alpha_2 \\ \alpha_3 \end{bmatrix}$ とおくと，

$$\begin{bmatrix} 3 & 0 & 3 \\ 0 & 3 & 0 \\ 3 & 0 & 3 \end{bmatrix}\begin{bmatrix} \alpha_1 \\ \alpha_2 \\ \alpha_3 \end{bmatrix} = \begin{bmatrix} 0 \\ 0 \\ 0 \end{bmatrix}$$ より，

$T_1 = \begin{bmatrix} 3 & 0 & 3 \\ 0 & 3 & 0 \\ 3 & 0 & 3 \end{bmatrix} \to \begin{bmatrix} 1 & 0 & 1 \\ 0 & 1 & 0 \\ 1 & 0 & 1 \end{bmatrix} \to \begin{bmatrix} 1 & 0 & 1 \\ 0 & 1 & 0 \\ 0 & 0 & 0 \end{bmatrix} \} r = 2$

$rank\, T_1 = 2$ より，
自由度 $= 3 - 2 = 1$
$\therefore \alpha_1 = k_1$　とおく。

$\alpha_1 + \alpha_3 = 0$，$\alpha_2 = 0$

ここで，$\alpha_1 = k_1$ とおくと，

$\alpha_3 = -k_1$ より，

$$x_1 = \begin{bmatrix} k_1 \\ 0 \\ -k_1 \end{bmatrix} = k_1\begin{bmatrix} 1 \\ 0 \\ -1 \end{bmatrix}$$

ここで，$\|x_1\| = 1$ とするため，$k_1 = \frac{1}{\sqrt{2}}$　とする。　$\therefore x_1 = \frac{1}{\sqrt{2}}\begin{bmatrix} 1 \\ 0 \\ -1 \end{bmatrix}$

(ⅱ) $\lambda_2 = 2$ のとき，①を $T_2\boldsymbol{x}_2 = \boldsymbol{0}$ 　そして，$\boldsymbol{x}_2 = \begin{bmatrix} \beta_1 \\ \beta_2 \\ \beta_3 \end{bmatrix}$ とおくと，

$$\begin{bmatrix} 0 & 0 & 3 \\ 0 & 0 & 0 \\ 3 & 0 & 0 \end{bmatrix}\begin{bmatrix} \beta_1 \\ \beta_2 \\ \beta_3 \end{bmatrix} = \begin{bmatrix} 0 \\ 0 \\ 0 \end{bmatrix}$$ より，

$\beta_1 = 0$，$\beta_3 = 0$

ここで，$\beta_2 = k_2$ とおくと，

$$\boldsymbol{x}_2 = \begin{bmatrix} 0 \\ k_2 \\ 0 \end{bmatrix} = k_2\begin{bmatrix} 0 \\ 1 \\ 0 \end{bmatrix}$$

$$T_2 = \begin{bmatrix} 0 & 0 & 3 \\ 0 & 0 & 0 \\ 3 & 0 & 0 \end{bmatrix} \to \begin{bmatrix} 0 & 0 & 1 \\ 0 & 0 & 0 \\ 1 & 0 & 0 \end{bmatrix} \to \begin{bmatrix} 1 & 0 & 0 \\ 0 & 0 & 0 \\ 0 & 0 & 1 \end{bmatrix} \to \begin{bmatrix} 1 & 0 & 0 \\ 0 & 0 & 1 \\ 0 & 0 & 0 \end{bmatrix} \Big\} r = 2$$

$rankT_2 = 2$ より，

自由度 $= 3 - 2 = 1$

$\therefore \beta_2 = k_2$ とおく。

ここで，$\|\boldsymbol{x}_2\| = 1$ とするため，$k_2 = 1$ とする。　$\therefore \boldsymbol{x}_2 = \begin{bmatrix} 0 \\ 1 \\ 0 \end{bmatrix}$

(ⅲ) $\lambda_3 = 5$ のとき，①を $T_3\boldsymbol{x}_3 = \boldsymbol{0}$ 　そして，$\boldsymbol{x}_3 = \begin{bmatrix} \gamma_1 \\ \gamma_2 \\ \gamma_3 \end{bmatrix}$ とおくと，

$$\begin{bmatrix} -3 & 0 & 3 \\ 0 & -3 & 0 \\ 3 & 0 & -3 \end{bmatrix}\begin{bmatrix} \gamma_1 \\ \gamma_2 \\ \gamma_3 \end{bmatrix} = \begin{bmatrix} 0 \\ 0 \\ 0 \end{bmatrix}$$ より，

$\gamma_1 - \gamma_3 = 0$，$\gamma_2 = 0$

ここで，$\gamma_1 = k_3$ とおくと，

$\gamma_3 = k_3$

$$\therefore \boldsymbol{x}_3 = \begin{bmatrix} k_3 \\ 0 \\ k_3 \end{bmatrix} = k_3\begin{bmatrix} 1 \\ 0 \\ 1 \end{bmatrix}$$

$$T_3 = \begin{bmatrix} -3 & 0 & 3 \\ 0 & -3 & 0 \\ 3 & 0 & -3 \end{bmatrix} \to \begin{bmatrix} 1 & 0 & -1 \\ 0 & 1 & 0 \\ -1 & 0 & 1 \end{bmatrix} \to \begin{bmatrix} 1 & 0 & -1 \\ 0 & 1 & 0 \\ 0 & 0 & 0 \end{bmatrix} \Big\} r = 2$$

$rankT_3 = 2$ より，

自由度 $= 3 - 2 = 1$

$\therefore \gamma_1 = k_3$ とおく。

ここで，$\|\boldsymbol{x}_3\|=1$ とするため，

$k_3=\dfrac{1}{\sqrt{2}}$ とする。

$$\therefore\ \boldsymbol{x}_3=\frac{1}{\sqrt{2}}\begin{bmatrix}1\\0\\1\end{bmatrix}$$

以上 (i)(ii)(iii) より，

$$U=\frac{1}{\sqrt{2}}\begin{bmatrix}1&0&1\\0&\sqrt{2}&0\\-1&0&1\end{bmatrix}$$

とおくと，

$$U^{-1}AU=\begin{bmatrix}-1&0&0\\0&2&0\\0&0&5\end{bmatrix}$$ となる。……………………………………………(答)

固有値 λ	$\lambda_1=-1$	$\lambda_2=2$	$\lambda_3=5$
固有ベクトル $\boldsymbol{x}$	$\frac{1}{\sqrt{2}}\begin{bmatrix}1\\0\\-1\end{bmatrix}$	$\begin{bmatrix}0\\1\\0\end{bmatrix}$	$\frac{1}{\sqrt{2}}\begin{bmatrix}1\\0\\1\end{bmatrix}$
変換行列 U	$\frac{1}{\sqrt{2}}\begin{bmatrix}1&0&1\\0&\sqrt{2}&0\\-1&0&1\end{bmatrix}$		
対角行列 $U^{-1}AU$	$\begin{bmatrix}-1&0&0\\0&2&0\\0&0&5\end{bmatrix}$		

演習問題 111 ● 対称行列の直交行列による対角化 (Ⅳ) ●

対称行列 $\boldsymbol{A}=\begin{bmatrix}1&\sqrt{2}&0\\\sqrt{2}&1&\sqrt{2}\\0&\sqrt{2}&1\end{bmatrix}$ を，変換行列に直交行列 $\boldsymbol{U}$ を用いて対角化せよ。

ヒント！ 前問と同様，相異なる固有値が3つ存在する場合だ。

解答＆解説

$\boldsymbol{T}\boldsymbol{x}=\boldsymbol{0}$ ……① ただし，$\boldsymbol{T}=\boldsymbol{A}-\lambda\boldsymbol{E}=\begin{bmatrix}1-\lambda&\sqrt{2}&0\\\sqrt{2}&1-\lambda&\sqrt{2}\\0&\sqrt{2}&1-\lambda\end{bmatrix}$

固有方程式 $|\boldsymbol{T}|=\begin{vmatrix}1-\lambda&\sqrt{2}&0\\\sqrt{2}&1-\lambda&\sqrt{2}\\0&\sqrt{2}&1-\lambda\end{vmatrix}=(1-\lambda)^3-2(1-\lambda)-2(1-\lambda)$ （サラスの公式）

$=-(\lambda-1)\{(\lambda-1)^2-4\}=-(\lambda-1)(\lambda+1)(\lambda-3)=0$

$(\lambda+1)(\lambda-1)(\lambda-3)=0$ より，$\lambda=-1,\ 1,\ 3$ （それぞれ λ_1，λ_2，λ_3）

(ⅰ) $\lambda_1=-1$ のとき，①を $\boldsymbol{T}_1\boldsymbol{x}_1=\boldsymbol{0}$ そして，$\boldsymbol{x}_1=\begin{bmatrix}\alpha_1\\\alpha_2\\\alpha_3\end{bmatrix}$ とおくと，

$$\begin{bmatrix}2&\sqrt{2}&0\\\sqrt{2}&2&\sqrt{2}\\0&\sqrt{2}&2\end{bmatrix}\begin{bmatrix}\alpha_1\\\alpha_2\\\alpha_3\end{bmatrix}=\begin{bmatrix}0\\0\\0\end{bmatrix}$$ より，

$\boldsymbol{T}_1=\begin{bmatrix}2&\sqrt{2}&0\\\sqrt{2}&2&\sqrt{2}\\0&\sqrt{2}&2\end{bmatrix}\to\begin{bmatrix}\sqrt{2}&1&0\\1&\sqrt{2}&1\\0&1&\sqrt{2}\end{bmatrix}$
$\to\begin{bmatrix}1&\sqrt{2}&1\\\sqrt{2}&1&0\\0&1&\sqrt{2}\end{bmatrix}\to\begin{bmatrix}1&\sqrt{2}&1\\0&-1&-\sqrt{2}\\0&1&\sqrt{2}\end{bmatrix}$
$\to\begin{bmatrix}1&\sqrt{2}&1\\0&1&\sqrt{2}\\0&1&\sqrt{2}\end{bmatrix}\to\begin{bmatrix}1&\sqrt{2}&1\\0&1&\sqrt{2}\\0&0&0\end{bmatrix}\}r=2$
$rank\boldsymbol{T}_1=2$ より，
自由度 $=3-2=1$
$\therefore\ \alpha_3=k_1$ とおく。

$$\begin{cases}\alpha_1+\sqrt{2}\alpha_2+\alpha_3=0\\\alpha_2+\sqrt{2}\alpha_3=0\end{cases}$$

$\alpha_3=k_1$ とおくと，$\alpha_2=-\sqrt{2}k_1$

$\alpha_1=k_1$

$$\therefore\ \boldsymbol{x}_1=\begin{bmatrix}k_1\\-\sqrt{2}k_1\\k_1\end{bmatrix}=k_1\begin{bmatrix}1\\-\sqrt{2}\\1\end{bmatrix}$$

ここで，$\|\boldsymbol{x}_1\|=1$ とするため，$k_1=\dfrac{1}{2}$ とする。 $\therefore\ \boldsymbol{x}_1=\dfrac{1}{2}\begin{bmatrix}1\\-\sqrt{2}\\1\end{bmatrix}$

(ii) $\lambda_2 = 1$ のとき，①を $T_2\boldsymbol{x}_2 = \boldsymbol{0}$　そして，$\boldsymbol{x}_2 = \begin{bmatrix} \beta_1 \\ \beta_2 \\ \beta_3 \end{bmatrix}$ とおくと，

$$\begin{bmatrix} 0 & \sqrt{2} & 0 \\ \sqrt{2} & 0 & \sqrt{2} \\ 0 & \sqrt{2} & 0 \end{bmatrix}\begin{bmatrix} \beta_1 \\ \beta_2 \\ \beta_3 \end{bmatrix} = \begin{bmatrix} 0 \\ 0 \\ 0 \end{bmatrix} \text{より，}$$

$\beta_1 + \beta_3 = 0$，$\beta_2 = 0$

$\beta_1 = k_2$ とおくと，$\beta_3 = -k_2$

$$\boldsymbol{x}_2 = \begin{bmatrix} k_2 \\ 0 \\ -k_2 \end{bmatrix} = k_2\begin{bmatrix} 1 \\ 0 \\ -1 \end{bmatrix}$$

$$T_2 = \begin{bmatrix} 0 & \sqrt{2} & 0 \\ \sqrt{2} & 0 & \sqrt{2} \\ 0 & \sqrt{2} & 0 \end{bmatrix} \to \begin{bmatrix} \sqrt{2} & 0 & \sqrt{2} \\ 0 & \sqrt{2} & 0 \\ 0 & \sqrt{2} & 0 \end{bmatrix}$$

$$\to \begin{bmatrix} 1 & 0 & 1 \\ 0 & 1 & 0 \\ 0 & 1 & 0 \end{bmatrix} \to \begin{bmatrix} 1 & 0 & 1 \\ 0 & 1 & 0 \\ 0 & 0 & 0 \end{bmatrix} \Big\} r = 2$$

$rank\,T_2 = 2$ より，
自由度 $= 3 - 2 = 1$
$\therefore \beta_1 = k_2$　とおく。

ここで，$\|\boldsymbol{x}_2\| = 1$ とするため，

$k_2 = \dfrac{1}{\sqrt{2}}$　とする。　　$\therefore \boldsymbol{x}_2 = \dfrac{1}{\sqrt{2}}\begin{bmatrix} 1 \\ 0 \\ -1 \end{bmatrix}$

(iii) $\lambda_3 = 3$ のとき，①を $T_3\boldsymbol{x}_3 = \boldsymbol{0}$　そして，$\boldsymbol{x}_3 = \begin{bmatrix} \gamma_1 \\ \gamma_2 \\ \gamma_3 \end{bmatrix}$ とおくと，

$$\begin{bmatrix} -2 & \sqrt{2} & 0 \\ \sqrt{2} & -2 & \sqrt{2} \\ 0 & \sqrt{2} & -2 \end{bmatrix}\begin{bmatrix} \gamma_1 \\ \gamma_2 \\ \gamma_3 \end{bmatrix} = \begin{bmatrix} 0 \\ 0 \\ 0 \end{bmatrix} \text{より，}$$

$$\begin{cases} \gamma_1 - \sqrt{2}\gamma_2 + \gamma_3 = 0 \\ \gamma_2 - \sqrt{2}\gamma_3 = 0 \end{cases}$$

ここで，$\gamma_3 = k_3$　とおくと，

$\gamma_2 = \sqrt{2}k_3$，$\gamma_1 = k_3$

$$\therefore \boldsymbol{x}_3 = \begin{bmatrix} k_3 \\ \sqrt{2}k_3 \\ k_3 \end{bmatrix} = k_3\begin{bmatrix} 1 \\ \sqrt{2} \\ 1 \end{bmatrix}$$

$$T_3 = \begin{bmatrix} -2 & \sqrt{2} & 0 \\ \sqrt{2} & -2 & \sqrt{2} \\ 0 & \sqrt{2} & -2 \end{bmatrix} \to \begin{bmatrix} \sqrt{2} & -2 & \sqrt{2} \\ -2 & \sqrt{2} & 0 \\ 0 & \sqrt{2} & -2 \end{bmatrix}$$

$$\to \begin{bmatrix} 1 & -\sqrt{2} & 1 \\ -\sqrt{2} & 1 & 0 \\ 0 & 1 & -\sqrt{2} \end{bmatrix} \to \begin{bmatrix} 1 & -\sqrt{2} & 1 \\ 0 & -1 & \sqrt{2} \\ 0 & 1 & -\sqrt{2} \end{bmatrix}$$

$$\to \begin{bmatrix} 1 & -\sqrt{2} & 1 \\ 0 & 1 & -\sqrt{2} \\ 0 & 1 & -\sqrt{2} \end{bmatrix} \to \begin{bmatrix} 1 & -\sqrt{2} & 1 \\ 0 & 1 & -\sqrt{2} \\ 0 & 0 & 0 \end{bmatrix} \Big\} r = 2$$

$rank\,T_3 = 2$ より，
自由度 $= 3 - 2 = 1$
$\therefore \gamma_3 = k_3$　とおく。

ここで，$\|\boldsymbol{x}_3\| = 1$ とするため，

$k_3 = \frac{1}{2}$ とする。

$$\therefore \boldsymbol{x}_3 = \frac{1}{2}\begin{bmatrix} 1 \\ \sqrt{2} \\ 1 \end{bmatrix}$$

以上(i)(ii)(iii)より，

$$U = \frac{1}{2}\begin{bmatrix} 1 & \sqrt{2} & 1 \\ -\sqrt{2} & 0 & \sqrt{2} \\ 1 & -\sqrt{2} & 1 \end{bmatrix}$$

とおくと，

$$U^{-1}AU = \begin{bmatrix} -1 & 0 & 0 \\ 0 & 1 & 0 \\ 0 & 0 & 3 \end{bmatrix}$$ となる。……………………………………………(答)

固有値 λ	$\lambda_1 = -1$	$\lambda_2 = 1$	$\lambda_3 = 3$
固有ベクトル $\boldsymbol{x}$	$\frac{1}{2}\begin{bmatrix} 1 \\ -\sqrt{2} \\ 1 \end{bmatrix}$	$\frac{1}{\sqrt{2}}\begin{bmatrix} 1 \\ 0 \\ -1 \end{bmatrix}$	$\frac{1}{2}\begin{bmatrix} 1 \\ \sqrt{2} \\ 1 \end{bmatrix}$
変換行列 U	$\frac{1}{2}\begin{bmatrix} 1 & \sqrt{2} & 1 \\ -\sqrt{2} & 0 & \sqrt{2} \\ 1 & -\sqrt{2} & 1 \end{bmatrix}$		
対角行列 $U^{-1}AU$	$\begin{bmatrix} -1 & 0 & 0 \\ 0 & 1 & 0 \\ 0 & 0 & 3 \end{bmatrix}$		

演習問題 112 ● 対称行列の直交行列による対角化(V) ●

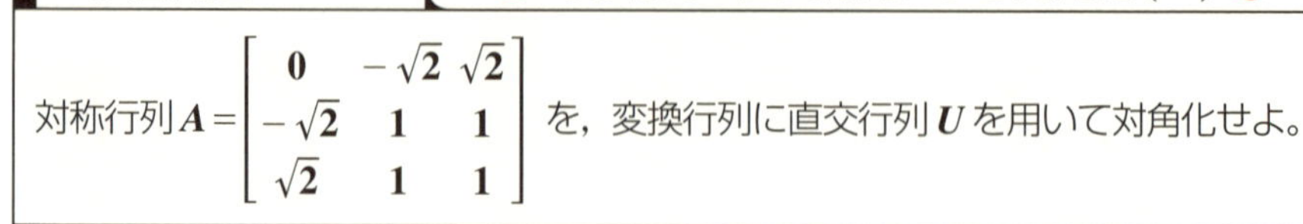

対称行列 $A = \begin{bmatrix} 0 & -\sqrt{2} & \sqrt{2} \\ -\sqrt{2} & 1 & 1 \\ \sqrt{2} & 1 & 1 \end{bmatrix}$ を，変換行列に直交行列 U を用いて対角化せよ。

ヒント！ 重解が固有値に含まれる。重解に対応する互いに直交する大きさ 1 の 2 つの固有ベクトルは，シュミットの正規直交化法によって求められる。

解答＆解説

$Tx = 0$ ……① ただし，$T = A - \lambda E = \begin{bmatrix} -\lambda & -\sqrt{2} & \sqrt{2} \\ -\sqrt{2} & 1-\lambda & 1 \\ \sqrt{2} & 1 & 1-\lambda \end{bmatrix}$ とおく。

固有方程式 $|T| = \begin{vmatrix} -\lambda & -\sqrt{2} & \sqrt{2} \\ -\sqrt{2} & 1-\lambda & 1 \\ \sqrt{2} & 1 & 1-\lambda \end{vmatrix} = -\lambda(1-\lambda)^2 - 2 - 2 - 2(1-\lambda) + \lambda - 2(1-\lambda)$ （サラス）

$= -\lambda^3 + 2\lambda^2 + 4\lambda - 8 = -(\lambda-2)^2(\lambda+2) = 0$

$(\lambda+2)(\lambda-2)^2 = 0$ より，$\therefore \lambda = -2,\ 2$ （$\lambda_1 = -2$，$\lambda_2 = 2$ (重解)）

(ⅰ) $\lambda_1 = -2$ のとき，①を $T_1 x_1 = 0$ そして，$x_1 = \begin{bmatrix} \alpha_1 \\ \alpha_2 \\ \alpha_3 \end{bmatrix}$ とおくと，

$$\begin{bmatrix} 2 & -\sqrt{2} & \sqrt{2} \\ -\sqrt{2} & 3 & 1 \\ \sqrt{2} & 1 & 3 \end{bmatrix}\begin{bmatrix} \alpha_1 \\ \alpha_2 \\ \alpha_3 \end{bmatrix} = \begin{bmatrix} 0 \\ 0 \\ 0 \end{bmatrix}$$ より，

$$T_1 = \begin{bmatrix} 2 & -\sqrt{2} & \sqrt{2} \\ -\sqrt{2} & 3 & 1 \\ \sqrt{2} & 1 & 3 \end{bmatrix} \to \begin{bmatrix} \sqrt{2} & -1 & 1 \\ -\sqrt{2} & 3 & 1 \\ \sqrt{2} & 1 & 3 \end{bmatrix} \to \begin{bmatrix} \sqrt{2} & -1 & 1 \\ 0 & 2 & 2 \\ 0 & 2 & 2 \end{bmatrix} \to \begin{bmatrix} \sqrt{2} & -1 & 1 \\ 0 & 1 & 1 \\ 0 & 1 & 1 \end{bmatrix} \to \begin{bmatrix} \sqrt{2} & -1 & 1 \\ 0 & 1 & 1 \\ 0 & 0 & 0 \end{bmatrix} \} r = 2$$

$rank\, T_1 = 2$ より，
自由度 $= 3 - 2 = 1$
$\therefore \alpha_2 = k_1$ とおく。

$$\begin{cases} \sqrt{2}\alpha_1 - \alpha_2 + \alpha_3 = 0 \\ \alpha_2 + \alpha_3 = 0 \end{cases}$$

$\alpha_2 = k_1$ とおくと，$\alpha_3 = -k_1$

$\sqrt{2}\alpha_1 = 2k_1 \qquad \therefore \alpha_1 = \sqrt{2}k_1$

$$\therefore x_1 = \begin{bmatrix} \sqrt{2}k_1 \\ k_1 \\ -k_1 \end{bmatrix} = k_1\begin{bmatrix} \sqrt{2} \\ 1 \\ -1 \end{bmatrix}$$

ここで，$\|x_1\| = 1$ とするため，$k_1 = \frac{1}{2}$ とする。 $\therefore x_1 = \frac{1}{2}\begin{bmatrix} \sqrt{2} \\ 1 \\ -1 \end{bmatrix}$

(ii) $\lambda_2 = 2$ (重解) のとき，①を $T_2\boldsymbol{x}_2 = \boldsymbol{0}$　そして，$\boldsymbol{x}_2 = \begin{bmatrix} \beta_1 \\ \beta_2 \\ \beta_3 \end{bmatrix}$ とおくと，

$$\begin{bmatrix} -2 & -\sqrt{2} & \sqrt{2} \\ -\sqrt{2} & -1 & 1 \\ \sqrt{2} & 1 & -1 \end{bmatrix}\begin{bmatrix} \beta_1 \\ \beta_2 \\ \beta_3 \end{bmatrix} = \begin{bmatrix} 0 \\ 0 \\ 0 \end{bmatrix}$$ より，

$\sqrt{2}\beta_1 + \beta_2 - \beta_3 = 0$

$\beta_1 = k_2$，$\beta_2 = k_3$ とおくと，

$\beta_3 = \sqrt{2}k_2 + k_3$

$$\therefore \boldsymbol{x}_2 = \begin{bmatrix} k_2 \\ k_3 \\ \sqrt{2}k_2 + k_3 \end{bmatrix}$$

$$= k_2\underbrace{\begin{bmatrix} 1 \\ 0 \\ \sqrt{2} \end{bmatrix}}_{\boldsymbol{a}_1} + k_3\underbrace{\begin{bmatrix} 0 \\ 1 \\ 1 \end{bmatrix}}_{\boldsymbol{a}_2}$$

$$T_2 = \begin{bmatrix} -2 & -\sqrt{2} & \sqrt{2} \\ -\sqrt{2} & -1 & 1 \\ \sqrt{2} & 1 & -1 \end{bmatrix} \to \begin{bmatrix} \sqrt{2} & 1 & -1 \\ -\sqrt{2} & -1 & 1 \\ \sqrt{2} & 1 & -1 \end{bmatrix} \to \begin{bmatrix} \sqrt{2} & 1 & -1 \\ 0 & 0 & 0 \\ 0 & 0 & 0 \end{bmatrix} \}\, r = 1$$

$\mathrm{rank}\,T_2 = 1$ より，

自由度 $= 3 - 1 = 2$

$\therefore \beta_1 = k_2$，$\beta_2 = k_3$ とおく。

この $\boldsymbol{a}_1$ と $\boldsymbol{a}_2$ は線形独立だけれども，
$\boldsymbol{a}_1 \cdot \boldsymbol{a}_2 = \sqrt{2} \neq 0$ より，直交しないんだね。

ここで，$\boldsymbol{a}_1 = \begin{bmatrix} 1 \\ 0 \\ \sqrt{2} \end{bmatrix}$，$\boldsymbol{a}_2 = \begin{bmatrix} 0 \\ 1 \\ 1 \end{bmatrix}$ とおくと，$\boldsymbol{x}_2 = k_2\boldsymbol{a}_1 + k_3\boldsymbol{a}_2$

任意の実数 k_2，k_3 の値に対して，この $\boldsymbol{x}_2$ は固有値 $\lambda_2 = 2$ に対応する固有ベクトルになる。(ただし，$\boldsymbol{x}_2 \neq \boldsymbol{0}$ より，$[k_2,\ k_3] \neq [0,\ 0]$)

よって，この $\boldsymbol{x}_2 = k_2\boldsymbol{a}_1 + k_3\boldsymbol{a}_2$ で作られる様々な解ベクトル $\boldsymbol{x}_2$ のうち，互いに直交する大きさが 1 となるような 2 つのベクトル $\boldsymbol{x}_2'$ と $\boldsymbol{x}_2''$ を選べばよい。

すると，この $\boldsymbol{x}_2'$，$\boldsymbol{x}_2''$ と (i) の $\boldsymbol{x}_1 = \dfrac{1}{2}\begin{bmatrix} \sqrt{2} \\ 1 \\ -1 \end{bmatrix}$ は，大きさが 1 の互いに直交するベクトルとなるので，$U = [\boldsymbol{x}_1\ \boldsymbol{x}_2'\ \boldsymbol{x}_2'']$ は直交行列となって，対称行列 A は，この U によって，

$$U^{-1}AU = \begin{bmatrix} -2 & 0 & 0 \\ 0 & 2 & 0 \\ 0 & 0 & 2 \end{bmatrix}$$ と対角化できる。

この $\boldsymbol{x}_2{}'$ と $\boldsymbol{x}_2{}''$ は，$\boldsymbol{a}_1$ と $\boldsymbol{a}_2$ から，次のシュミットの正規直交化法により求められる。

(ア) $\|\boldsymbol{a}_1\| = \sqrt{1^2 + (\sqrt{2})^2} = \sqrt{3}$ より，$\boldsymbol{x}_2{}' = \dfrac{1}{\|\boldsymbol{a}_1\|}\boldsymbol{a}_1 = \dfrac{1}{\sqrt{3}}\begin{bmatrix} 1 \\ 0 \\ \sqrt{2} \end{bmatrix} = \dfrac{\sqrt{3}}{3}\begin{bmatrix} 1 \\ 0 \\ \sqrt{2} \end{bmatrix}$

(イ) $\boldsymbol{b} = \boldsymbol{a}_2 - (\boldsymbol{x}_2{}' \cdot \boldsymbol{a}_2)\boldsymbol{x}_2{}' = \begin{bmatrix} 0 \\ 1 \\ 1 \end{bmatrix} - \dfrac{\sqrt{2}}{\sqrt{3}} \cdot \dfrac{1}{\sqrt{3}}\begin{bmatrix} 1 \\ 0 \\ \sqrt{2} \end{bmatrix} = \dfrac{1}{3}\begin{bmatrix} -\sqrt{2} \\ 3 \\ 1 \end{bmatrix}$

$\dfrac{1}{\sqrt{3}}(1 \cdot 0 + 0 \cdot 1 + \sqrt{2} \cdot 1) = \dfrac{\sqrt{2}}{\sqrt{3}}$

$\|\boldsymbol{b}\| = \dfrac{1}{3}\sqrt{(-\sqrt{2})^2 + 3^2 + 1^2} = \dfrac{2}{\sqrt{3}}$ より，$\boldsymbol{x}_2{}'' = \dfrac{1}{\|\boldsymbol{b}\|}\boldsymbol{b} = \dfrac{\sqrt{3}}{6}\begin{bmatrix} -\sqrt{2} \\ 3 \\ 1 \end{bmatrix}$

以上 (ⅰ)(ⅱ) より，

$U = [\boldsymbol{x}_1\ \boldsymbol{x}_2{}'\ \boldsymbol{x}_2{}'']$

$$U = \frac{1}{6}\begin{bmatrix} 3\sqrt{2} & 2\sqrt{3} & -\sqrt{6} \\ 3 & 0 & 3\sqrt{3} \\ -3 & 2\sqrt{6} & \sqrt{3} \end{bmatrix}$$

とおくと，

$$U^{-1}AU = \begin{bmatrix} -2 & 0 & 0 \\ 0 & 2 & 0 \\ 0 & 0 & 2 \end{bmatrix} \cdots (答)$$

固有値 λ	$\lambda_1 = -2$	$\lambda_2 = 2$ (重解)	
固有ベクトル $\boldsymbol{x}$	$\frac{1}{2}\begin{bmatrix} \sqrt{2} \\ 1 \\ -1 \end{bmatrix}$	$\frac{\sqrt{3}}{3}\begin{bmatrix} 1 \\ 0 \\ \sqrt{2} \end{bmatrix}$	$\frac{\sqrt{3}}{6}\begin{bmatrix} -\sqrt{2} \\ 3 \\ 1 \end{bmatrix}$
変換行列 U	$\frac{1}{6}\begin{bmatrix} 3\sqrt{2} & 2\sqrt{3} & -\sqrt{6} \\ 3 & 0 & 3\sqrt{3} \\ -3 & 2\sqrt{6} & \sqrt{3} \end{bmatrix}$		
対角行列 $U^{-1}AU$	$\begin{bmatrix} -2 & 0 & 0 \\ 0 & 2 & 0 \\ 0 & 0 & 2 \end{bmatrix}$		

演習問題 113 ● 2次形式を対称行列で表す ●

(1) $2x_1^2+2\sqrt{3}x_1x_2-3x_2^2$ を $[x_1\ x_2]A\begin{bmatrix}x_1\\x_2\end{bmatrix}$ （A：対称行列）の形に変形せよ。

(2) $-x_1^2+2x_2^2+3x_3^2+2x_1x_2+2\sqrt{2}x_1x_3-4\sqrt{3}x_2x_3$ を

$[x_1\ x_2\ x_3]B\begin{bmatrix}x_1\\x_2\\x_3\end{bmatrix}$ （B：対称行列）の形に変形せよ。

ヒント！

(1) $\underbrace{a_{11}x_1^2+2a_{12}x_1x_2+a_{22}x_2^2}_{2\text{次形式}}=[x_1\ x_2]\underbrace{\begin{bmatrix}a_{11}&a_{12}\\a_{12}&a_{22}\end{bmatrix}}_{\text{対称行列}}\begin{bmatrix}x_1\\x_2\end{bmatrix}$ と変形できる。

(2) $\underbrace{a_{11}x_1^2+a_{22}x_2^2+a_{33}x_3^2+2a_{12}x_1x_2+2a_{13}x_1x_3+2a_{23}x_2x_3}_{2\text{次形式}}$

$=[x_1\ x_2\ x_3]\underbrace{\begin{bmatrix}a_{11}&a_{12}&a_{13}\\a_{12}&a_{22}&a_{23}\\a_{13}&a_{23}&a_{33}\end{bmatrix}}_{\text{対称行列}}\begin{bmatrix}x_1\\x_2\\x_3\end{bmatrix}$ と変形できる。

解答＆解説

(1) $\underset{a_{11}}{2}x_1^2+\underset{2a_{12}}{2\sqrt{3}}x_1x_2\underset{a_{22}}{-3}x_2^2=[x_1\ x_2]\underbrace{\begin{bmatrix}2&\sqrt{3}\\\sqrt{3}&-3\end{bmatrix}}_{\text{対称行列}}\begin{bmatrix}x_1\\x_2\end{bmatrix}$ と変形できる。…(答)

(2) $\underset{a_{11}}{-1}\cdot x_1^2+\underset{a_{22}}{2}x_2^2+\underset{a_{33}}{3}x_3^2+\underset{2a_{12}}{2}x_1x_2+\underset{2a_{13}}{2\sqrt{2}}x_1x_3\underset{2a_{23}}{-4\sqrt{3}}x_2x_3$

$=[x_1\ x_2\ x_3]\underbrace{\begin{bmatrix}-1&1&\sqrt{2}\\1&2&-2\sqrt{3}\\\sqrt{2}&-2\sqrt{3}&3\end{bmatrix}}_{\text{対称行列}}\begin{bmatrix}x_1\\x_2\\x_3\end{bmatrix}$ と変形できる。…(答)

(1)(2) いずれも，右辺を計算すると左辺が得られることが分かるね。

演習問題 114　● 2次形式の標準形への変形 (I) ●

対称行列 $\boldsymbol{A}=\begin{bmatrix}-1 & 2\\ 2 & 2\end{bmatrix}$ について，この変換行列 (直交行列) $\boldsymbol{U}=\frac{1}{\sqrt{5}}\begin{bmatrix}-2 & 1\\ 1 & 2\end{bmatrix}$

を用いると，$\boldsymbol{U}^{-1}\boldsymbol{A}\boldsymbol{U}=\begin{bmatrix}-2 & 0\\ 0 & 3\end{bmatrix}$ と対角化される。← 演習問題 108 (P166)

これを用いて，2次形式 $-x_1^2+4x_1x_2+2x_2^2$ を，$\begin{bmatrix}x_1\\ x_2\end{bmatrix}=\boldsymbol{U}\begin{bmatrix}x_1'\\ x_2'\end{bmatrix}$ により，

x_1'，x_2' に変数変換して，標準形 $a_{11}'x_1'^2+a_{22}'x_2'^2$ の形にせよ。

ヒント！ 与えられた2次形式は，対称行列 $\boldsymbol{A}$ を用いて，$[x_1\ x_2]\boldsymbol{A}\begin{bmatrix}x_1\\ x_2\end{bmatrix}$ …(ア)

と変形できる。ここで，$\begin{bmatrix}x_1\\ x_2\end{bmatrix}=\boldsymbol{U}\begin{bmatrix}x_1'\\ x_2'\end{bmatrix}$ …(イ) により変数変換すると，(イ)の

両辺の転置行列をとって，$[x_1\ x_2]={}^t\left(\boldsymbol{U}\begin{bmatrix}x_1'\\ x_2'\end{bmatrix}\right)={}^t\begin{bmatrix}x_1'\\ x_2'\end{bmatrix}{}^t\boldsymbol{U}=[x_1'\ x_2']\boldsymbol{U}^{-1}$ …(ウ)

$(\because\ {}^t\boldsymbol{U}=\boldsymbol{U}^{-1})$

(ウ)(イ)を(ア)に代入すればいいんだね。

解答＆解説

与えられた2次形式を変形して，

$$\underset{a_{11}}{-1}\cdot x_1^2+\underset{2a_{12}}{4}x_1x_2+\underset{a_{22}}{2}x_2^2=[x_1\ x_2]\underbrace{\begin{bmatrix}-1 & 2\\ 2 & 2\end{bmatrix}}_{\boldsymbol{A}}\begin{bmatrix}x_1\\ x_2\end{bmatrix}$$

$$=[x_1\ x_2]\boldsymbol{A}\begin{bmatrix}x_1\\ x_2\end{bmatrix}\ \cdots\cdots①$$

ここで，$\boldsymbol{A}=\begin{bmatrix}-1 & 2\\ 2 & 2\end{bmatrix}$ は $\boldsymbol{U}=\frac{1}{\sqrt{5}}\begin{bmatrix}-2 & 1\\ 1 & 2\end{bmatrix}$ により，次のように対角化される。

$$\boldsymbol{U}^{-1}\boldsymbol{A}\boldsymbol{U}=\begin{bmatrix}-2 & 0\\ 0 & 3\end{bmatrix}\ \cdots\cdots②$$

ここで，新たに変数 x'，y' を次式により定義する。

$$\begin{bmatrix}x_1\\ x_2\end{bmatrix}=\boldsymbol{U}\begin{bmatrix}x_1'\\ x_2'\end{bmatrix}\ \cdots\cdots③$$

③の両辺の転置行列をとると，

$$[x_1\ x_2] = {}^t\left(U\begin{bmatrix} x_1' \\ x_2' \end{bmatrix}\right) = {}^t\begin{bmatrix} x_1' \\ x_2' \end{bmatrix}\underbrace{{}^tU}_{U^{-1}} = [x_1'\ x_2']U^{-1} \quad \cdots\cdots④$$

④, ③を①に代入して,

$$-x_1^2+4x_1x_2+2x_2^2 = [x_1'\ x_2']\underbrace{U^{-1}AU}_{\begin{bmatrix} -2 & 0 \\ 0 & 3 \end{bmatrix}\cdots\cdots②}\begin{bmatrix} x_1' \\ x_2' \end{bmatrix}$$

$$= [x_1'\ x_2']\begin{bmatrix} -2 & 0 \\ 0 & 3 \end{bmatrix}\begin{bmatrix} x_1' \\ x_2' \end{bmatrix}$$

$$= [-2x_1'\ 3x_2']\begin{bmatrix} x_1' \\ x_2' \end{bmatrix} = -2x_1'^2+3x_2'^2 \quad \cdots\cdots\cdots\cdots\cdots(答)$$

参考

一般に, 計量線形空間 $V=R^n$ について, 直交行列 U を表現行列にもつ線形変換 $f: R^n \to R^n$ を, 特に "**直交変換**" という。直交変換 f においては, R^n の元 $\boldsymbol{x}$, $\boldsymbol{y}$ について, 次の性質がある。

(1) $\boldsymbol{x}\cdot\boldsymbol{y} = f(\boldsymbol{x})\cdot f(\boldsymbol{y})$ (内積の保存) (2) $\|\boldsymbol{x}\| = \|f(\boldsymbol{x})\|$ (大きさの保存)

(3) $\boldsymbol{x}$ と $\boldsymbol{y}$ のなす角と, $f(\boldsymbol{x})$ と $f(\boldsymbol{y})$ のなす角は等しい。(角の保存)

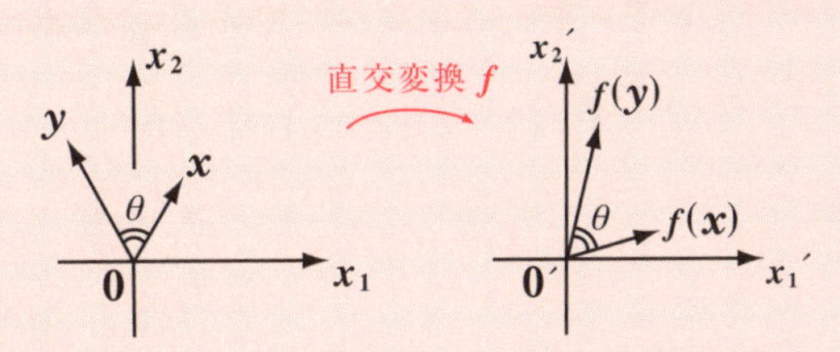

直交変換 f においては, "大きさ" と "なす角" が保存される。

この演習問題 **114** では, $\begin{bmatrix} x_1' \\ x_2' \end{bmatrix} = U^{-1}\begin{bmatrix} x_1 \\ x_2 \end{bmatrix}$ により, $\begin{bmatrix} x_1 \\ x_2 \end{bmatrix}$ を直交変換して,

(これも直交行列)

座標系を $\begin{bmatrix} x_1' \\ x_2' \end{bmatrix}$ に変えて, より分かり易い形にしたんだね。

演習問題 115　● 2次形式の標準形への変形(Ⅱ) ●

2次曲線 $2x^2+2\sqrt{2}xy+3y^2=4$ ……① の左辺を標準形に変形して，これがだ円であることを確認せよ。

ヒント！ ①の左辺を $[x\ y]A\begin{bmatrix}x\\y\end{bmatrix}$ の形にして，A を対角化する変換行列として直交行列 U を求め，$\begin{bmatrix}x\\y\end{bmatrix}=U\begin{bmatrix}x'\\y'\end{bmatrix}$ により，x，y から x'，y' に変数変換すればいい。

解答＆解説

$2x^2+2\sqrt{2}xy+3y^2=4$ ……① の左辺を，新たな変数 x'，y' を使って，標準形に変形する。

①の左辺 $=[x\ \ y]\begin{bmatrix}2&\sqrt{2}\\\sqrt{2}&3\end{bmatrix}\begin{bmatrix}x\\y\end{bmatrix}$ ……②

$a_{11}x^2+2a_{12}xy+a_{22}y^2=[x\ \ y]\begin{bmatrix}a_{11}&a_{12}\\a_{12}&a_{22}\end{bmatrix}\begin{bmatrix}x\\y\end{bmatrix}$

ここで，$A=\begin{bmatrix}2&\sqrt{2}\\\sqrt{2}&3\end{bmatrix}$ とおき，$A\boldsymbol{x}=\lambda\boldsymbol{x}$，すなわち

$T\boldsymbol{x}=\boldsymbol{0}$ ……③ （ただし，$T=A-\lambda E$）をみたす λ と $\boldsymbol{x}$ を求める。

固有方程式 $|T|=\begin{vmatrix}2-\lambda&\sqrt{2}\\\sqrt{2}&3-\lambda\end{vmatrix}=(2-\lambda)(3-\lambda)-2=0$

$\lambda^2-5\lambda+4=0$　　$(\lambda-1)(\lambda-4)=0$　　$\therefore\ \lambda=1\ (\lambda_1),\ 4\ (\lambda_2)$

(i) $\lambda_1=1$ のとき，③を $T_1\boldsymbol{x}_1=\boldsymbol{0}$　そして，$\boldsymbol{x}_1=\begin{bmatrix}\alpha_1\\\alpha_2\end{bmatrix}$ とおくと，

$$\begin{bmatrix}1&\sqrt{2}\\\sqrt{2}&2\end{bmatrix}\begin{bmatrix}\alpha_1\\\alpha_2\end{bmatrix}=\begin{bmatrix}0\\0\end{bmatrix}\qquad\therefore\ \alpha_1+\sqrt{2}\alpha_2=0$$

T の λ に $\lambda_1=1$ を代入したもの

ここで，$\alpha_2=k_1$ とおくと，$\alpha_1=-\sqrt{2}k_1$　　$\therefore\ \boldsymbol{x}_1=\begin{bmatrix}-\sqrt{2}k_1\\k_1\end{bmatrix}=k_1\begin{bmatrix}-\sqrt{2}\\1\end{bmatrix}$

$\|\boldsymbol{x}_1\|=1$ とするため，$k_1=\dfrac{1}{\sqrt{3}}$ とおく。　$\therefore\ \boldsymbol{x}_1=\dfrac{1}{\sqrt{3}}\begin{bmatrix}-\sqrt{2}\\1\end{bmatrix}$

(ⅱ) $\lambda_2 = 4$ のとき，③を $T_2 \boldsymbol{x}_2 = \boldsymbol{0}$　そして，$\boldsymbol{x}_2 = \begin{bmatrix} \beta_1 \\ \beta_2 \end{bmatrix}$ とおくと，

$$\begin{bmatrix} -2 & \sqrt{2} \\ \sqrt{2} & -1 \end{bmatrix} \begin{bmatrix} \beta_1 \\ \beta_2 \end{bmatrix} = \begin{bmatrix} 0 \\ 0 \end{bmatrix} \qquad \therefore \sqrt{2}\beta_1 - \beta_2 = 0$$

T の λ に $\lambda_2 = 4$ を代入したもの

ここで，$\beta_1 = k_2$ とおくと，$\beta_2 = \sqrt{2}k_2$　　$\therefore \boldsymbol{x}_2 = \begin{bmatrix} k_2 \\ \sqrt{2}k_2 \end{bmatrix} = k_2 \begin{bmatrix} 1 \\ \sqrt{2} \end{bmatrix}$

$\|\boldsymbol{x}_2\| = 1$ とするため，$k_2 = \dfrac{1}{\sqrt{3}}$ とおく。　　$\therefore \boldsymbol{x}_2 = \dfrac{1}{\sqrt{3}} \begin{bmatrix} 1 \\ \sqrt{2} \end{bmatrix}$

(ⅰ)(ⅱ) より，A を対角化する直交行列 U は，

$U = [\boldsymbol{x}_1 \ \boldsymbol{x}_2] = \dfrac{1}{\sqrt{3}} \begin{bmatrix} -\sqrt{2} & 1 \\ 1 & \sqrt{2} \end{bmatrix}$ となり，これを用いて A を対角化すると，

$$U^{-1}AU = \begin{bmatrix} \lambda_1 & 0 \\ 0 & \lambda_2 \end{bmatrix} = \begin{bmatrix} 1 & 0 \\ 0 & 4 \end{bmatrix} \cdots\cdots ④$$

ここで，新たな変数 x'，y' を

$\begin{bmatrix} x \\ y \end{bmatrix} = U \begin{bmatrix} x' \\ y' \end{bmatrix} \cdots\cdots ⑤$　で定義する。⑤の両辺の転置行列をとって，

$[x \ \ y] = [x' \ \ y']U^{-1} \cdots\cdots ⑤'$

$${}^t\begin{bmatrix} x \\ y \end{bmatrix} = {}^t\left(U \begin{bmatrix} x' \\ y' \end{bmatrix}\right)$$
$$[x \ \ y] = [x' \ \ y']\,{}^tU \quad ({}^tU = U^{-1})$$

⑤′，⑤を②に代入して，

$$①\text{の左辺} = [x' \ \ y']\,U^{-1}AU \begin{bmatrix} x' \\ y' \end{bmatrix} = [x' \ \ y'] \begin{bmatrix} 1 & 0 \\ 0 & 4 \end{bmatrix} \begin{bmatrix} x' \\ y' \end{bmatrix} \qquad (\because ④)$$

$$= [x' \ \ 4y'] \begin{bmatrix} x' \\ y' \end{bmatrix} = x'^2 + 4y'^2$$

これを①に代入して，$x'^2 + 4y'^2 = 4$ より，だ円：$\dfrac{x'^2}{4} + y'^2 = 1$ が導ける。

…………(終)

U は直交行列より，⑤は $[x' \ \ y'] \to [x \ \ y]$ への直交変換となる。直交変換では，“大きさ”や“角”が保存されるので，グラフの形はそのままに，座標系が変わったと考えればいい。だから，$x'y'$ 座標系でだ円なら xy 座標系でもだ円だよ。

演習問題 116　● 2 次形式の標準形への変形 (Ⅲ) ●

2 次曲線 $5x^2 - 8\sqrt{2}\,xy + y^2 = 9$ ……① の左辺を標準形に変形して，これが双曲線であることを確認せよ。

ヒント！ ①の左辺を $[x\ y]A\begin{bmatrix} x \\ y \end{bmatrix}$ の形にして，対称行列 A を直交行列 U により，$U^{-1}AU$ として対角化し，また $\begin{bmatrix} x \\ y \end{bmatrix} = U\begin{bmatrix} x' \\ y' \end{bmatrix}$ として新たな変数 x'，y' を用いて標準形に直すことができる。

解答＆解説

$5x^2 - 8\sqrt{2}\,xy + y^2 = 9$ ……① の左辺を，新たな変数 x'，y' を用いて，標準形にする。まず，

①の左辺 $= [x\ \ y]\begin{bmatrix} 5 & -4\sqrt{2} \\ -4\sqrt{2} & 1 \end{bmatrix}\begin{bmatrix} x \\ y \end{bmatrix}$ ……② とする。

ここで，$A = \begin{bmatrix} 5 & -4\sqrt{2} \\ -4\sqrt{2} & 1 \end{bmatrix}$ とおき，$A\boldsymbol{x} = \lambda\boldsymbol{x}$，すなわち，

$T\boldsymbol{x} = \boldsymbol{0}$ ……③ (ただし，$T = A - \lambda E$) をみたす λ と $\boldsymbol{x}$ を求める。

対称行列 A の
λ：固有値
$\boldsymbol{x}$：固有ベクトル

固有方程式 $|T| = \begin{vmatrix} 5-\lambda & -4\sqrt{2} \\ -4\sqrt{2} & 1-\lambda \end{vmatrix} = (5-\lambda)(1-\lambda) - (-4\sqrt{2})^2 = 0$ より，

$(\lambda-5)(\lambda-1) = \lambda^2 - 6\lambda + 5$　　32

$\lambda^2 - 6\lambda - 27 = 0$，$(\lambda - 9)(\lambda + 3) = 0$　　$\therefore \lambda = 9,\ -3$ （λ_1，λ_2）

(i) $\lambda_1 = 9$ のとき，③を $T_1\boldsymbol{x}_1 = \boldsymbol{0}$　そして $\boldsymbol{x}_1 = \begin{bmatrix} \alpha_1 \\ \alpha_2 \end{bmatrix}$ とおくと，

$$\begin{bmatrix} -4 & -4\sqrt{2} \\ -4\sqrt{2} & -8 \end{bmatrix}\begin{bmatrix} \alpha_1 \\ \alpha_2 \end{bmatrix} = \begin{bmatrix} 0 \\ 0 \end{bmatrix} \qquad \therefore \alpha_1 + \sqrt{2}\,\alpha_2 = 0$$

・$-4\alpha_1 - 4\sqrt{2}\alpha_2 = 0$ の両辺を -4 で割る。
・$-4\sqrt{2}\alpha_1 - 8\alpha_2 = 0$ の両辺を $-4\sqrt{2}$ で割る。

ここで，$\alpha_2 = -k_1$ とおくと，$\alpha_1 = \sqrt{2}\,k_1$　　$\therefore \boldsymbol{x}_1 = k_1\begin{bmatrix} \sqrt{2} \\ -1 \end{bmatrix}$

$\|\boldsymbol{x}_1\| = 1$ とするために，$k_1 = \dfrac{1}{\sqrt{3}}$ とおく。$\therefore \boldsymbol{x}_1 = \dfrac{1}{\sqrt{3}}\begin{bmatrix} \sqrt{2} \\ -1 \end{bmatrix}$

(ii) $\lambda_2 = -3$ のとき，③を $T_2\boldsymbol{x}_2 = \boldsymbol{0}$ そして $\boldsymbol{x}_2 = \begin{bmatrix} \beta_1 \\ \beta_2 \end{bmatrix}$ とおくと，

$$\begin{bmatrix} 8 & -4\sqrt{2} \\ -4\sqrt{2} & 4 \end{bmatrix}\begin{bmatrix} \beta_1 \\ \beta_2 \end{bmatrix} = \begin{bmatrix} 0 \\ 0 \end{bmatrix} \quad \therefore \sqrt{2}\beta_1 - \beta_2 = 0$$

・$8\beta_1 - 4\sqrt{2}\beta_2 = 0$ の両辺を $4\sqrt{2}$ で割る。
・$-4\sqrt{2}\beta_1 + 4\beta_2 = 0$ の両辺を -4 で割る。

ここで，$\beta_1 = k_2$ とおくと，$\beta_2 = \sqrt{2}k_2 \quad \therefore \boldsymbol{x}_2 = k_2\begin{bmatrix} 1 \\ \sqrt{2} \end{bmatrix}$

$\|\boldsymbol{x}_2\| = 1$ とするために，$k_2 = \dfrac{1}{\sqrt{3}} \quad \therefore \boldsymbol{x}_2 = \dfrac{1}{\sqrt{3}}\begin{bmatrix} 1 \\ \sqrt{2} \end{bmatrix}$

以上 (i)，(ii) より，A を対角化する直交行列 U は，

$U = [\boldsymbol{x}_1 \ \boldsymbol{x}_2] = \dfrac{1}{\sqrt{3}}\begin{bmatrix} \sqrt{2} & 1 \\ -1 & \sqrt{2} \end{bmatrix}$ となり，これを用いて A を対角化すると，

$U^{-1}AU = \begin{bmatrix} \lambda_1 & 0 \\ 0 & \lambda_2 \end{bmatrix} = \begin{bmatrix} 9 & 0 \\ 0 & -3 \end{bmatrix}$ ……④ となる。

ここで，新たな変数 x'，y' を，

$\begin{bmatrix} x \\ y \end{bmatrix} = U\begin{bmatrix} x' \\ y' \end{bmatrix}$ ……⑤ で定義する。⑤の両辺の転置行列をとって，

$[x \ \ y] = [x' \ y']\,{}^tU = [x' \ y']U^{-1}$ ……⑤′

${}^t\begin{bmatrix} x \\ y \end{bmatrix} = {}^t\left(U\begin{bmatrix} x' \\ y' \end{bmatrix}\right)$
$[x \ \ y] = [x' \ \ y']\,{}^tU$　（${}^tU = U^{-1}$）

⑤，⑤′を②に代入して，

$$\text{①の左辺} = [x' \ y']U^{-1}AU\begin{bmatrix} x' \\ y' \end{bmatrix} = [x' \ y']\begin{bmatrix} 9 & 0 \\ 0 & -3 \end{bmatrix}\begin{bmatrix} x' \\ y' \end{bmatrix}$$

（$U^{-1}AU = \begin{bmatrix} 9 & 0 \\ 0 & -3 \end{bmatrix}$ (④より)）

$$= [9x' \ \ -3y']\begin{bmatrix} x' \\ y' \end{bmatrix} = 9x'^2 - 3y'^2$$

これを①に代入して，$9x'^2 - 3y'^2 = 9$ より，双曲線 $x'^2 - \dfrac{y'^2}{3} = 1$ が導ける。

……(終)

直交行列 U による直交変換では，図形(曲線)の形はそのまま保存されるので，元の①式も双曲線であることが分かるんだね。

演習問題 117　● 2次形式の標準形への変形 (Ⅳ) ●

2次曲線 $x^2+4xy+y^2=3$ ……①　の左辺を標準形に変形して，これが双曲線であることを確認せよ。

ヒント！ ①の左辺を $[x\ y]A\begin{bmatrix}x\\y\end{bmatrix}$ (A：対称行列) に変形し，さらに，A を直交行列 U により，対角化するんだね。そして，$\begin{bmatrix}x\\y\end{bmatrix}=U\begin{bmatrix}x'\\y'\end{bmatrix}$ を用いて，座標変換する。

解答＆解説

$x^2+4xy+y^2=3$ ……①　の左辺を，新たな変数 x'，y' を使って，標準形に変形する。

①の左辺 $=[x\ \ y]\begin{bmatrix}1&2\\2&1\end{bmatrix}\begin{bmatrix}x\\y\end{bmatrix}$ ……②

$a_{11}x^2+2a_{12}xy+a_{22}y^2$
$=[x\ \ y]\begin{bmatrix}a_{11}&a_{12}\\a_{12}&a_{22}\end{bmatrix}\begin{bmatrix}x\\y\end{bmatrix}$

ここで，$A=\begin{bmatrix}1&2\\2&1\end{bmatrix}$ とおき，$A\boldsymbol{x}=\lambda\boldsymbol{x}$，すなわち

$T\boldsymbol{x}=\boldsymbol{0}$ ……③　(ただし，$T=A-\lambda E$) をみたす λ と $\boldsymbol{x}$ を求める。

固有方程式 $|T|=\begin{vmatrix}1-\lambda&2\\2&1-\lambda\end{vmatrix}=(1-\lambda)^2-4=0$

$\lambda^2-2\lambda-3=0$　　$(\lambda+1)(\lambda-3)=0$　　$\therefore\ \lambda=$ (ア)

(ⅰ) $\lambda_1=-1$ のとき，③を $T_1\boldsymbol{x}_1=\boldsymbol{0}$　そして，$\boldsymbol{x}_1=\begin{bmatrix}\alpha_1\\\alpha_2\end{bmatrix}$ とおくと，

$$\begin{bmatrix}2&2\\2&2\end{bmatrix}\begin{bmatrix}\alpha_1\\\alpha_2\end{bmatrix}=\begin{bmatrix}0\\0\end{bmatrix}\qquad\therefore\ \alpha_1+\alpha_2=0$$

(T の λ に $\lambda_1=-1$ を代入したもの)

ここで，$\alpha_1=k_1$ とおくと，$\alpha_2=-k_1$　　$\therefore\ \boldsymbol{x}_1=\begin{bmatrix}k_1\\-k_1\end{bmatrix}=k_1\begin{bmatrix}1\\-1\end{bmatrix}$

$\|\boldsymbol{x}_1\|=1$ とするため，$k_1=\dfrac{1}{\sqrt{2}}$ とおく。　$\therefore\ \boldsymbol{x}_1=\dfrac{1}{\sqrt{2}}$ (イ)

(ⅱ) $\lambda_2 = 3$ のとき，③を $T_2 \boldsymbol{x}_2 = \boldsymbol{0}$　そして，$\boldsymbol{x}_2 = \begin{bmatrix} \beta_1 \\ \beta_2 \end{bmatrix}$ とおくと，

$$\begin{bmatrix} -2 & 2 \\ 2 & -2 \end{bmatrix} \begin{bmatrix} \beta_1 \\ \beta_2 \end{bmatrix} = \begin{bmatrix} 0 \\ 0 \end{bmatrix} \qquad \therefore \beta_1 - \beta_2 = 0$$

T の λ に $\lambda_2 = 3$ を代入したもの

ここで，$\beta_1 = k_2$ とおくと，$\beta_2 = k_2$　$\therefore \boldsymbol{x}_2 = \begin{bmatrix} k_2 \\ k_2 \end{bmatrix} = k_2 \begin{bmatrix} 1 \\ 1 \end{bmatrix}$

$\|\boldsymbol{x}_2\| = 1$ とするため，$k_2 = \dfrac{1}{\sqrt{2}}$ とおく。　$\therefore \boldsymbol{x}_2 = \dfrac{1}{\sqrt{2}}$ (ウ)

(ⅰ)(ⅱ) より，A を対角化する直交行列 U は，

$U = [\boldsymbol{x}_1 \ \boldsymbol{x}_2] = \dfrac{1}{\sqrt{2}}$ (エ)　となり，これを用いて A を対角化すると，

$$U^{-1}AU = \begin{bmatrix} \lambda_1 & 0 \\ 0 & \lambda_2 \end{bmatrix} = \begin{bmatrix} -1 & 0 \\ 0 & 3 \end{bmatrix} \cdots\cdots ④$$

ここで，新たな変数 x'，y' を

$\begin{bmatrix} x \\ y \end{bmatrix} = U \begin{bmatrix} x' \\ y' \end{bmatrix} \cdots\cdots ⑤$　で定義する。⑤の両辺の転置行列をとって，

$$[x \ \ y] = [x' \ \ y'] U^{-1} \cdots\cdots ⑤'$$

⑤′，⑤を②に代入して，

$$①\text{の左辺} = [x' \ \ y'] U^{-1}AU \begin{bmatrix} x' \\ y' \end{bmatrix} = [x' \ \ y'] \begin{bmatrix} -1 & 0 \\ 0 & 3 \end{bmatrix} \begin{bmatrix} x' \\ y' \end{bmatrix} \quad (\because ④)$$

$$= [-1 \cdot x' \ \ 3y'] \begin{bmatrix} x' \\ y' \end{bmatrix} = -1 \cdot x'^2 + 3y'^2$$

これを①に代入して，$-x'^2 + 3y'^2 = 3$ より，双曲線 (オ) $= -1$

が導ける。……………………………………………………………(終)

……………………………………………………………………………

解答　(ア) -1，3　(イ) $\begin{bmatrix} 1 \\ -1 \end{bmatrix}$　(ウ) $\begin{bmatrix} 1 \\ 1 \end{bmatrix}$　(エ) $\begin{bmatrix} 1 & 1 \\ -1 & 1 \end{bmatrix}$　(オ) $\dfrac{x'^2}{3} - y'^2$

演習問題 118 ● 2 次形式の標準形への変形(V) ●

対称行列 $A=\begin{bmatrix}1&\sqrt{2}&0\\\sqrt{2}&1&\sqrt{2}\\0&\sqrt{2}&1\end{bmatrix}$ について，この変換行列（直交行列）

演習問題 111 (P171)

$U=\frac{1}{2}\begin{bmatrix}1&\sqrt{2}&1\\-\sqrt{2}&0&\sqrt{2}\\1&-\sqrt{2}&1\end{bmatrix}$ を用いると，$U^{-1}AU=\begin{bmatrix}-1&0&0\\0&1&0\\0&0&3\end{bmatrix}$ と対角化される。

これを用いて，2 次形式 $x^2+y^2+z^2+2\sqrt{2}xy+2\sqrt{2}yz$ を，$\begin{bmatrix}x\\y\\z\end{bmatrix}=U\begin{bmatrix}x'\\y'\\z'\end{bmatrix}$

により，x'，y'，z' に変数変換して，標準形 $a_{11}'x'^2+a_{22}'y'^2+a_{33}'z'^2$ の形にせよ。

ヒント！ まず，2 次形式を，対称行列 A を用いて，$[x\ y\ z]A\begin{bmatrix}x\\y\\z\end{bmatrix}$ …(ア) と

変形するんだね。ここで，$\begin{bmatrix}x\\y\\z\end{bmatrix}=U\begin{bmatrix}x'\\y'\\z'\end{bmatrix}$ …(イ) の両辺の転置行列をとって，

$[x\ y\ z]={}^t\left(U\begin{bmatrix}x'\\y'\\z'\end{bmatrix}\right)=[x'\ y'\ z']U^{-1}$ …(ウ)　（$\because\ {}^tU=U^{-1}$）

そして，(ウ) と (イ) を (ア) に代入して，計算すればいい。

解答＆解説

与えられた 2 次形式を変形して，

$$\underset{a_{11}}{1}\cdot x^2+\underset{a_{22}}{1}\cdot y^2+\underset{a_{33}}{1}\cdot z^2+\underset{2a_{12}}{2\sqrt{2}}xy+\underset{2a_{13}}{0}\cdot xz+\underset{2a_{23}}{2\sqrt{2}}yz=[x\ y\ z]\underbrace{\begin{bmatrix}1&\sqrt{2}&0\\\sqrt{2}&1&\sqrt{2}\\0&\sqrt{2}&1\end{bmatrix}}_{A}\begin{bmatrix}x\\y\\z\end{bmatrix}$$

$$=[x\ y\ z]A\begin{bmatrix}x\\y\\z\end{bmatrix}\ \cdots\cdots①$$

ここで，$A=\begin{bmatrix}1&\sqrt{2}&0\\\sqrt{2}&1&\sqrt{2}\\0&\sqrt{2}&1\end{bmatrix}$ は，$U=\frac{1}{2}\begin{bmatrix}1&\sqrt{2}&1\\-\sqrt{2}&0&\sqrt{2}\\1&-\sqrt{2}&1\end{bmatrix}$ により，次のように対角化される。

$$U^{-1}AU=\begin{bmatrix}-1&0&0\\0&1&0\\0&0&3\end{bmatrix}\cdots\cdots②$$

ここで，新たに変数 x'，y'，z' を次式により定義する。

$$\begin{bmatrix}x\\y\\z\end{bmatrix}=U\begin{bmatrix}x'\\y'\\z'\end{bmatrix}\cdots\cdots③$$

③の両辺の転置行列をとると，

$$[x\ y\ z]={}^t\left(U\begin{bmatrix}x'\\y'\\z'\end{bmatrix}\right)={}^t\begin{bmatrix}x'\\y'\\z'\end{bmatrix}\underbrace{{}^tU}_{U^{-1}}=[x'\ y'\ z']U^{-1}\cdots\cdots④$$

④，③を①に代入して，

$$x^2+y^2+z^2+2\sqrt{2}xy+2\sqrt{2}yz=[x'\ y'\ z']\underbrace{U^{-1}AU}_{\begin{bmatrix}-1&0&0\\0&1&0\\0&0&3\end{bmatrix}\cdots\cdots②}\begin{bmatrix}x'\\y'\\z'\end{bmatrix}$$

$$=[x'\ y'\ z']\begin{bmatrix}-1&0&0\\0&1&0\\0&0&3\end{bmatrix}\begin{bmatrix}x'\\y'\\z'\end{bmatrix}\qquad(\because ②)$$

$$=[-x'\ y'\ 3z']\begin{bmatrix}x'\\y'\\z'\end{bmatrix}$$

$$=-x'^2+y'^2+3z'^2\ \cdots\cdots\cdots\cdots(答)$$

演習問題 119　● エルミート行列の対角化（Ⅰ）●

エルミート行列 $A_H = \begin{bmatrix} 1 & 2i \\ -2i & -2 \end{bmatrix}$ を，ユニタリ行列 U_U を用いて，$U_U^{-1} A_H U_U$ として対角化せよ。

ヒント！ 固有方程式を解いて，2つの固有値 λ_1，λ_2 を求め，これから2つの正規直交ベクトル u_1，u_2 を求めて，そして，ユニタリ行列 U_U を作ればいいんだね。

解答＆解説

$Tx = 0$ ……① ただし，$T = A_H - \lambda E = \begin{bmatrix} 1-\lambda & 2i \\ -2i & -2-\lambda \end{bmatrix}$ とおく。

（$(A_H - \lambda E)x = 0 \ (x \neq 0)$ のこと）

固有方程式 $|T| = \begin{vmatrix} 1-\lambda & 2i \\ -2i & -2-\lambda \end{vmatrix} = (1-\lambda)(-2-\lambda) - 2i\cdot(-2i) = 0$

（$(\lambda-1)(\lambda+2) = \lambda^2+\lambda-2$，$4$）

を解いて，$\lambda^2 + \lambda - 6 = 0$　$(\lambda-2)(\lambda+3) = 0$

$\therefore \lambda = 2,\ -3$ （λ_1，λ_2 とおく）

（ⅰ）$\lambda_1 = 2$ のとき，①を $T_1 x_1 = 0$ とおき，$x_1 = \begin{bmatrix} \alpha_1 \\ \alpha_2 \end{bmatrix}$ とおくと，

$$\begin{bmatrix} -1 & 2i \\ -2i & -4 \end{bmatrix}\begin{bmatrix} \alpha_1 \\ \alpha_2 \end{bmatrix} = \begin{bmatrix} 0 \\ 0 \end{bmatrix}$$

（$\begin{bmatrix} -1 & 2i \\ -2i & -4 \end{bmatrix} \to \begin{bmatrix} -1 & 2i \\ 0 & 0 \end{bmatrix} \} r = 1$）

$-\alpha_1 + 2i\cdot\alpha_2 = 0$

ここで，$\alpha_2 = k_1$ とおくと，

$\alpha_1 = 2k_1 i$

$\therefore x_1 = k_1 \begin{bmatrix} 2i \\ 1 \end{bmatrix} \quad (k_1 \neq 0)$

ここで，$k_1 = \dfrac{1}{\sqrt{5}}$ とおくと，x_1 は正規化される。これを u_1 とおくと，

$$u_1 = \frac{1}{\sqrt{5}}\begin{bmatrix} 2i \\ 1 \end{bmatrix}$$

> $x_1' = \begin{bmatrix} 2i \\ 1 \end{bmatrix}$ とおくと，
>
> $\|x_1'\|^2 = {}^t x_1' \overline{x}_1'$
>
> $= [2i \ \ 1]\begin{bmatrix} -2i \\ 1 \end{bmatrix}$
>
> $= 2i\cdot(-2i) + 1\cdot 1 = 5$
>
> $\therefore \|x_1'\| = \sqrt{5}$ より，
>
> $k_1 = \dfrac{1}{\sqrt{5}}$ とおけばいい。

(ii) $\lambda_2 = -3$ のとき，①を $T_2 \boldsymbol{x}_2 = \boldsymbol{0}$ とおき，$\boldsymbol{x}_2 = \begin{bmatrix} \beta_1 \\ \beta_2 \end{bmatrix}$ とおくと，

$$\begin{bmatrix} 4 & 2i \\ -2i & 1 \end{bmatrix}\begin{bmatrix} \beta_1 \\ \beta_2 \end{bmatrix} = \begin{bmatrix} 0 \\ 0 \end{bmatrix}$$

$$\begin{bmatrix} 4 & 2i \\ -2i & 1 \end{bmatrix} \to \begin{bmatrix} -2i & 1 \\ -2i & 1 \end{bmatrix} \to \begin{bmatrix} -2i & 1 \\ 0 & 0 \end{bmatrix} \Big\} r = 1$$

$-2i\beta_1 + \beta_2 = 0$

ここで，$\beta_1 = k_2$ とおくと，

$\beta_2 = 2k_2 i$

$\therefore \boldsymbol{x}_2 = k_2 \begin{bmatrix} 1 \\ 2i \end{bmatrix}$

ここで，$k_2 = \dfrac{1}{\sqrt{5}}$ とおくと，$\boldsymbol{x}_2$ は正規化される。これを $\boldsymbol{u}_2$ とおくと，

$$\boldsymbol{u}_2 = \frac{1}{\sqrt{5}}\begin{bmatrix} 1 \\ 2i \end{bmatrix}$$

> $\boldsymbol{x}_2' = \begin{bmatrix} 1 \\ 2i \end{bmatrix}$ とおくと，
>
> $\|\boldsymbol{x}_2'\|^2 = {}^t\boldsymbol{x}_2' \overline{\boldsymbol{x}}_2'$
>
> $= [1 \quad 2i]\begin{bmatrix} 1 \\ -2i \end{bmatrix}$
>
> $= 1 \cdot 1 + 2i \cdot (-2i) = 5$
>
> $\therefore \|\boldsymbol{x}_2'\| = \sqrt{5}$ より，
>
> $k_2 = \dfrac{1}{\sqrt{5}}$ とおけばいい。

以上 (i)，(ii) より，ユニタリ行列 U_U を

$U_U = [\boldsymbol{u}_1 \quad \boldsymbol{u}_2] = \dfrac{1}{\sqrt{5}}\begin{bmatrix} 2i & 1 \\ 1 & 2i \end{bmatrix}$ とおくと，エルミート行列 A_H は，

$U_U^{-1} A_H U_U = \begin{bmatrix} 2 & 0 \\ 0 & -3 \end{bmatrix}$ と，対角化される。……………………………………(答)

> $U_U^{-1} A_H U_U$ を具体的に計算して，上記の答えと一致することを確かめておこう。
>
> $\overline{U}_U = \dfrac{1}{\sqrt{5}}\begin{bmatrix} -2i & 1 \\ 1 & -2i \end{bmatrix}$ $\quad \therefore U_U^{-1} = {}^t\overline{U}_U = \dfrac{1}{\sqrt{5}}\begin{bmatrix} -2i & 1 \\ 1 & -2i \end{bmatrix}$
>
> $\therefore U_U^{-1} A_H U_U = \dfrac{1}{5}\begin{bmatrix} -2i & 1 \\ 1 & -2i \end{bmatrix}\begin{bmatrix} 1 & 2i \\ -2i & -2 \end{bmatrix}\begin{bmatrix} 2i & 1 \\ 1 & 2i \end{bmatrix}$
>
> $= \dfrac{1}{5}\begin{bmatrix} -4i & 2 \\ -3 & 6i \end{bmatrix}\begin{bmatrix} 2i & 1 \\ 1 & 2i \end{bmatrix}$
>
> $= \dfrac{1}{5}\begin{bmatrix} 10 & 0 \\ 0 & -15 \end{bmatrix} = \begin{bmatrix} 2 & 0 \\ 0 & -3 \end{bmatrix}$ となって，間違いないね。

演習問題 120　●エルミート行列の対角化(Ⅱ)●

エルミート行列 $A_H = \begin{bmatrix} 5 & \sqrt{7}i \\ -\sqrt{7}i & -1 \end{bmatrix}$ を，ユニタリ行列 U_U を用いて，$U_U^{-1} A_H U_U$ として対角化せよ。

ヒント！ 固有方程式 $|T| = |A_H - \lambda E| = 0$ を解いて，2 つの固有値 λ_1，λ_2 を求め，これに対応する 2 つの正規直交ベクトル u_1，u_2 から，ユニタリ行列 $U_U = [u_1 \quad u_2]$ を作るんだね。

解答＆解説

$Tx = 0$ ……① $(x \neq 0)$　ただし，$T = A_H - \lambda E = \begin{bmatrix} 5-\lambda & \sqrt{7}i \\ -\sqrt{7}i & -1-\lambda \end{bmatrix}$ とおく。

（T は $(A_H - \lambda E)$ のこと）

固有方程式 $|T| = \begin{vmatrix} 5-\lambda & \sqrt{7}i \\ -\sqrt{7}i & -1-\lambda \end{vmatrix} = \underbrace{(5-\lambda)(-1-\lambda)}_{(\lambda-5)(\lambda+1)} - \underbrace{\sqrt{7}i \cdot (-\sqrt{7}i)}_{7} = 0$

を解いて，固有値 λ を求める。 $\lambda^2 - 4\lambda - 5 - 7 = 0$

$\lambda^2 - 4\lambda - 12 = 0 \quad (\lambda-6)(\lambda+2) = 0 \quad \therefore \lambda = \underbrace{6}_{\lambda_1},\ \underbrace{-2}_{\lambda_2 とおく}$

(i) $\lambda_1 = 6$ のとき，①を $T_1 x_1 = 0$ そして，$x_1 = \begin{bmatrix} \alpha_1 \\ \alpha_2 \end{bmatrix}$ とおくと，

$$\begin{bmatrix} -1 & \sqrt{7}i \\ -\sqrt{7}i & -7 \end{bmatrix} \begin{bmatrix} \alpha_1 \\ \alpha_2 \end{bmatrix} = \begin{bmatrix} 0 \\ 0 \end{bmatrix}$$

$$\begin{bmatrix} -1 & \sqrt{7}i \\ -\sqrt{7}i & -7 \end{bmatrix} \to \begin{bmatrix} -1 & \sqrt{7}i \\ 0 & 0 \end{bmatrix} \Big\} r = 1$$

$-\alpha_1 + \sqrt{7}i \cdot \alpha_2 = 0$

ここで，$\alpha_2 = k_1$ とおくと，

$\alpha_1 = \sqrt{7}i \cdot k_1$

$\therefore x_1 = k_1 \begin{bmatrix} \sqrt{7}i \\ 1 \end{bmatrix} \quad (k_1 \neq 0)$

ここで，$k_1 = \dfrac{1}{2\sqrt{2}}$ とおくと，x_1 は正規化される。これを u_1 とおくと，

$$u_1 = \frac{1}{2\sqrt{2}} \begin{bmatrix} \sqrt{7}i \\ 1 \end{bmatrix}$$

$x_1' = \begin{bmatrix} \sqrt{7}i \\ 1 \end{bmatrix}$ とおくと，

$\|x_1'\|^2 = {}^t x_1' \overline{x}_1'$

$= [\sqrt{7}i \quad 1] \begin{bmatrix} -\sqrt{7}i \\ 1 \end{bmatrix}$

$= \sqrt{7}i \cdot (-\sqrt{7}i) + 1 \cdot 1 = 7 + 1 = 8$

$\therefore \|x_1'\| = \underbrace{2\sqrt{2}}_{\sqrt{8}}$ より，$k_1 = \dfrac{1}{2\sqrt{2}}$ とおく。

(ⅱ) $\lambda_2 = -2$ のとき，①を $T_2 x_2 = 0$ そして，$x_2 = \begin{bmatrix} \beta_1 \\ \beta_2 \end{bmatrix}$ とおくと，

$$\begin{bmatrix} 7 & \sqrt{7}i \\ -\sqrt{7}i & 1 \end{bmatrix}\begin{bmatrix} \beta_1 \\ \beta_2 \end{bmatrix} = \begin{bmatrix} 0 \\ 0 \end{bmatrix}$$

$$\begin{bmatrix} 7 & \sqrt{7}i \\ -\sqrt{7}i & 1 \end{bmatrix} \to \begin{bmatrix} \sqrt{7} & i \\ -\sqrt{7}i & 1 \end{bmatrix} \to \begin{bmatrix} \sqrt{7} & i \\ 0 & 0 \end{bmatrix} \Big\} r = 1$$

$$\sqrt{7}\beta_1 + i \cdot \beta_2 = 0$$

$\beta_1 = k_2$ とおくと，$\beta_2 = -\dfrac{\sqrt{7}k_2}{i} = \dfrac{i^2\sqrt{7}k_2}{i} = \sqrt{7}\,i \cdot k_2$

$$\therefore x_2 = k_2 \begin{bmatrix} 1 \\ \sqrt{7}i \end{bmatrix} \quad (k_2 \neq 0)$$

ここで，$k_2 = \dfrac{1}{2\sqrt{2}}$ とおくと，x_2 は正規化される。よって，これを u_2 とおくと，

$$u_2 = \frac{1}{2\sqrt{2}}\begin{bmatrix} 1 \\ \sqrt{7}i \end{bmatrix}$$

$x_2' = \begin{bmatrix} 1 \\ \sqrt{7}i \end{bmatrix}$ とおくと，

$\|x_2'\|^2 = {}^t x_2' \,\overline{x}_2' = [1 \;\; \sqrt{7}i]\begin{bmatrix} 1 \\ -\sqrt{7}i \end{bmatrix}$

$= 1^2 - 7i^2 = 8$

$\therefore \|x_2'\| = 2\sqrt{2}$ より，$k_2 = \dfrac{1}{2\sqrt{2}}$ とおく。

以上(ⅰ),(ⅱ)より，ユニタリ行列 U_U を

$U_U = \dfrac{1}{2\sqrt{2}}\begin{bmatrix} \sqrt{7}i & 1 \\ 1 & \sqrt{7}i \end{bmatrix}$ とおくと，エルミート行列 A_H は，

$U_U^{-1} A_H U_U = \begin{bmatrix} 6 & 0 \\ 0 & -2 \end{bmatrix}$ と対角化される。 ……………………………………(答)

$U_U^{-1} A_H U_U$ を実際に計算して，確認しておこう。

$U_U = \dfrac{1}{2\sqrt{2}}\begin{bmatrix} \sqrt{7}i & 1 \\ 1 & \sqrt{7}i \end{bmatrix}$ より，$U_U^{-1} = {}^t\overline{U}_U = \dfrac{1}{2\sqrt{2}}\begin{bmatrix} -\sqrt{7}i & 1 \\ 1 & -\sqrt{7}i \end{bmatrix}$

$$\therefore U_U^{-1} A_H U_U = \frac{1}{8}\begin{bmatrix} -\sqrt{7}i & 1 \\ 1 & -\sqrt{7}i \end{bmatrix}\begin{bmatrix} 5 & \sqrt{7}i \\ -\sqrt{7}i & -1 \end{bmatrix}\begin{bmatrix} \sqrt{7}i & 1 \\ 1 & \sqrt{7}i \end{bmatrix}$$

$= \dfrac{1}{8}\begin{bmatrix} -6\sqrt{7}i & 6 \\ -2 & 2\sqrt{7}i \end{bmatrix}\begin{bmatrix} \sqrt{7}i & 1 \\ 1 & \sqrt{7}i \end{bmatrix} = \dfrac{1}{8}\begin{bmatrix} 48 & 0 \\ 0 & -16 \end{bmatrix} = \begin{bmatrix} 6 & 0 \\ 0 & -2 \end{bmatrix}$ となって，

間違いないことが分かった。

演習問題 121 ● エルミート行列の対角化(Ⅲ) ●

エルミート行列 $A_H = \begin{bmatrix} 2 & 1+i \\ 1-i & 3 \end{bmatrix}$ を，ユニタリ行列 U_U を用いて，$U_U^{-1}A_HU_U$ として対角化せよ。

ヒント！ 固有方程式から相異なる 2 つの固有値が求まる。それぞれの固有値に対する固有ベクトルから，正規直交系 $\{u_1, u_2\}$ を求めよう。

解答＆解説

$Tx = 0$ ……① ただし，$T = A_H - \lambda E = \begin{bmatrix} 2-\lambda & 1+i \\ 1-i & 3-\lambda \end{bmatrix}$ とおく。

($A_H x = \lambda x$ ($x \neq 0$) と同値)

固有方程式 $|T| = \begin{vmatrix} 2-\lambda & 1+i \\ 1-i & 3-\lambda \end{vmatrix} = (2-\lambda)(3-\lambda) - (1+i)(1-i) = 0$

を解いて，固有値 λ を求める。$6 - 5\lambda + \lambda^2 - (1 - \underset{-1}{i^2}) = 0$

$\lambda^2 - 5\lambda + 4 = 0 \quad (\lambda - 1)(\lambda - 4) = 0 \quad \therefore \lambda = 1, 4$ (λ_1, λ_2)

(i) $\lambda_1 = 1$ のとき，①を $T_1 x_1 = 0$ そして，$x_1 = \begin{bmatrix} \alpha_1 \\ \alpha_2 \end{bmatrix}$ とおくと，

$$\begin{bmatrix} 1 & 1+i \\ 1-i & 2 \end{bmatrix}\begin{bmatrix} \alpha_1 \\ \alpha_2 \end{bmatrix} = \begin{bmatrix} 0 \\ 0 \end{bmatrix}$$

$\begin{bmatrix} 1 & 1+i \\ 1-i & 2 \end{bmatrix} \to \begin{bmatrix} 1 & 1+i \\ 0 & 0 \end{bmatrix} \} r = 1$

$\alpha_1 + (1+i)\alpha_2 = 0$

$\alpha_2 = k_1$ とおくと，

$\alpha_1 = -(1+i)k_1$

$$\therefore x = k_1 \begin{bmatrix} -1-i \\ 1 \end{bmatrix} \quad (k_1 \neq 0)$$

ここで，$k_1 = \frac{1}{\sqrt{3}}$ とおくと，x_1 は正規化される。よって，これを u_1 とおくと，

$$u_1 = \frac{1}{\sqrt{3}} \begin{bmatrix} -1-i \\ 1 \end{bmatrix}$$

$x_1' = \begin{bmatrix} -1-i \\ 1 \end{bmatrix}$ とおくと，

$\|x_1'\|^2 = {}^t x_1' \overline{x_1'}$

$= [-1-i \quad 1]\begin{bmatrix} -1+i \\ 1 \end{bmatrix}$

$= (1+i)(1-i) + 1 \cdot 1$

$= 1 - i^2 + 1 = 3$

$\therefore \|x_1'\| = \sqrt{3}$ より，$k_1 = \frac{1}{\sqrt{3}}$ とおけばいい。

(ⅱ) $\lambda_2 = 4$ のとき，①を $T_2 x_2 = 0$ そして，$x_2 = \begin{bmatrix} \beta_1 \\ \beta_2 \end{bmatrix}$ とおくと，

$$\begin{bmatrix} -2 & 1+i \\ 1-i & -1 \end{bmatrix} \begin{bmatrix} \beta_1 \\ \beta_2 \end{bmatrix} = \begin{bmatrix} 0 \\ 0 \end{bmatrix}$$

$$\begin{bmatrix} -2 & 1+i \\ 1-i & -1 \end{bmatrix} \to \begin{bmatrix} 1-i & -1 \\ -2 & 1+i \end{bmatrix} \to \begin{bmatrix} 1-i & -1 \\ 0 & 0 \end{bmatrix}$$

$(1-i)\beta_1 - \beta_2 = 0$

$\beta_1 = k_2$ とおくと，

$\beta_2 = (1-i)k_2$

$$\therefore x_2 = k_2 \begin{bmatrix} 1 \\ 1-i \end{bmatrix}$$

ここで，$k_2 = \dfrac{1}{\sqrt{3}}$ とおくと，x_2 は正規化される。よって，これを u_2 とおくと，

$$u_2 = \frac{1}{\sqrt{3}} \begin{bmatrix} 1 \\ 1-i \end{bmatrix}$$

$x_2{}' = \begin{bmatrix} 1 \\ 1-i \end{bmatrix}$ とおくと，

$$\|x_2{}'\|^2 = [1 \quad 1-i] \begin{bmatrix} 1 \\ 1+i \end{bmatrix}$$

$$= 1 \cdot 1 + (1-i)(1+i)$$

$$= 1 + 1 - i^2 = 3$$

$\therefore \|x_2{}'\| = \sqrt{3}$ より，$k_2 = \dfrac{1}{\sqrt{3}}$ とおけばいい。

以上 (ⅰ), (ⅱ) より，ユニタリ行列 U_U を

$$U_U = [u_1 \quad u_2] = \frac{1}{\sqrt{3}} \begin{bmatrix} -1-i & 1 \\ 1 & 1-i \end{bmatrix}$$ とおくと，エルミート行列 A_H は

$$U_U{}^{-1} A_H U_U = \begin{bmatrix} 1 & 0 \\ 0 & 4 \end{bmatrix}$$ と対角化される。 ……………………………………(答)

$U_U{}^{-1} A_H U_U$ を具体的に計算して，答えと一致することを確かめてみよう。

$$\overline{U_U} = \frac{1}{\sqrt{3}} \begin{bmatrix} -1+i & 1 \\ 1 & 1+i \end{bmatrix} \qquad \therefore U_U{}^{-1} = {}^t\overline{U_U} = \frac{1}{\sqrt{3}} \begin{bmatrix} -1+i & 1 \\ 1 & 1+i \end{bmatrix}$$

$$\therefore U_U{}^{-1} A_H U_U = \frac{1}{3} \begin{bmatrix} -1+i & 1 \\ 1 & 1+i \end{bmatrix} \begin{bmatrix} 2 & 1+i \\ 1-i & 3 \end{bmatrix} \begin{bmatrix} -1-i & 1 \\ 1 & 1-i \end{bmatrix}$$

$$= \frac{1}{3} \begin{bmatrix} -1+i & 1 \\ 1 & 1+i \end{bmatrix} \begin{bmatrix} -2-2i+1+i & 2+1-i^2 \\ -(1-i)(1+i)+3 & 1-i+3-3i \end{bmatrix}$$

$$= \frac{1}{3} \begin{bmatrix} -1+i & 1 \\ 1 & 1+i \end{bmatrix} \begin{bmatrix} -1-i & 4 \\ 1 & 4-4i \end{bmatrix} = \frac{1}{3} \begin{bmatrix} (1-i)(1+i)+1 & -4+4i+4-4i \\ -1-i+1+i & 4+4(1-i)(1+i) \end{bmatrix}$$

$$= \frac{1}{3} \begin{bmatrix} 1-i^2+1 & 0 \\ 0 & 4+4(1-i^2) \end{bmatrix} = \frac{1}{3} \begin{bmatrix} 3 & 0 \\ 0 & 12 \end{bmatrix} = \begin{bmatrix} 1 & 0 \\ 0 & 4 \end{bmatrix}$$ となって，OK だね。

演習問題 122　●エルミート行列の対角化（IV）●

エルミート行列 $A_H=\begin{bmatrix}-1 & 1-2i \\ 1+2i & 3\end{bmatrix}$ を，ユニタリ行列 U_U を用いて，$U_U^{-1}A_HU_U$ として対角化せよ。

ヒント！ 固有方程式 $|T|=|A_H-\lambda E|=0$ から，固有値 λ を求めて，それぞれの固有ベクトルを求めて，ユニタリ行列 U_U を作ればいいんだね。

解答＆解説

$Tx=0$ ……① ただし，$T=A_H-\lambda E=\begin{bmatrix}-1-\lambda & 1-2i \\ 1+2i & 3-\lambda\end{bmatrix}$ とおく。

（$(A_H-\lambda E)x=0$ のこと）

固有方程式 $|T|=\begin{vmatrix}-1-\lambda & 1-2i \\ 1+2i & 3-\lambda\end{vmatrix}=(-1-\lambda)(3-\lambda)-(1-2i)(1+2i)=0$

（$(\lambda+1)(\lambda-3)=\lambda^2-2\lambda-3$）（$1^2-4i^2=5$）

を解いて，固有値 λ を求めると，$\lambda^2-2\lambda-8=0$ より，

$(\lambda-4)(\lambda+2)=0$　$\therefore \lambda=4,\ -2$ となる。

（λ_1）（λ_2 とおく）

(i) $\lambda_1=4$ のとき，①を $T_1x_1=0$，そして，$x_1=\begin{bmatrix}\alpha_1 \\ \alpha_2\end{bmatrix}$ とおくと，

$$\begin{bmatrix}-5 & 1-2i \\ 1+2i & -1\end{bmatrix}\begin{bmatrix}\alpha_1 \\ \alpha_2\end{bmatrix}=\begin{bmatrix}0 \\ 0\end{bmatrix}$$

（$\begin{bmatrix}-5 & 1-2i \\ 1+2i & -1\end{bmatrix}\to\begin{bmatrix}-1-2i & 1 \\ -5 & 1-2i\end{bmatrix}\to\begin{bmatrix}-1-2i & 1 \\ 0 & 0\end{bmatrix}\Big\}r=1$）

$-(1+2i)\alpha_1+\alpha_2=0$

$\alpha_1=k_1$ とおくと，

$\alpha_2=(1+2i)k_1$

$\therefore x_1=k_1\begin{bmatrix}1 \\ 1+2i\end{bmatrix}$　$(k_1\neq 0)$

ここで，$k_1=\frac{1}{\sqrt{6}}$ とおくと，

x_1 は正規化される。よって，

（$x_1'=\begin{bmatrix}1 \\ 1+2i\end{bmatrix}$ とおくと，

$\|x_1'\|^2={}^t x_1'\bar{x}_1'$

$=[1\ \ 1+2i]\begin{bmatrix}1 \\ 1-2i\end{bmatrix}=1^2+(1+2i)(1-2i)$

$=1+1-4i^2=6$

$\therefore \|x_1'\|=\sqrt{6}$ より，$k_1=\frac{1}{\sqrt{6}}$ とおけばいい）

これを $\boldsymbol{u}_1$ とおくと，$\boldsymbol{u}_1=\dfrac{1}{\sqrt{6}}\begin{bmatrix}1\\1+2i\end{bmatrix}$ となる。

(ii) $\lambda_2=-2$ のとき，①を $T_2\boldsymbol{x}_2=\boldsymbol{0}$ 　そして，$\boldsymbol{x}_2=\begin{bmatrix}\beta_1\\\beta_2\end{bmatrix}$ とおくと，

$$\begin{bmatrix}1 & 1-2i\\1+2i & 5\end{bmatrix}\begin{bmatrix}\beta_1\\\beta_2\end{bmatrix}=\begin{bmatrix}0\\0\end{bmatrix}$$

$$\begin{bmatrix}1 & 1-2i\\1+2i & 5\end{bmatrix}\rightarrow\begin{bmatrix}1 & 1-2i\\0 & 0\end{bmatrix}\Big\}r=1$$

$\beta_1+(1-2i)\beta_2=0$

$\beta_2=k_2$ とおくと，

$\beta_1=-(1-2i)k_2$

$\therefore\ \boldsymbol{x}_2=k_2\begin{bmatrix}-1+2i\\1\end{bmatrix}$

ここで，$k_2=\dfrac{1}{\sqrt{6}}$ とおくと，

$\boldsymbol{x}_2$ は正規化される。よって，

$\boldsymbol{x}_2'=\begin{bmatrix}-1+2i\\1\end{bmatrix}$ とおくと，

$\|\boldsymbol{x}_2'\|^2=[-1+2i\ \ 1]\begin{bmatrix}-1-2i\\1\end{bmatrix}$

$=(-1+2i)(-1-2i)+1^2$

$=1-4i^2+1=6$

$\therefore\ \|\boldsymbol{x}_2'\|=\sqrt{6}$ より，$k_2=\dfrac{1}{\sqrt{6}}$ とおけばいい

これを $\boldsymbol{u}_2$ とおくと，$\boldsymbol{u}_2=\dfrac{1}{\sqrt{6}}\begin{bmatrix}-1+2i\\1\end{bmatrix}$ となる。

以上より，ユニタリ行列 U_U を

$U_U=[\boldsymbol{u}_1\ \boldsymbol{u}_2]=\dfrac{1}{\sqrt{6}}\begin{bmatrix}1 & -1+2i\\1+2i & 1\end{bmatrix}$ とおくと，エルミート行列 A_H は，

$U_U^{-1}A_HU_U$ により対角化されて，$U_U^{-1}A_HU_U=\begin{bmatrix}4 & 0\\0 & -2\end{bmatrix}$ となる。

……(答)

$U_U=\dfrac{1}{\sqrt{6}}\begin{bmatrix}1 & -1+2i\\1+2i & 1\end{bmatrix}$，$U_U^{-1}={}^t\overline{U}_U=\begin{bmatrix}1 & 1-2i\\-1-2i & 1\end{bmatrix}$ より，

$U_U^{-1}A_HU_U=\dfrac{1}{6}\begin{bmatrix}1 & 1-2i\\-1-2i & 1\end{bmatrix}\begin{bmatrix}-1 & 1-2i\\1+2i & 3\end{bmatrix}\begin{bmatrix}1 & -1+2i\\1+2i & 1\end{bmatrix}$ を

実際に計算して，これが $\begin{bmatrix}4 & 0\\0 & -2\end{bmatrix}$ となることを，自分で確認しておこう。

演習問題 123　● エルミート行列の対角化 (V) ●

エルミート行列 $\boldsymbol{A}_H = \begin{bmatrix} 2 & \sqrt{2}i & 1 \\ -\sqrt{2}i & 3 & -\sqrt{2}i \\ 1 & \sqrt{2}i & 2 \end{bmatrix}$ を，ユニタリ行列 $\boldsymbol{U}_U$ を用いて，$\boldsymbol{U}_U^{-1}\boldsymbol{A}_H\boldsymbol{U}_U$ として対角化せよ。

ヒント！ 固有値に重解が含まれる場合である。重解に対する正規直交系の固有ベクトルを，シュミットの正規直交化法によって求めればいい。

解答＆解説

$\boldsymbol{T}\boldsymbol{x} = \boldsymbol{0}$ ……①　ただし，$\boldsymbol{T} = \boldsymbol{A}_H - \lambda\boldsymbol{E} = \begin{bmatrix} 2-\lambda & \sqrt{2}i & 1 \\ -\sqrt{2}i & 3-\lambda & -\sqrt{2}i \\ 1 & \sqrt{2}i & 2-\lambda \end{bmatrix}$ とおく。

($\boldsymbol{A}_H\boldsymbol{x} = \lambda\boldsymbol{x}$ ($\boldsymbol{x} \neq \boldsymbol{0}$) と同値)

固有方程式 $|\boldsymbol{T}| = \begin{vmatrix} 2-\lambda & \sqrt{2}i & 1 \\ -\sqrt{2}i & 3-\lambda & -\sqrt{2}i \\ 1 & \sqrt{2}i & 2-\lambda \end{vmatrix}$

$= (3-\lambda)(2-\lambda)^2 - 2i^2 - 2i^2 - (3-\lambda) + 2i^2(2-\lambda) + (2-\lambda)2i^2 = 0$

($(2-\lambda)^2 = 4-4\lambda+\lambda^2$，$i^2 = -1$)

を解いて，固有値 λ を求める。

$12 - 12\lambda + 3\lambda^2 - 4\lambda + 4\lambda^2 - \lambda^3 + 4 - 3 + \lambda - 4 + 2\lambda - 4 + 2\lambda = 0$

$\lambda^3 - 7\lambda^2 + 11\lambda - 5 = 0$

$(\lambda - 5)(\lambda - 1)^2 = 0$

$\therefore \lambda = 5,\ 1$ (重解)　（$\lambda_1 = 5$，$\lambda_2 = 1$）

組立て除法

	1	−7	11	−5
1)		1	−6	5
	1	−6	5	(0)

(i) $\lambda_1 = 5$ のとき，①を $\boldsymbol{T}_1\boldsymbol{x}_1 = \boldsymbol{0}$　そして，$\boldsymbol{x}_1 = \begin{bmatrix} \alpha_1 \\ \alpha_2 \\ \alpha_3 \end{bmatrix}$ とおくと，

$$\begin{bmatrix} -3 & \sqrt{2}i & 1 \\ -\sqrt{2}i & -2 & -\sqrt{2}i \\ 1 & \sqrt{2}i & -3 \end{bmatrix}\begin{bmatrix} \alpha_1 \\ \alpha_2 \\ \alpha_3 \end{bmatrix} = \begin{bmatrix} 0 \\ 0 \\ 0 \end{bmatrix}$$

$$\begin{bmatrix} 1 & \sqrt{2}i & -3 \\ -\sqrt{2}i & -2 & -\sqrt{2}i \\ -3 & \sqrt{2}i & 1 \end{bmatrix} \to \begin{bmatrix} 1 & \sqrt{2}i & -3 \\ 0 & -4 & -4\sqrt{2}i \\ 0 & 4\sqrt{2}i & -8 \end{bmatrix} \to \begin{bmatrix} 1 & \sqrt{2}i & -3 \\ 0 & 1 & \sqrt{2}i \\ 0 & \sqrt{2}i & -2 \end{bmatrix} \to \begin{bmatrix} 1 & \sqrt{2}i & -3 \\ 0 & 1 & \sqrt{2}i \\ 0 & 0 & 0 \end{bmatrix} \Big\} r = 2$$

$$\begin{cases} \alpha_1 + \sqrt{2}i\alpha_2 - 3\alpha_3 = 0 \\ \alpha_2 + \sqrt{2}i\alpha_3 = 0 \end{cases}$$

$\alpha_3 = k_1$ とおくと，$\alpha_2 = -\sqrt{2}ik_1$

$\alpha_1 - 2i^2 k_1 - 3k_1 = 0$ より，$\alpha_1 = k_1$

$$\therefore \boldsymbol{x} = \begin{bmatrix} k_1 \\ -\sqrt{2}\,ik_1 \\ k_1 \end{bmatrix} = k_1 \begin{bmatrix} 1 \\ -\sqrt{2}\,i \\ 1 \end{bmatrix} \quad (k_1 \neq 0)$$

$\boldsymbol{x}_1{}' = \begin{bmatrix} 1 \\ -\sqrt{2}\,i \\ 1 \end{bmatrix}$ とおくと，

$\|\boldsymbol{x}_1{}'\|^2 = {}^t\boldsymbol{x}_1{}'\overline{\boldsymbol{x}_1{}'} = [-1 \ \ -\sqrt{2}\,i \ \ 1] \begin{bmatrix} 1 \\ \sqrt{2}\,i \\ 1 \end{bmatrix}$

$= 1 \cdot 1 - \sqrt{2}\,i \cdot \sqrt{2}\,i + 1 \cdot 1 = 4$

$\therefore \|\boldsymbol{x}_1{}'\| = 2$ より，$k_1 = \frac{1}{2}$ とおけばいい。

ここで，$k_1 = \frac{1}{2}$ とおくと，$\boldsymbol{x}_1$ は正規化される。よって，これを $\boldsymbol{u}_1$ とおくと，

$$\boldsymbol{u}_1 = \frac{1}{2} \begin{bmatrix} 1 \\ -\sqrt{2}\,i \\ 1 \end{bmatrix}$$ となる。

← $A_H \boldsymbol{u}_1 = \lambda_1 \boldsymbol{u}_1$ を $\boldsymbol{u}_1$ はみたす。$(\lambda_1 = 5)$

(ii) $\lambda_2 = 1$（重解）のとき，①を $T_2 \boldsymbol{x}_2 = \boldsymbol{0}$ そして，$\boldsymbol{x}_1 = \begin{bmatrix} \beta_1 \\ \beta_2 \\ \beta_3 \end{bmatrix}$ とおくと，

$$\begin{bmatrix} 1 & \sqrt{2}\,i & 1 \\ -\sqrt{2}\,i & 2 & -\sqrt{2}\,i \\ 1 & \sqrt{2}\,i & 1 \end{bmatrix} \begin{bmatrix} \beta_1 \\ \beta_2 \\ \beta_3 \end{bmatrix} = \begin{bmatrix} 0 \\ 0 \\ 0 \end{bmatrix}$$

$$\begin{bmatrix} 1 & \sqrt{2}\,i & 1 \\ -\sqrt{2}\,i & 2 & -\sqrt{2}\,i \\ 1 & \sqrt{2}\,i & 1 \end{bmatrix} \rightarrow \begin{bmatrix} 1 & \sqrt{2}\,i & 1 \\ 0 & 0 & 0 \\ 0 & 0 & 0 \end{bmatrix} \Big\} r = 1$$

$\beta_1 + \sqrt{2}\,i\beta_2 + \beta_3 = 0$

$\beta_2 = k_2$，$\beta_3 = k_3$ とおくと，

$\beta_1 = -\sqrt{2}\,ik_2 - k_3$

$$\therefore \boldsymbol{x}_2 = \begin{bmatrix} -\sqrt{2}\,ik_2 - k_3 \\ k_2 \\ k_3 \end{bmatrix} = k_2 \underbrace{\begin{bmatrix} -\sqrt{2}\,i \\ 1 \\ 0 \end{bmatrix}}_{\boldsymbol{a}_2} + k_3 \underbrace{\begin{bmatrix} -1 \\ 0 \\ 1 \end{bmatrix}}_{\boldsymbol{a}_3}$$

この $\boldsymbol{a}_2$ と $\boldsymbol{a}_3$ は線形独立だけれど，

$\boldsymbol{a}_2 \cdot \boldsymbol{a}_3 = {}^t\boldsymbol{a}_2 \overline{\boldsymbol{a}}_3 = [-\sqrt{2}\,i \ \ 1 \ \ 0] \begin{bmatrix} -1 \\ 0 \\ 1 \end{bmatrix}$

$= -\sqrt{2}\,i \cdot (-1) + 1 \cdot 0 + 0 \cdot 1 = \sqrt{2}\,i \neq 0$

より，直交しない。

ここで，$\boldsymbol{a}_2 = \begin{bmatrix} -\sqrt{2}\,i \\ 1 \\ 0 \end{bmatrix}$，$\boldsymbol{a}_3 = \begin{bmatrix} -1 \\ 0 \\ 1 \end{bmatrix}$ とおくと，$\boldsymbol{x}_2 = k_2 \boldsymbol{a}_2 + k_3 \boldsymbol{a}_3$

任意定数 k_2，k_3 の値に対して，この $\boldsymbol{x}_2$ は固有値 $\lambda_2 = 1$ に対する固有ベクトルになる。（ただし，$\boldsymbol{x}_2 \neq \boldsymbol{0}$ より，$(k_2,\ k_3) \neq (0,\ 0)$）

よって，この $\boldsymbol{x}_2 = k_2 \boldsymbol{a}_2 + k_3 \boldsymbol{a}_3$ で作られる様々な解ベクトル $\boldsymbol{x}_2$ のうち，互いに直交する大きさが 1 の 2 つのベクトル $\boldsymbol{u}_2$ と $\boldsymbol{u}_3$ を選べばよい。

$\boldsymbol{a}_2 = \begin{bmatrix} -\sqrt{2}i \\ 1 \\ 0 \end{bmatrix}$, $\boldsymbol{a}_3 = \begin{bmatrix} -1 \\ 0 \\ 1 \end{bmatrix}$ と $\boldsymbol{u}_1 = \frac{1}{2}\begin{bmatrix} 1 \\ -\sqrt{2}i \\ 1 \end{bmatrix}$ との内積は,

$$\boldsymbol{a}_2 \cdot \boldsymbol{u}_1 = [-\sqrt{2}i \quad 1 \quad 0] \cdot \frac{1}{2}\begin{bmatrix} 1 \\ \sqrt{2}i \\ 1 \end{bmatrix} = \frac{1}{2}(-\sqrt{2}i \cdot 1 + 1 \cdot \sqrt{2}i + 0 \cdot 1) = 0$$

$$\boldsymbol{a}_3 \cdot \boldsymbol{u}_1 = [-1 \quad 0 \quad 1] \cdot \frac{1}{2}\begin{bmatrix} 1 \\ \sqrt{2}i \\ 1 \end{bmatrix} = \frac{1}{2}(-1 \cdot 1 + 0 \cdot \sqrt{2}i + 1 \cdot 1) = 0$$

$$\therefore \boldsymbol{x}_2 \cdot \boldsymbol{u}_1 = (k_2\boldsymbol{a}_2 + k_3\boldsymbol{a}_3) \cdot \boldsymbol{u}_1 = (k_2\boldsymbol{a}_2) \cdot \boldsymbol{u}_1 + (k_3\boldsymbol{a}_3) \cdot \boldsymbol{u}_1$$

$$= k_2(\underbrace{\boldsymbol{a}_2 \cdot \boldsymbol{u}_1}_{0}) + k_3(\underbrace{\boldsymbol{a}_3 \cdot \boldsymbol{u}_1}_{0}) = 0$$ より,

任意のk_2, k_3の値に対して, $\boldsymbol{x}_2$と$\boldsymbol{u}_1$は直交するね。

すると, この$\boldsymbol{u}_2$, $\boldsymbol{u}_3$と(i)の$\boldsymbol{u}_1 = \frac{1}{2}\begin{bmatrix} 1 \\ -\sqrt{2}i \\ 1 \end{bmatrix}$は, 正規直交系をつくるので, ユニタリ行列$U_U$を, $U_U = [\boldsymbol{u}_1 \quad \boldsymbol{u}_2 \quad \boldsymbol{u}_3]$とおくことによって,

（正規直交系：互いに直交する大きさ1のベクトルの集合）

エルミート行列A_Hは, $U_U^{-1}A_HU_U = \begin{bmatrix} 5 & 0 & 0 \\ 0 & 1 & 0 \\ 0 & 0 & 1 \end{bmatrix}$と対角化できる。

この$\boldsymbol{u}_2$と$\boldsymbol{u}_3$を, $\boldsymbol{a}_2$と$\boldsymbol{a}_3$を用いて, シュミットの正規直交化法により求める。

(ア) $\|\boldsymbol{a}_2\|^2 = \boldsymbol{a}_2 \cdot \boldsymbol{a}_2 = [-\sqrt{2}i \quad 1 \quad 0]\begin{bmatrix} \sqrt{2}i \\ 1 \\ 0 \end{bmatrix} = -\sqrt{2}i \cdot \sqrt{2}i + 1 \cdot 1 + 0 \cdot 0 = 3$ より,

$$\|\boldsymbol{a}_2\| = \sqrt{3} \quad \therefore \boldsymbol{u}_2 = \frac{1}{\|\boldsymbol{a}_2\|}\boldsymbol{a}_2 = \frac{1}{\sqrt{3}}\begin{bmatrix} -\sqrt{2}i \\ 1 \\ 0 \end{bmatrix}$$

（$k_2 = \frac{1}{\|\boldsymbol{a}_2\|} = \frac{1}{\sqrt{3}}$かつ$k_3 = 0$に対応する$\boldsymbol{x}_2$）

$\boldsymbol{b} = \boldsymbol{a}_3 + k\boldsymbol{u}_2$とおくと, $\boldsymbol{b} \cdot \boldsymbol{u}_2 = 0$より,（$\boldsymbol{b} \perp \boldsymbol{u}_2$となるような$\boldsymbol{b}$を求めたい。）

$(\boldsymbol{a}_3 + k\boldsymbol{u}_2) \cdot \boldsymbol{u}_2 = \boldsymbol{a}_3 \cdot \boldsymbol{u}_2 + k\underbrace{\boldsymbol{u}_2 \cdot \boldsymbol{u}_2}_{\|\boldsymbol{u}_2\|^2 = 1} = 0 \quad \therefore k = -\boldsymbol{a}_3 \cdot \boldsymbol{u}_2$ より,

$\boldsymbol{b} = \boldsymbol{a}_3 - (\boldsymbol{a}_3 \cdot \boldsymbol{u}_2)\boldsymbol{u}_2$ となる。

（イ）$\boldsymbol{b} = \boldsymbol{a}_3 - (\boldsymbol{a}_3 \cdot \boldsymbol{u}_2)\boldsymbol{u}_2 = \begin{bmatrix} -1 \\ 0 \\ 1 \end{bmatrix} + \frac{\sqrt{2}i}{\sqrt{3}} \cdot \frac{1}{\sqrt{3}} \begin{bmatrix} -\sqrt{2}i \\ 1 \\ 0 \end{bmatrix} = \frac{1}{3} \begin{bmatrix} -3+2 \\ 0+\sqrt{2}i \\ 3+0 \end{bmatrix}$

$(\boldsymbol{a}_3 \cdot \boldsymbol{u}_2) = [-1 \ \ 0 \ \ 1]\frac{1}{\sqrt{3}}\begin{bmatrix} \sqrt{2}i \\ 1 \\ 0 \end{bmatrix}$

$\therefore \boldsymbol{b} = \frac{1}{3}\begin{bmatrix} -1 \\ \sqrt{2}i \\ 3 \end{bmatrix}$ より，これを正規化して，

$\|\boldsymbol{b}\|^2 = \frac{1}{3}[-1 \ \ \sqrt{2}i \ \ 3] \cdot \frac{1}{3}\begin{bmatrix} -1 \\ -\sqrt{2}i \\ 3 \end{bmatrix} = \frac{1}{9}(1+2+9) = \frac{12}{9} = \frac{4}{3}$

$\therefore \|\boldsymbol{b}\| = \frac{2}{\sqrt{3}}$ より，$\boldsymbol{u}_3 = \frac{1}{\|\boldsymbol{b}\|}\boldsymbol{b} = \frac{\sqrt{3}}{2} \cdot \frac{1}{3}\begin{bmatrix} -1 \\ \sqrt{2}i \\ 3 \end{bmatrix}$

$\therefore \boldsymbol{u}_3 = \frac{\sqrt{3}}{6}\begin{bmatrix} -1 \\ \sqrt{2}i \\ 3 \end{bmatrix}$ となる。← $k_2 = \frac{1}{\|\boldsymbol{b}\|}\left(-\frac{\boldsymbol{a}_3 \cdot \boldsymbol{u}_2}{\|\boldsymbol{a}_2\|}\right)$ かつ $k_3 = \frac{1}{\|\boldsymbol{b}\|}$ に対応する $\boldsymbol{x}_2$

$\boldsymbol{x}_2 = k_2\boldsymbol{a}_2 + k_3\boldsymbol{a}_3$ は，$T_2\boldsymbol{x}_2 = \boldsymbol{0}$，すなわち
$A_H\boldsymbol{x}_2 = \lambda_2\boldsymbol{x}_2$ をみたすから，（ア）（イ）より $\boldsymbol{u}_2$，$\boldsymbol{u}_3$ はそれぞれ，
$A_H\boldsymbol{u}_2 = \lambda_2\boldsymbol{u}_2$，$A_H\boldsymbol{u}_3 = \lambda_2\boldsymbol{u}_3$ をみたす。($\lambda_2 = 1$（重解）)

以上（ｉ），（ⅱ）より，ユニタリ行列 U_U を，

$U_U = [\boldsymbol{u}_1 \ \ \boldsymbol{u}_2 \ \ \boldsymbol{u}_3]$

$= \frac{1}{6}\begin{bmatrix} 3 & -2\sqrt{6}i & -\sqrt{3} \\ -3\sqrt{2}i & 2\sqrt{3} & \sqrt{6}i \\ 3 & 0 & 3\sqrt{3} \end{bmatrix}$

とおくと，エルミート行列 A_H は，

$U_U^{-1}A_HU_U = \begin{bmatrix} 5 & 0 & 0 \\ 0 & 1 & 0 \\ 0 & 0 & 1 \end{bmatrix}$

と対角化される。………………（答）

固有値 λ	$\lambda_1 = 5$	$\lambda_2 = 1$（重解）	
固有ベクトル $\boldsymbol{x}$	$\frac{1}{2}\begin{bmatrix} 1 \\ -\sqrt{2}i \\ 1 \end{bmatrix}$	$\frac{\sqrt{3}}{3}\begin{bmatrix} -\sqrt{2}i \\ 1 \\ 0 \end{bmatrix}$	$\frac{\sqrt{3}}{6}\begin{bmatrix} -1 \\ \sqrt{2}i \\ 3 \end{bmatrix}$
ユニタリ行列 U_U	$\frac{1}{6}\begin{bmatrix} 3 & -2\sqrt{6}i & -\sqrt{3} \\ -3\sqrt{2}i & 2\sqrt{3} & \sqrt{6}i \\ 3 & 0 & 3\sqrt{3} \end{bmatrix}$		
対角行列 $U_U^{-1}A_HU_U$	$\begin{bmatrix} 5 & 0 & 0 \\ 0 & 1 & 0 \\ 0 & 0 & 1 \end{bmatrix}$		

講義 Lecture 8 ジョルダン標準形 methods & formulae

§1. ジョルダン細胞・ジョルダン標準形

これまで，正方行列の対角化を勉強してきた。

しかし，行列によっては，対角化できないものもあり，その次善の策として，この"**ジョルダン標準形**"が考案された。

"ジョルダン標準形"は，次の"**ジョルダン細胞**"から作られる。

ジョルダン細胞の定義

次に示す k 次の正方行列を"**ジョルダン細胞**"といい，$J(\lambda, k)$ で表す。

（k 次の正方行列）

$$\text{ジョルダン細胞}\ J(\lambda, k) = \begin{cases} \begin{bmatrix} \lambda & 1 & 0 & & 0 \\ 0 & \lambda & 1 & & \vdots \\ 0 & 0 & \lambda & & \vdots \\ \vdots & & & \ddots & 1 \\ 0 & \cdots & \cdots & 0 & \lambda \end{bmatrix} & (k \geqq 2 \text{ のとき}) \\ [\lambda] & (k = 1 \text{ のとき}) \end{cases}$$

具体的に，$k = 1, 2, 3$ のときのジョルダン細胞を書いておこう。

$$J(\lambda, 1) = [\lambda],\ J(\lambda, 2) = \begin{bmatrix} \lambda & 1 \\ 0 & \lambda \end{bmatrix},\ J(\lambda, 3) = \begin{bmatrix} \lambda & 1 & 0 \\ 0 & \lambda & 1 \\ 0 & 0 & \lambda \end{bmatrix}$$

$J(\lambda, 1)$ の特別な場合を除いて，一般のジョルダン細胞 (λ, k) $(k \geqq 2)$ は，対角成分 λ の 1 つ上に 1 の成分が並ぶことが特徴だ。このように，対角行列よりも少し複雑にはなるが，これが，ジョルダン細胞と呼ばれるものだ。

そして，このジョルダン細胞が，対角線上にブロックとして並び，他の成分はすべて 0 である行列を"**ジョルダン標準形**"という。以下に，2 次のジョルダン標準形，3 次のジョルダン標準形，そして，4 次のジョルダン標準形の解法を示す。

§2. 2次正方行列のジョルダン標準形

(Ⅰ) 2次のジョルダン標準形 $P^{-1}AP = \begin{bmatrix} \lambda_1 & 1 \\ 0 & \lambda_1 \end{bmatrix}$ の解法

(ア) $T\boldsymbol{x} = \boldsymbol{0}$ …① (ただし，$T = A - \lambda E$)

ここで，固有方程式 $|T| = 0$ から，$\lambda = \lambda_1$ (重解) を得る。

(イ) $\lambda = \lambda_1$ のとき，①を $T_1\boldsymbol{x}_1 = \boldsymbol{0}$ …② とおいて，

(T の λ に，$\lambda = \lambda_1$ を代入したもの)

$\boldsymbol{x}_1$ を定める。← (パラメータを適当に決めて，$\boldsymbol{x}_1$ を定める。)

(ウ) 次に，新たな未知ベクトル $\boldsymbol{x}_1'$ を $T_1\boldsymbol{x}_1' = \boldsymbol{x}_1$ …③ とおき，

$\boldsymbol{x}_1'$ を定める。← (パラメータを適当に決めて，$\boldsymbol{x}_1'$ を定める。)

(エ) 変換行列 $P = [\boldsymbol{x}_1 \ \boldsymbol{x}_1']$ を作り，これを用いて A を，

$P^{-1}AP = \begin{bmatrix} \lambda_1 & 1 \\ 0 & \lambda_1 \end{bmatrix}$ のジョルダン標準形に変換する。

詳しく解説しておこう。

(イ) $T_1\boldsymbol{x}_1 = (A - \lambda_1 E)\boldsymbol{x}_1 = \boldsymbol{0}$ …② より，$A\boldsymbol{x}_1 = \lambda_1\boldsymbol{x}_1$ …………(a)

(ウ) $T_1\boldsymbol{x}_1' = (A - \lambda_1 E)\boldsymbol{x}_1' = \boldsymbol{x}_1$ …③ より，$A\boldsymbol{x}_1' = \boldsymbol{x}_1 + \lambda_1\boldsymbol{x}_1'$ …(b)

(a)，(b)を1つの式にまとめて，

$$A[\underbrace{\boldsymbol{x}_1 \ \boldsymbol{x}_1'}_{P}] = [\lambda_1\boldsymbol{x}_1 \ \ \boldsymbol{x}_1 + \lambda_1\boldsymbol{x}_1'] = [\underbrace{\boldsymbol{x}_1 \ \boldsymbol{x}_1'}_{P}]\begin{bmatrix} \lambda_1 & 1 \\ 0 & \lambda_1 \end{bmatrix}$$

(変換行列 P)

$\therefore P = [\boldsymbol{x}_1 \ \boldsymbol{x}_1']$ とおくと，$AP = P\begin{bmatrix} \lambda_1 & 1 \\ 0 & \lambda_1 \end{bmatrix}$ …(c) となる。

(これは次の [ ] 内で示す。)

ここで，$\boldsymbol{x}_1$ と $\boldsymbol{x}_1'$ が線形独立より，P^{-1} が存在し，(c)の両辺に P^{-1} を左か

(「$\boldsymbol{x}_1$ と $\boldsymbol{x}_1'$ が線形独立 $\Leftrightarrow$ $rank P = 2$ $\Leftrightarrow$ $|P| \neq 0$ $\Leftrightarrow$ P^{-1} が存在する」からね。)

らかけると，$P^{-1}AP = \begin{bmatrix} \lambda_1 & 1 \\ 0 & \lambda_1 \end{bmatrix}$ を得る。

[$\boldsymbol{x}_1$ と $\boldsymbol{x}_1'$ とが線形独立であることを，以下に示す。

$c_1\boldsymbol{x}_1 + c_2\boldsymbol{x}_1' = \boldsymbol{0}$ …(d) の両辺に左から T_1 $(= A - \lambda_1 E)$ をかけて，

$c_1\underbrace{T_1\boldsymbol{x}_1}_{\boldsymbol{0}\ (\because ②)} + c_2\underbrace{T_1\boldsymbol{x}_1'}_{\boldsymbol{x}_1\ (\because ③)} = \boldsymbol{0}$ $\therefore c_2\boldsymbol{x}_1 = \boldsymbol{0}$ より，$c_2 = 0$ $(\because \boldsymbol{x}_1 \neq \boldsymbol{0})$

($\boldsymbol{x}_1 \neq \boldsymbol{0}$) ← (固有ベクトル $\boldsymbol{x}_1 \neq \boldsymbol{0}$)

これを(d)に代入して，$c_1\boldsymbol{x}_1 = \boldsymbol{0}$ $\therefore c_1 = 0$

以上より，(d) $\Leftrightarrow c_1 = c_2 = 0$ だから，$\boldsymbol{x}_1$ と $\boldsymbol{x}_1'$ は線形独立である。]

§3. 3次正方行列のジョルダン標準形

(Ⅰ) 3次のジョルダン標準形 $P^{-1}AP=\begin{bmatrix}\lambda_1 & 1 & 0\\ 0 & \lambda_1 & 0\\ 0 & 0 & \lambda_2\end{bmatrix}$ の解法

(ア) $T\boldsymbol{x}=\boldsymbol{0}$ …① (ただし，$T=A-\lambda E$)

固有方程式 $|T|=0$ から，$\lambda=\lambda_1$ (2重解)，λ_2 ($\lambda_1 \neq \lambda_2$) を得る。

(イ) $\lambda=\lambda_1$ (2重解) のとき，①を $T_1\boldsymbol{x}_1=\boldsymbol{0}$ …② とおいて，

T の λ に，$\lambda=\lambda_1$ を代入したもの

$\boldsymbol{x}_1$ を定める。　このT₁のランクは2，自由度は1である。

(ウ) 次に，新たな未知ベクトル $\boldsymbol{x}_1'$ を $T_1\boldsymbol{x}_1'=\boldsymbol{x}_1$ …③とおき，$\boldsymbol{x}_1'$ を定める。

(エ) $\lambda=\lambda_2$ (単解) のとき，①を $T_2\boldsymbol{x}_2=\boldsymbol{0}$ …④ とおいて，$\boldsymbol{x}_2$ を定める。

T の λ に，$\lambda=\lambda_2$ を代入したもの

(オ) 変換行列 $P=[\boldsymbol{x}_1\ \boldsymbol{x}_1'\ \boldsymbol{x}_2]$ を作り，これを用いて A を，

$P^{-1}AP=\begin{bmatrix}\lambda_1 & 1 & 0\\ 0 & \lambda_1 & 0\\ 0 & 0 & \lambda_2\end{bmatrix}$ のジョルダン標準形に変換する。

これもきちんと解説しておく。

(イ) $T_1\boldsymbol{x}_1=(A-\lambda_1E)\boldsymbol{x}_1=\boldsymbol{0}$ …② より，$A\boldsymbol{x}_1=\lambda_1\boldsymbol{x}_1$ …………(a)

(ウ) $T_1\boldsymbol{x}_1'=(A-\lambda_1E)\boldsymbol{x}_1'=\boldsymbol{x}_1$ …③ より，$A\boldsymbol{x}_1'=\boldsymbol{x}_1+\lambda_1\boldsymbol{x}_1'$ …(b)

(エ) $T_2\boldsymbol{x}_2=(A-\lambda_2E)\boldsymbol{x}_2=\boldsymbol{0}$ …④ より，$A\boldsymbol{x}_2=\lambda_2\boldsymbol{x}_2$ …………(c)

(a)，(b)，(c)を1つの式にまとめて，

$$A\underbrace{[\boldsymbol{x}_1\ \boldsymbol{x}_1'\ \boldsymbol{x}_2]}_{P}=[\lambda_1\boldsymbol{x}_1\ \ \boldsymbol{x}_1+\lambda_1\boldsymbol{x}_1'\ \ \lambda_2\boldsymbol{x}_2]=\underbrace{[\boldsymbol{x}_1\ \boldsymbol{x}_1'\ \boldsymbol{x}_2]}_{P}\begin{bmatrix}\lambda_1 & 1 & 0\\ 0 & \lambda_1 & 0\\ 0 & 0 & \lambda_2\end{bmatrix}$$

$\therefore$ $P=[\boldsymbol{x}_1\ \boldsymbol{x}_1'\ \boldsymbol{x}_2]$ とおくと，$AP=P\begin{bmatrix}\lambda_1 & 1 & 0\\ 0 & \lambda_1 & 0\\ 0 & 0 & \lambda_2\end{bmatrix}$ …(d) となる。

ここで，P^{-1} が存在するので，(d)の両辺に P^{-1} を左からかけて，

$P^{-1}AP=\begin{bmatrix}\lambda_1 & 1 & 0\\ 0 & \lambda_1 & 0\\ 0 & 0 & \lambda_2\end{bmatrix}$ を得る。

(Ⅱ) 3 次のジョルダン標準形 $P^{-1}AP = \begin{bmatrix} \lambda_1 & 1 & 0 \\ 0 & \lambda_1 & 1 \\ 0 & 0 & \lambda_1 \end{bmatrix}$ の解法

(ア) $Tx = 0$ …① (ただし，$T = A - \lambda E$)

固有方程式 $|T| = 0$ から，$\lambda = \lambda_1$ (3 重解) を得る。

(イ) $\lambda = \lambda_1$ (3 重解) のとき，①を $T_1x_1 = 0$ とおいて，

x_1 を定める。

（T の λ に，$\lambda = \lambda_1$ を代入したもの）

（この T_1 のランクは 2，自由度は 1 である。）

(ウ) 次に，新たな未知ベクトル x_1' を $T_1x_1' = x_1$ とおき，これから，x_1' を定める。

(エ) さらに，新たな未知ベクトル x_1'' を $T_1x_1'' = x_1'$ とおき，これから，x_1'' を定める。

(オ) 変換行列 $P = [x_1\ x_1'\ x_1'']$ を作り，これを用いて A を，

$P^{-1}AP = \begin{bmatrix} \lambda_1 & 1 & 0 \\ 0 & \lambda_1 & 1 \\ 0 & 0 & \lambda_1 \end{bmatrix}$ のジョルダン標準形に変換する。

§4. 4 次正方行列のジョルダン標準形

(Ⅰ) 4 次のジョルダン標準形 $P^{-1}AP = \begin{bmatrix} \lambda_1 & 0 & 0 & 0 \\ 0 & \lambda_1 & 0 & 0 \\ 0 & 0 & \lambda_2 & 1 \\ 0 & 0 & 0 & \lambda_2 \end{bmatrix}$ の解法

(ア) $Tx = 0$ …① (ただし，$T = A - \lambda E$)

固有方程式 $|T| = 0$ から，$\lambda = \lambda_1$ (2 重解)，λ_2 (2 重解) を得る。($\lambda_1 \neq \lambda_2$)

(イ) $\lambda = \lambda_1$ (2 重解) のとき，①を $T_1x_1 = 0$ …② とおいて，この線形独立な解 x_1'，x_1'' を定める。

（T の λ に，$\lambda = \lambda_1$ を代入したもの）―（T_1 のランクは 2，自由度は 2）

(ウ) $\lambda = \lambda_2$ (2 重解) のとき，①を $T_2x_2 = 0$ …③ とおき，x_2 を定める。

（T の λ に，$\lambda = \lambda_2$ を代入したもの）―（T_2 のランクは 3，自由度は 1）

(エ) 次に，新たな未知ベクトル x_2' を $T_2x_2' = x_2$ …④ とおき，x_2' を定める。

(オ) 変換行列 $P=[\boldsymbol{x}_1{}' \ \boldsymbol{x}_1{}'' \ \boldsymbol{x}_2 \ \boldsymbol{x}_2{}']$ を作り，これを用いて A を，

$$P^{-1}AP=\begin{bmatrix}\lambda_1 & 0 & 0 & 0\\ 0 & \lambda_1 & 0 & 0\\ 0 & 0 & \lambda_2 & 1\\ 0 & 0 & 0 & \lambda_2\end{bmatrix}$$ のジョルダン標準形に変換する。

(イ)・$T_1\boldsymbol{x}_1{}'=(A-\lambda_1E)\boldsymbol{x}_1{}'=\boldsymbol{0}$ …②′ より，$A\boldsymbol{x}_1{}'=\lambda_1\boldsymbol{x}_1{}'$ …………(a)

・$T_1\boldsymbol{x}_1{}''=(A-\lambda_1E)\boldsymbol{x}_1{}''=\boldsymbol{0}$ …②″ より，$A\boldsymbol{x}_1{}''=\lambda_1\boldsymbol{x}_1{}''$ ………(b)

(ウ) $T_2\boldsymbol{x}_2=(A-\lambda_2E)\boldsymbol{x}_2=\boldsymbol{0}$ …③ より，$A\boldsymbol{x}_2=\lambda_2\boldsymbol{x}_2$ ……………(c)

(エ) $T_2\boldsymbol{x}_2{}'=(A-\lambda_2E)\boldsymbol{x}_2{}'=\boldsymbol{x}_2$ …④ より，$A\boldsymbol{x}_2{}'=\boldsymbol{x}_2+\lambda_2\boldsymbol{x}_2{}'$ ……(d)

(a)，(b)，(c)，(d)を1つの式にまとめて，

$$A\underbrace{[\boldsymbol{x}_1{}' \ \boldsymbol{x}_1{}'' \ \boldsymbol{x}_2 \ \boldsymbol{x}_2{}']}_{P}=[\lambda_1\boldsymbol{x}_1{}' \ \lambda_1\boldsymbol{x}_1{}'' \ \lambda_2\boldsymbol{x}_2 \ \ \boldsymbol{x}_2+\lambda_2\boldsymbol{x}_2{}']$$

$$=\underbrace{[\boldsymbol{x}_1{}' \ \boldsymbol{x}_1{}'' \ \boldsymbol{x}_2 \ \boldsymbol{x}_2{}']}_{P}\begin{bmatrix}\lambda_1 & 0 & 0 & 0\\ 0 & \lambda_1 & 0 & 0\\ 0 & 0 & \lambda_2 & 1\\ 0 & 0 & 0 & \lambda_2\end{bmatrix}$$

$\therefore P=[\boldsymbol{x}_1{}' \ \boldsymbol{x}_1{}'' \ \boldsymbol{x}_2 \ \boldsymbol{x}_2{}']$ とおくと，$AP=P\begin{bmatrix}\lambda_1 & 0 & 0 & 0\\ 0 & \lambda_1 & 0 & 0\\ 0 & 0 & \lambda_2 & 1\\ 0 & 0 & 0 & \lambda_2\end{bmatrix}$ …(e) となる。

ここで，P^{-1} が存在するので，

(e)の両辺に P^{-1} を左からかけて，$P^{-1}AP=\begin{bmatrix}\lambda_1 & 0 & 0 & 0\\ 0 & \lambda_1 & 0 & 0\\ 0 & 0 & \lambda_2 & 1\\ 0 & 0 & 0 & \lambda_2\end{bmatrix}$ を得る。

(Ⅱ) 4次のジョルダン標準形 $P^{-1}AP=\begin{bmatrix}\lambda_1 & 1 & 0 & 0\\ 0 & \lambda_1 & 0 & 0\\ 0 & 0 & \lambda_2 & 0\\ 0 & 0 & 0 & \lambda_3\end{bmatrix}$ の解法

(ア) $T\boldsymbol{x}=\boldsymbol{0}$ …① （ただし，$T=A-\lambda E$）

固有方程式 $|T|=0$ から，$\lambda=\lambda_1$ (2重解)，λ_2，λ_3 を得る。

(λ_1，λ_2，λ_3 は相異なる。)

(イ) $\lambda=\lambda_1$ (2重解) のとき，①を $T_1\boldsymbol{x}_1=\boldsymbol{0}$ …② とおいて，$\boldsymbol{x}_1$ を定める。

T の λ に，$\lambda=\lambda_1$ を代入したもの ― T_1 のランクは3，自由度は1

(ウ) 次に，新たな未知ベクトル $\boldsymbol{x}_1'$ を $T_1\boldsymbol{x}_1'=\boldsymbol{x}_1$ …③ とおき，$\boldsymbol{x}_1'$ を定める。

(エ) $\lambda=\lambda_2$ (単解) のとき，①を $T_2\boldsymbol{x}_2=\boldsymbol{0}$ …④ とおいて，$\boldsymbol{x}_2$ を定める。

T の λ に，$\lambda=\lambda_2$ を代入したもの

(オ) $\lambda=\lambda_3$ (単解) のとき，①を $T_3\boldsymbol{x}_3=\boldsymbol{0}$ …⑤ とおいて，$\boldsymbol{x}_3$ を定める。

T の λ に，$\lambda=\lambda_3$ を代入したもの

(カ) 変換行列 $P=[\boldsymbol{x}_1\ \boldsymbol{x}_1'\ \boldsymbol{x}_2\ \boldsymbol{x}_3]$ を作り，これを用いて A を，

$$P^{-1}AP=\begin{bmatrix}\lambda_1 & 1 & 0 & 0\\ 0 & \lambda_1 & 0 & 0\\ 0 & 0 & \lambda_2 & 0\\ 0 & 0 & 0 & \lambda_3\end{bmatrix}$$ のジョルダン標準形に変換する。

(イ) $T_1\boldsymbol{x}_1=(A-\lambda_1E)\boldsymbol{x}_1=\boldsymbol{0}$ …② より，$A\boldsymbol{x}_1=\lambda_1\boldsymbol{x}_1$ ……(a)

(ウ) $T_1\boldsymbol{x}_1'=(A-\lambda_1E)\boldsymbol{x}_1'=\boldsymbol{x}_1$ …③ より，$A\boldsymbol{x}_1'=\boldsymbol{x}_1+\lambda_1\boldsymbol{x}_1'$ ……(b)

(エ) $T_2\boldsymbol{x}_2=(A-\lambda_2E)\boldsymbol{x}_2=\boldsymbol{0}$ …④ より，$A\boldsymbol{x}_2=\lambda_2\boldsymbol{x}_2$ ……(c)

(オ) $T_3\boldsymbol{x}_3=(A-\lambda_3E)\boldsymbol{x}_3=\boldsymbol{0}$ …⑤ より，$A\boldsymbol{x}_3=\lambda_3\boldsymbol{x}_3$ ……(d)

(a)，(b)，(c)，(d)を1つの式にまとめて，

$$A\underbrace{[\boldsymbol{x}_1\ \boldsymbol{x}_1'\ \boldsymbol{x}_2\ \boldsymbol{x}_3]}_{P}=[\lambda_1\boldsymbol{x}_1\ \ \boldsymbol{x}_1+\lambda_1\boldsymbol{x}_1'\ \ \lambda_2\boldsymbol{x}_2\ \ \lambda_3\boldsymbol{x}_3]$$

$$=\underbrace{[\boldsymbol{x}_1\ \boldsymbol{x}_1'\ \boldsymbol{x}_2\ \boldsymbol{x}_3]}_{P}\begin{bmatrix}\lambda_1 & 1 & 0 & 0\\ 0 & \lambda_1 & 0 & 0\\ 0 & 0 & \lambda_2 & 0\\ 0 & 0 & 0 & \lambda_3\end{bmatrix}$$

$\therefore P=[\boldsymbol{x}_1\ \boldsymbol{x}_1'\ \boldsymbol{x}_2\ \boldsymbol{x}_3]$ とおくと，$AP=P\begin{bmatrix}\lambda_1 & 1 & 0 & 0\\ 0 & \lambda_1 & 0 & 0\\ 0 & 0 & \lambda_2 & 0\\ 0 & 0 & 0 & \lambda_3\end{bmatrix}$ …(e) となる。

ここで，P^{-1} が存在するので，

(e)の両辺に P^{-1} を左からかけて，$P^{-1}AP=\begin{bmatrix}\lambda_1 & 1 & 0 & 0\\ 0 & \lambda_1 & 0 & 0\\ 0 & 0 & \lambda_2 & 0\\ 0 & 0 & 0 & \lambda_3\end{bmatrix}$ を得る。

演習問題 124 ●2次正方行列のジョルダン標準形(Ⅰ)●

行列 $A=\begin{bmatrix}-1 & 1\\ -1 & -3\end{bmatrix}$ を，変換行列 P を用いて，$P^{-1}AP$ によりジョルダン標準形に変換せよ。

ヒント！ 固有方程式を解いて，$\lambda_1=-2$（重解）となる。$T_1\boldsymbol{x}_1=\boldsymbol{0}$，$T_1\boldsymbol{x}_1'=\boldsymbol{x}_1$ により，$\boldsymbol{x}_1$，$\boldsymbol{x}_1'$ を定め，変換行列 $P=[\boldsymbol{x}_1\ \boldsymbol{x}_1']$ を作って，$P^{-1}AP$ にもち込む。

解答＆解説

$T\boldsymbol{x}=\boldsymbol{0}$ ……① ただし，$T=A-\lambda E=\begin{bmatrix}-1-\lambda & 1\\ -1 & -3-\lambda\end{bmatrix}$

固有方程式 $|T|=\begin{vmatrix}-1-\lambda & 1\\ -1 & -3-\lambda\end{vmatrix}=(-1-\lambda)(-3-\lambda)+1=0$

$(\lambda+2)^2=0$ $\lambda=-2$（重解） $\therefore \lambda_1=-2$ とおく。

$\lambda_1=-2$ のとき，①を $T_1\boldsymbol{x}_1=\boldsymbol{0}$ そして，$\boldsymbol{x}_1=\begin{bmatrix}\alpha_1\\ \alpha_2\end{bmatrix}$ とおくと，

$$\begin{bmatrix}1 & 1\\ -1 & -1\end{bmatrix}\begin{bmatrix}\alpha_1\\ \alpha_2\end{bmatrix}=\begin{bmatrix}0\\ 0\end{bmatrix} \quad \therefore \alpha_1+\alpha_2=0$$

（T の λ に $\lambda_1=-2$ を代入したもの）

（これをみたせば，$\boldsymbol{x}_1=\begin{bmatrix}2\\ -2\end{bmatrix}$ でも $\begin{bmatrix}3\\ -3\end{bmatrix}$ … でもかまわない。ただし，$\boldsymbol{x}_1\neq\boldsymbol{0}$）

ここで，$\alpha_1=1$ とおくと，$\alpha_2=-1$ $\therefore \boldsymbol{x}_1=\begin{bmatrix}1\\ -1\end{bmatrix}$

次に，$T_1\boldsymbol{x}_1'=\boldsymbol{x}_1$，$\boldsymbol{x}_1'=\begin{bmatrix}\beta_1\\ \beta_2\end{bmatrix}$ とおくと，

$$\begin{bmatrix}1 & 1\\ -1 & -1\end{bmatrix}\begin{bmatrix}\beta_1\\ \beta_2\end{bmatrix}=\begin{bmatrix}1\\ -1\end{bmatrix} \quad \therefore \beta_1+\beta_2=1$$

ここで，$\beta_1=1$ とおくと，$\beta_2=0$ $\therefore \boldsymbol{x}_1'=\begin{bmatrix}1\\ 0\end{bmatrix}$

よって，$P=[\boldsymbol{x}_1\ \boldsymbol{x}_1']=\begin{bmatrix}1 & 1\\ -1 & 0\end{bmatrix}$ とおくと，

$P^{-1}AP=\begin{bmatrix}-2 & 1\\ 0 & -2\end{bmatrix}$ となる。 ←（$\begin{bmatrix}\lambda_1 & 1\\ 0 & \lambda_1\end{bmatrix}$ のジョルダン標準形） …………(答)

演習問題 125 ● 2 次正方行列のジョルダン標準形 (Ⅱ) ●

行列 $A = \begin{bmatrix} 1 & -1 \\ 4 & 5 \end{bmatrix}$ を，変換行列 P を用いて，$P^{-1}AP$ によりジョルダン標準形に変換せよ。

ヒント！ 固有方程式の解は，$\lambda_1 = 3$ (重解) となる。

解答＆解説

$Tx = 0$ ……① ただし，$T = A - \lambda E = \begin{bmatrix} 1-\lambda & -1 \\ 4 & 5-\lambda \end{bmatrix}$

固有方程式 $|T| = \begin{vmatrix} 1-\lambda & -1 \\ 4 & 5-\lambda \end{vmatrix} = (1-\lambda)(5-\lambda) + 4 = 0$

$(\lambda - 3)^2 = 0$ $\lambda = 3$ (重解) $\therefore \lambda_1 = 3$ とおく。

$\lambda_1 = 3$ のとき，①を $T_1 x_1 = 0$ そして，$x_1 = \begin{bmatrix} \alpha_1 \\ \alpha_2 \end{bmatrix}$ とおくと，

$$\begin{bmatrix} -2 & -1 \\ 4 & 2 \end{bmatrix}\begin{bmatrix} \alpha_1 \\ \alpha_2 \end{bmatrix} = \begin{bmatrix} 0 \\ 0 \end{bmatrix} \quad \therefore 2\alpha_1 + \alpha_2 = 0$$

(T の λ に $\lambda_1 = 3$ を代入したもの)

ここで，$\alpha_1 = 1$ とおくと，$\alpha_2 = -2$ $\therefore x_1 = \begin{bmatrix} 1 \\ -2 \end{bmatrix}$

次に，$T_1 x_1' = x_1$，$x_1' = \begin{bmatrix} \beta_1 \\ \beta_2 \end{bmatrix}$ とおくと，

$$\begin{bmatrix} -2 & -1 \\ 4 & 2 \end{bmatrix}\begin{bmatrix} \beta_1 \\ \beta_2 \end{bmatrix} = \begin{bmatrix} 1 \\ -2 \end{bmatrix} \quad \therefore 2\beta_1 + \beta_2 = -1$$

ここで，$\beta_1 = 0$ とおくと，$\beta_2 = -1$ $\therefore x_1' = \begin{bmatrix} 0 \\ -1 \end{bmatrix}$

よって，$P = [x_1 \ x_1'] = \begin{bmatrix} 1 & 0 \\ -2 & -1 \end{bmatrix}$ とおくと，

$$P^{-1}AP = \begin{bmatrix} 3 & 1 \\ 0 & 3 \end{bmatrix}$$ となる。← ($\begin{bmatrix} \lambda_1 & 1 \\ 0 & \lambda_1 \end{bmatrix}$ のジョルダン標準形) ……………(答)

演習問題 126　●2次正方行列のジョルダン標準形(Ⅲ)●

行列 $A=\begin{bmatrix}-2 & -9\\ 1 & -8\end{bmatrix}$ を，変換行列 P を用いて，$P^{-1}AP$ によりジョルダン標準形に変換せよ。

ヒント！ 固有方程式の重解は，$\lambda_1=-5$ になるね。

解答&解説

$Tx=0$ ……①　ただし，$T=A-\lambda E=\begin{bmatrix}-2-\lambda & -9\\ 1 & -8-\lambda\end{bmatrix}$

固有方程式 $|T|=\begin{vmatrix}-2-\lambda & -9\\ 1 & -8-\lambda\end{vmatrix}=(-2-\lambda)(-8-\lambda)+9=0$

$(\lambda+5)^2=0$　$\lambda=-5$ (重解)　$\therefore \lambda_1=$ (ア) とおく。

$\lambda_1=-5$ のとき，①を $T_1x_1=0$　そして，$x_1=\begin{bmatrix}\alpha_1\\ \alpha_2\end{bmatrix}$ とおくと，

$$\begin{bmatrix}3 & -9\\ 1 & -3\end{bmatrix}\begin{bmatrix}\alpha_1\\ \alpha_2\end{bmatrix}=\begin{bmatrix}0\\ 0\end{bmatrix}\qquad \therefore \alpha_1-3\alpha_2=0$$

T の λ に $\lambda_1=-5$ を代入したもの

ここで，$\alpha_2=1$ とおくと，$\alpha_1=3$　$\therefore x_1=$ (イ)

次に，$T_1x_1'=x_1$，$x_1'=\begin{bmatrix}\beta_1\\ \beta_2\end{bmatrix}$ とおくと，

$$\begin{bmatrix}3 & -9\\ 1 & -3\end{bmatrix}\begin{bmatrix}\beta_1\\ \beta_2\end{bmatrix}=\begin{bmatrix}3\\ 1\end{bmatrix}\qquad \therefore \beta_1-3\beta_2=1$$

ここで，$\beta_2=0$ とおくと，$\beta_1=1$　$\therefore x_1'=$ (ウ)

よって，$P=[x_1\ \ x_1']=$ (エ) とおくと，

$P^{-1}AP=$ (オ) となる。← $\begin{bmatrix}\lambda_1 & 1\\ 0 & \lambda_1\end{bmatrix}$ の形 ……………………(答)

解答　(ア) -5　(イ) $\begin{bmatrix}3\\ 1\end{bmatrix}$　(ウ) $\begin{bmatrix}1\\ 0\end{bmatrix}$　(エ) $\begin{bmatrix}3 & 1\\ 1 & 0\end{bmatrix}$　(オ) $\begin{bmatrix}-5 & 1\\ 0 & -5\end{bmatrix}$

演習問題 127　● 2次正方行列のジョルダン標準形(Ⅳ) ●

行列 $A=\begin{bmatrix}3 & -1\\1 & 5\end{bmatrix}$ を，変換行列 P を用いて，$P^{-1}AP$ によりジョルダン標準形に変換せよ。

ヒント！ 固有方程式 $|T|=0$ の解は，$\lambda_1=4$ (重解) となる。

解答＆解説

$Tx=0$ ……① ただし，$T=A-\lambda E=\begin{bmatrix}3-\lambda & -1\\1 & 5-\lambda\end{bmatrix}$

固有方程式 $|T|=\begin{vmatrix}3-\lambda & -1\\1 & 5-\lambda\end{vmatrix}=(3-\lambda)(5-\lambda)+1=0$

$(\lambda-4)^2=0$　　$\lambda=4$ (重解)　　$\therefore \lambda_1=$ (ア) とおく。

$\lambda_1=4$ のとき，①を $T_1x_1=0$ そして，$x_1=\begin{bmatrix}\alpha_1\\\alpha_2\end{bmatrix}$ とおくと，

$$\begin{bmatrix}-1 & -1\\1 & 1\end{bmatrix}\begin{bmatrix}\alpha_1\\\alpha_2\end{bmatrix}=\begin{bmatrix}0\\0\end{bmatrix}\qquad \therefore \alpha_1+\alpha_2=0$$

T の λ に $\lambda_1=4$ を代入したもの

ここで，$\alpha_1=1$ とおくと，$\alpha_2=-1$　　$\therefore x_1=$ (イ)

次に，$T_1x_1'=x_1$，$x_1'=\begin{bmatrix}\beta_1\\\beta_2\end{bmatrix}$ とおくと，

$$\begin{bmatrix}-1 & -1\\1 & 1\end{bmatrix}\begin{bmatrix}\beta_1\\\beta_2\end{bmatrix}=\begin{bmatrix}1\\-1\end{bmatrix}\qquad \therefore \beta_1+\beta_2=-1$$

ここで，$\beta_2=0$ とおくと，$\beta_1=-1$　　$\therefore x_1'=$ (ウ)

よって，$P=[x_1\ \ x_1']=$ (エ) とおくと，

$P^{-1}AP=$ (オ) となる。← $\begin{bmatrix}\lambda_1 & 1\\0 & \lambda_1\end{bmatrix}$ の形 ……………………(答)

解答　(ア) 4　(イ) $\begin{bmatrix}1\\-1\end{bmatrix}$　(ウ) $\begin{bmatrix}-1\\0\end{bmatrix}$　(エ) $\begin{bmatrix}1 & -1\\-1 & 0\end{bmatrix}$　(オ) $\begin{bmatrix}4 & 1\\0 & 4\end{bmatrix}$

演習問題 128　●3次正方行列のジョルダン標準形(Ⅰ)●

行列 $A = \begin{bmatrix} 0 & 2 & 0 \\ 1 & 2 & 1 \\ -1 & 0 & 1 \end{bmatrix}$ を，変換行列 P を用いて，$P^{-1}AP$ によりジョルダン標準形に変換せよ。

ヒント！ 固有方程式を解いて，$\lambda = 2$（重解），-1 となる。$\lambda_1 = 2$ のとき，$T_1\boldsymbol{x}_1 = \boldsymbol{0}$，$T_1\boldsymbol{x}_1' = \boldsymbol{x}_1$ となる $\boldsymbol{x}_1$，$\boldsymbol{x}_1'$ を定める。$\lambda_2 = -1$ のとき，$T_2\boldsymbol{x}_2 = \boldsymbol{0}$ により，$\boldsymbol{x}_2$ を定め，変換行列 $P = [\boldsymbol{x}_1,\ \boldsymbol{x}_1',\ \boldsymbol{x}_2]$ を作って，$P^{-1}AP = \begin{bmatrix} \lambda_1 & 1 & 0 \\ 0 & \lambda_1 & 0 \\ 0 & 0 & \lambda_2 \end{bmatrix}$ のジョルダン標準形に変換するんだね。

解答＆解説

$T\boldsymbol{x} = \boldsymbol{0}$ ……①　ただし，$T = A - \lambda E = \begin{bmatrix} -\lambda & 2 & 0 \\ 1 & 2-\lambda & 1 \\ -1 & 0 & 1-\lambda \end{bmatrix}$

固有方程式 $|T| = \begin{vmatrix} -\lambda & 2 & 0 \\ 1 & 2-\lambda & 1 \\ -1 & 0 & 1-\lambda \end{vmatrix} = -\lambda(2-\lambda)(1-\lambda) - 2 - 2(1-\lambda) = 0$　（サラスの公式）

$\lambda(\lambda-1)(\lambda-2) - 2(\lambda-2) = 0$　　$(\lambda-2)^2(\lambda+1) = 0$

$\therefore \lambda = 2$（重解），-1　　ここで，$\lambda_1 = 2$，$\lambda_2 = -1$ とおく。

（ⅰ）$\lambda_1 = 2$（重解）のとき，①を $T_1\boldsymbol{x}_1 = \boldsymbol{0}$　そして，$\boldsymbol{x}_1 = \begin{bmatrix} \alpha_1 \\ \alpha_2 \\ \alpha_3 \end{bmatrix}$ とおいて，

$$\begin{bmatrix} -2 & 2 & 0 \\ 1 & 0 & 1 \\ -1 & 0 & -1 \end{bmatrix}\begin{bmatrix} \alpha_1 \\ \alpha_2 \\ \alpha_3 \end{bmatrix} = \begin{bmatrix} 0 \\ 0 \\ 0 \end{bmatrix}$$ より，

（T の λ に，$\lambda_1 = 2$ を代入したもの）

$T_1 = \begin{bmatrix} -2 & 2 & 0 \\ 1 & 0 & 1 \\ -1 & 0 & -1 \end{bmatrix} \to \begin{bmatrix} -1 & 1 & 0 \\ 1 & 0 & 1 \\ -1 & 0 & -1 \end{bmatrix} \to \begin{bmatrix} -1 & 1 & 0 \\ 0 & 1 & 1 \\ 0 & -1 & -1 \end{bmatrix} \to \begin{bmatrix} -1 & 1 & 0 \\ 0 & 1 & 1 \\ 0 & 0 & 0 \end{bmatrix} \} r = 2$

$rank\,T_1 = 2$　　自由度 $= 3 - 2 = 1$

$\therefore \alpha_1 = 1$ とおく。

$-\alpha_1 + \alpha_2 = 0$，$\alpha_2 + \alpha_3 = 0$

ここで，$\alpha_1 = 1$ とおくと，$\alpha_2 = 1$，

$\alpha_3 = -1$　$\therefore \boldsymbol{x}_1 = \begin{bmatrix} 1 \\ 1 \\ -1 \end{bmatrix}$

次に，$\boldsymbol{x}_1' = \begin{bmatrix} \beta_1 \\ \beta_2 \\ \beta_3 \end{bmatrix}$ とおいて，これを次の方程式から定める。

$T_1 \boldsymbol{x}_1' = \boldsymbol{x}_1$

$$\begin{bmatrix} -2 & 2 & 0 \\ 1 & 0 & 1 \\ -1 & 0 & -1 \end{bmatrix} \begin{bmatrix} \beta_1 \\ \beta_2 \\ \beta_3 \end{bmatrix} = \begin{bmatrix} 1 \\ 1 \\ -1 \end{bmatrix}$$

$\beta_1 + \beta_3 = 1$，$2\beta_2 + 2\beta_3 = 3$

$$T_{1a} = \left[\begin{array}{ccc|c} -2 & 2 & 0 & 1 \\ 1 & 0 & 1 & 1 \\ -1 & 0 & -1 & -1 \end{array}\right] \rightarrow \left[\begin{array}{ccc|c} 1 & 0 & 1 & 1 \\ -2 & 2 & 0 & 1 \\ -1 & 0 & -1 & -1 \end{array}\right]$$

$$\rightarrow \left.\left[\begin{array}{ccc|c} 1 & 0 & 1 & 1 \\ 0 & 2 & 2 & 3 \\ 0 & 0 & 0 & 0 \end{array}\right]\right\} r = 2$$

$\therefore \beta_1 = 1$ とおく。

ここで，$\beta_1 = 1$ とおくと，$\beta_2 = \frac{3}{2}$，　$\beta_3 = 0$　　$\therefore \boldsymbol{x}_1' = \begin{bmatrix} 1 \\ \frac{3}{2} \\ 0 \end{bmatrix}$

(ii) $\lambda_2 = -1$ のとき，①を $T_2 \boldsymbol{x}_2 = \boldsymbol{0}$　そして，$\boldsymbol{x}_2 = \begin{bmatrix} \gamma_1 \\ \gamma_2 \\ \gamma_3 \end{bmatrix}$ とおくと，

$$\begin{bmatrix} 1 & 2 & 0 \\ 1 & 3 & 1 \\ -1 & 0 & 2 \end{bmatrix} \begin{bmatrix} \gamma_1 \\ \gamma_2 \\ \gamma_3 \end{bmatrix} = \begin{bmatrix} 0 \\ 0 \\ 0 \end{bmatrix}$$ より，

T の λ に，$\lambda_2 = -1$ を代入したもの

$$T_2 = \begin{bmatrix} 1 & 2 & 0 \\ 1 & 3 & 1 \\ -1 & 0 & 2 \end{bmatrix} \rightarrow \begin{bmatrix} 1 & 2 & 0 \\ 0 & 1 & 1 \\ 0 & 2 & 2 \end{bmatrix}$$

$$\rightarrow \left.\begin{bmatrix} 1 & 2 & 0 \\ 0 & 1 & 1 \\ 0 & 0 & 0 \end{bmatrix}\right\} r = 2$$

$rank\,T_2 = 2$　　自由度 $= 3 - 2 = 1$

$\therefore \gamma_2 = 1$ とおく。

$$\begin{cases} \gamma_1 + 2\gamma_2 = 0 \\ \gamma_2 + \gamma_3 = 0 \end{cases}$$

ここで，$\gamma_2 = 1$ とおくと，

$\gamma_1 = -2$，　$\gamma_3 = -1$　　$\therefore \boldsymbol{x}_2 = \begin{bmatrix} -2 \\ 1 \\ -1 \end{bmatrix}$

$\begin{bmatrix} \lambda_1 & 1 & 0 \\ 0 & \lambda_1 & 0 \\ 0 & 0 & \lambda_2 \end{bmatrix}$ の形

以上より，$P = \begin{bmatrix} 1 & 1 & -2 \\ 1 & \frac{3}{2} & 1 \\ -1 & 0 & -1 \end{bmatrix}$ とおくと，$P^{-1}AP = \begin{bmatrix} 2 & 1 & 0 \\ 0 & 2 & 0 \\ 0 & 0 & -1 \end{bmatrix}$ となる。…(答)

$P = [\boldsymbol{x}_1 \ \boldsymbol{x}_1' \ \boldsymbol{x}_2]$

演習問題 129　● 3次正方行列のジョルダン標準形 (Ⅱ) ●

行列 $A=\begin{bmatrix}0 & 2 & 0\\1 & -1 & 1\\0 & 0 & 1\end{bmatrix}$ を，変換行列 P を用いて，$P^{-1}AP$ によりジョルダン標準形に変換せよ。

ヒント！ 固有方程式を解くと，$\lambda=1$ (重解)，-2 を得る。$\lambda_1=1$ のとき，$T_1x_1=0$，$T_1x_1'=x_1$，そして，$\lambda_2=-2$ のとき，$T_2x_2=0$ をみたす x_1，x_1'，x_2 を定めて，変換行列 P を求めればいい。

解答&解説

$Tx=0$ ……①　　ただし，$T=A-\lambda E=\begin{bmatrix}-\lambda & 2 & 0\\1 & -1-\lambda & 1\\0 & 0 & 1-\lambda\end{bmatrix}$

固有方程式 $|T|=\begin{vmatrix}-\lambda & 2 & 0\\1 & -1-\lambda & 1\\0 & 0 & 1-\lambda\end{vmatrix}=-\lambda(-1-\lambda)(1-\lambda)-2(1-\lambda)=0$　（サラス）

$\lambda(\lambda+1)(\lambda-1)-2(\lambda-1)=0$　　$(\lambda-1)^2(\lambda+2)=0$

$\therefore\ \lambda=1$ (重解)，-2　　ここで，$\lambda_1=1$，$\lambda_2=-2$ とおく。

(ⅰ) $\lambda_1=1$ (重解) のとき，①を $T_1x_1=0$　そして，$x_1=\begin{bmatrix}\alpha_1\\\alpha_2\\\alpha_3\end{bmatrix}$ とおいて，

$\begin{bmatrix}-1 & 2 & 0\\1 & -2 & 1\\0 & 0 & 0\end{bmatrix}\begin{bmatrix}\alpha_1\\\alpha_2\\\alpha_3\end{bmatrix}=\begin{bmatrix}0\\0\\0\end{bmatrix}$ より，

（T の λ に，$\lambda_1=1$ を代入したもの）

$T_1=\begin{bmatrix}-1 & 2 & 0\\1 & -2 & 1\\0 & 0 & 0\end{bmatrix}\to\begin{bmatrix}-1 & 2 & 0\\0 & 0 & 1\\0 & 0 & 0\end{bmatrix}\Big\}r=2$

$rank\,T_1=2$　　自由度 $=3-2=1$

$\therefore\ \alpha_2=1$ とおく。

$-\alpha_1+2\alpha_2=0$，$\alpha_3=0$

ここで，$\alpha_2=1$ とおくと，$\alpha_1=2$

$\therefore\ x_1=$ (ア)

次に，$x_1'=\begin{bmatrix}\beta_1\\\beta_2\\\beta_3\end{bmatrix}$ とおいて，これを次の方程式から定める。

$T_1 x_1' = x_1$

$$\begin{bmatrix} -1 & 2 & 0 \\ 1 & -2 & 1 \\ 0 & 0 & 0 \end{bmatrix}\begin{bmatrix} \beta_1 \\ \beta_2 \\ \beta_3 \end{bmatrix} = \boxed{(ア)}$$

$T_{1a} = \left[\begin{array}{ccc|c} -1 & 2 & 0 & 2 \\ 1 & -2 & 1 & 1 \\ 0 & 0 & 0 & 0 \end{array}\right] \to \left[\begin{array}{ccc|c} -1 & 2 & 0 & 2 \\ 0 & 0 & 1 & 3 \\ 0 & 0 & 0 & 0 \end{array}\right] \} r = 2$

$\mathrm{rank}\, T_{1a} = \mathrm{rank}\, T_1 = 2$ より，自由度 $= 3 - 2 = 1$

$\therefore \beta_2 = 1$ とおく。

$-\beta_1 + 2\beta_2 = 2$，$\beta_3 = 3$

$\beta_2 = 1$ とおくと，$\beta_1 = 0$　　　$\therefore x_1' = \boxed{(イ)}$

(ii) $\lambda_2 = -2$ のとき，①を $T_2 x_2 = 0$　そして，$x_2 = \begin{bmatrix} \gamma_1 \\ \gamma_2 \\ \gamma_3 \end{bmatrix}$ とおくと，

$$\begin{bmatrix} 2 & 2 & 0 \\ 1 & 1 & 1 \\ 0 & 0 & 3 \end{bmatrix}\begin{bmatrix} \gamma_1 \\ \gamma_2 \\ \gamma_3 \end{bmatrix} = \begin{bmatrix} 0 \\ 0 \\ 0 \end{bmatrix}$$ より，

T の λ に，$\lambda_2 = -2$ を代入したもの

$T_2 = \begin{bmatrix} 2 & 2 & 0 \\ 1 & 1 & 1 \\ 0 & 0 & 3 \end{bmatrix} \to \begin{bmatrix} 1 & 1 & 0 \\ 1 & 1 & 1 \\ 0 & 0 & 3 \end{bmatrix} \to \begin{bmatrix} 1 & 1 & 0 \\ 0 & 0 & 1 \\ 0 & 0 & 3 \end{bmatrix} \to \begin{bmatrix} 1 & 1 & 0 \\ 0 & 0 & 1 \\ 0 & 0 & 0 \end{bmatrix} \} r = 2$

$\mathrm{rank}\, T_2 = 2$　　自由度 $= 3 - 2 = 1$

$\therefore \gamma_1 = 1$ とおく。

$\gamma_1 + \gamma_2 = 0$，$\gamma_3 = 0$

ここで，$\gamma_1 = 1$ とおくと，

$\gamma_2 = -1$

$\therefore x_2 = \boxed{(ウ)}$

$P = [x_1 \ x_1' \ x_2]$

$\begin{bmatrix} \lambda_1 & 1 & 0 \\ 0 & \lambda_1 & 0 \\ 0 & 0 & \lambda_2 \end{bmatrix}$ の形

以上より，$P = \boxed{(エ)}$ とおくと，$P^{-1}AP = \boxed{(オ)}$ となる。…(答)

解答

(ア) $\begin{bmatrix} 2 \\ 1 \\ 0 \end{bmatrix}$　(イ) $\begin{bmatrix} 0 \\ 1 \\ 3 \end{bmatrix}$　(ウ) $\begin{bmatrix} 1 \\ -1 \\ 0 \end{bmatrix}$

(エ) $\begin{bmatrix} 2 & 0 & 1 \\ 1 & 1 & -1 \\ 0 & 3 & 0 \end{bmatrix}$　(オ) $\begin{bmatrix} 1 & 1 & 0 \\ 0 & 1 & 0 \\ 0 & 0 & -2 \end{bmatrix}$

演習問題 130　● 3 次正方行列のジョルダン標準形 (Ⅲ) ●

行列 $\boldsymbol{A}=\begin{bmatrix} 6 & -1 & 1 \\ 4 & 1 & 1 \\ -10 & 1 & -1 \end{bmatrix}$ を，変換行列 $\boldsymbol{P}$ を用いて，$\boldsymbol{P}^{-1}\boldsymbol{AP}$ によりジョルダン標準形に変換せよ。

ヒント！ 固有方程式を解いて，$\lambda_1=2$ (3 重解) となる。(ⅰ) $T_1\boldsymbol{x}_1=\boldsymbol{0}$，(ⅱ) $T_1\boldsymbol{x}_1{}'=\boldsymbol{x}_1$，(ⅲ) $T_1\boldsymbol{x}_1{}''=\boldsymbol{x}_1{}'$ をみたす $\boldsymbol{x}_1$，$\boldsymbol{x}_1{}'$，$\boldsymbol{x}_1{}''$ を定めるんだね。

解答＆解説

$T\boldsymbol{x}=\boldsymbol{0}$ ……①　　ただし，$T=A-\lambda E=\begin{bmatrix} 6-\lambda & -1 & 1 \\ 4 & 1-\lambda & 1 \\ -10 & 1 & -1-\lambda \end{bmatrix}$

固有方程式 $|T|=\begin{vmatrix} 6-\lambda & -1 & 1 \\ 4 & 1-\lambda & 1 \\ -10 & 1 & -1-\lambda \end{vmatrix} \overset{②'+③'}{=} \begin{vmatrix} 6-\lambda & 0 & 1 \\ 4 & 2-\lambda & 1 \\ -10 & -\lambda & -1-\lambda \end{vmatrix}$

$\overset{②-①}{=} \begin{vmatrix} 6-\lambda & 0 & 1 \\ -2+\lambda & 2-\lambda & 0 \\ -10 & -\lambda & -1-\lambda \end{vmatrix}$ ← サラスの公式

$=(6-\lambda)(2-\lambda)(-1-\lambda)-\lambda(-2+\lambda)+10(2-\lambda)=0$

$(\lambda-2)\{(6-\lambda)(1+\lambda)-\lambda-10\}=0$　　$(\lambda-2)(\lambda^2-4\lambda+4)=0$

$(\lambda-2)^3=0$　　$\therefore \lambda=2$ (3 重解)　　$\therefore \lambda_1=2$ とおく。

(ⅰ) $\lambda_1=2$ のとき，①を $T_1\boldsymbol{x}_1=\boldsymbol{0}$　そして，$\boldsymbol{x}_1=\begin{bmatrix} \alpha_1 \\ \alpha_2 \\ \alpha_3 \end{bmatrix}$ とおいて，

$$\begin{bmatrix} 4 & -1 & 1 \\ 4 & -1 & 1 \\ -10 & 1 & -3 \end{bmatrix}\begin{bmatrix} \alpha_1 \\ \alpha_2 \\ \alpha_3 \end{bmatrix}=\begin{bmatrix} 0 \\ 0 \\ 0 \end{bmatrix}$$ より，

$T_1=\begin{bmatrix} 4 & -1 & 1 \\ 4 & -1 & 1 \\ -10 & 1 & -3 \end{bmatrix} \to \begin{bmatrix} 4 & -1 & 1 \\ -10 & 1 & -3 \\ 4 & -1 & 1 \end{bmatrix} \to \begin{bmatrix} 4 & -1 & 1 \\ 0 & -\frac{3}{2} & -\frac{1}{2} \\ 0 & 0 & 0 \end{bmatrix} \to \begin{bmatrix} 4 & -1 & 1 \\ 0 & 3 & 1 \\ 0 & 0 & 0 \end{bmatrix} \} r=2$

$rank\,T_1=2$　　自由度 $=3-2=1$

$\therefore \alpha_2=1$ とおく。

$4\alpha_1-\alpha_2+\alpha_3=0$，$3\alpha_2+\alpha_3=0$

$\alpha_2=1$ とおくと，$\alpha_3=-3$，$\alpha_1=1$

$\therefore \boldsymbol{x}_1=\begin{bmatrix} 1 \\ 1 \\ -3 \end{bmatrix}$

(ii) 次に，$\boldsymbol{x}_1' = \begin{bmatrix} \beta_1 \\ \beta_2 \\ \beta_3 \end{bmatrix}$ とおいて，これを次の方程式から定める。

$$T_1\boldsymbol{x}_1' = \boldsymbol{x}_1$$

$$\begin{bmatrix} 4 & -1 & 1 \\ 4 & -1 & 1 \\ -10 & 1 & -3 \end{bmatrix}\begin{bmatrix} \beta_1 \\ \beta_2 \\ \beta_3 \end{bmatrix} = \begin{bmatrix} 1 \\ 1 \\ -3 \end{bmatrix}$$ より，

$$\begin{cases} 4\beta_1 - \beta_2 + \beta_3 = 1 \\ \qquad 3\beta_2 + \beta_3 = 1 \end{cases}$$

ここで，$\beta_2 = 1$ とおくと，

$$\beta_3 = -2, \quad \beta_1 = 1 \qquad \therefore \boldsymbol{x}_1' = \begin{bmatrix} 1 \\ 1 \\ -2 \end{bmatrix}$$

$$T_{1a} = \left[\begin{array}{ccc|c} 4 & -1 & 1 & 1 \\ 4 & -1 & 1 & 1 \\ -10 & 1 & -3 & -3 \end{array}\right] \to \left[\begin{array}{ccc|c} 4 & -1 & 1 & 1 \\ -10 & 1 & -3 & -3 \\ 4 & -1 & 1 & 1 \end{array}\right]$$

$$\to \left[\begin{array}{ccc|c} 4 & -1 & 1 & 1 \\ 0 & -\frac{3}{2} & -\frac{1}{2} & -\frac{1}{2} \\ 0 & 0 & 0 & 0 \end{array}\right] \to \left[\begin{array}{ccc|c} 4 & -1 & 1 & 1 \\ 0 & 3 & 1 & 1 \\ 0 & 0 & 0 & 0 \end{array}\right] \Big\} r = 2$$

$rankT_{1a} = rankT_1 = 2$ より，自由度 $= 3 - 2 = 1$

$\therefore \beta_2 = 1$ とおく。

(iii) さらに，$\boldsymbol{x}_1'' = \begin{bmatrix} \gamma_1 \\ \gamma_2 \\ \gamma_3 \end{bmatrix}$ とおいて，これを次の方程式から定める。

$$T_1\boldsymbol{x}_1'' = \boldsymbol{x}_1'$$

$$\begin{bmatrix} 4 & -1 & 1 \\ 4 & -1 & 1 \\ -10 & 1 & -3 \end{bmatrix}\begin{bmatrix} \gamma_1 \\ \gamma_2 \\ \gamma_3 \end{bmatrix} = \begin{bmatrix} 1 \\ 1 \\ -2 \end{bmatrix}$$ より，

$$\begin{cases} 4\gamma_1 - \gamma_2 + \gamma_3 = 1 \\ \qquad 3\gamma_2 + \gamma_3 = -1 \end{cases}$$

ここで，$\gamma_2 = 0$ とおくと，

$$\gamma_3 = -1, \quad \gamma_1 = \frac{1}{2} \qquad \therefore \boldsymbol{x}_1'' = \begin{bmatrix} \frac{1}{2} \\ 0 \\ -1 \end{bmatrix}$$

$$T'_{1a} = \left[\begin{array}{ccc|c} 4 & -1 & 1 & 1 \\ 4 & -1 & 1 & 1 \\ -10 & 1 & -3 & -2 \end{array}\right] \to \left[\begin{array}{ccc|c} 4 & -1 & 1 & 1 \\ -10 & 1 & -3 & -2 \\ 4 & -1 & 1 & 1 \end{array}\right]$$

$$\to \left[\begin{array}{ccc|c} 4 & -1 & 1 & 1 \\ 0 & -\frac{3}{2} & -\frac{1}{2} & \frac{1}{2} \\ 0 & 0 & 0 & 0 \end{array}\right] \to \left[\begin{array}{ccc|c} 4 & -1 & 1 & 1 \\ 0 & 3 & 1 & -1 \\ 0 & 0 & 0 & 0 \end{array}\right] \Big\} r = 2$$

$rankT'_{1a} = rankT_1 = 2$ より，自由度 $= 3 - 2 = 1$

$\therefore \gamma_2 = 0$ とおく。

$P = [\boldsymbol{x}_1 \ \boldsymbol{x}_1' \ \boldsymbol{x}_1'']$

$\begin{bmatrix} \lambda_1 & 1 & 0 \\ 0 & \lambda_1 & 1 \\ 0 & 0 & \lambda_1 \end{bmatrix}$ の形

以上より，$P = \begin{bmatrix} 1 & 1 & \frac{1}{2} \\ 1 & 1 & 0 \\ -3 & -2 & -1 \end{bmatrix}$ とおくと，$P^{-1}AP = \begin{bmatrix} 2 & 1 & 0 \\ 0 & 2 & 1 \\ 0 & 0 & 2 \end{bmatrix}$ となる。

…………(答)

演習問題 131 ● 3次正方行列のジョルダン標準形 (Ⅳ) ●

行列 $\boldsymbol{A}=\begin{bmatrix}-1 & 2 & 1\\ 1 & -1 & -1\\ -6 & 8 & 5\end{bmatrix}$ を，変換行列 $\boldsymbol{P}$ を用いて，$\boldsymbol{P}^{-1}\boldsymbol{AP}$ によりジョルダン標準形に変換せよ。

ヒント！ 固有方程式が，$\lambda_1=1$ (3 重解) をもつパターンだね。

解答＆解説

$\boldsymbol{Tx}=\boldsymbol{0}$ ……① ただし，$\boldsymbol{T}=\boldsymbol{A}-\lambda\boldsymbol{E}=\begin{bmatrix}-1-\lambda & 2 & 1\\ 1 & -1-\lambda & -1\\ -6 & 8 & 5-\lambda\end{bmatrix}$

固有方程式 $|\boldsymbol{T}|=\begin{vmatrix}-1-\lambda & 2 & 1\\ 1 & -1-\lambda & -1\\ -6 & 8 & 5-\lambda\end{vmatrix}$ ←サラスの公式

$=(-1-\lambda)^2(5-\lambda)+12+8-6(1+\lambda)-8(1+\lambda)-2(5-\lambda)=0$

これをまとめて，$\lambda^3-3\lambda^2+3\lambda-1=0$

$(\lambda-1)^3=0$ $\therefore\ \lambda=1$ (3 重解) $\therefore\ \lambda_1=1$ とおく。

(ⅰ) $\lambda_1=1$ (重解) のとき，①を $\boldsymbol{T}_1\boldsymbol{x}_1=\boldsymbol{0}$ そして，$\boldsymbol{x}_1=\begin{bmatrix}\alpha_1\\ \alpha_2\\ \alpha_3\end{bmatrix}$ とおいて，

$\begin{bmatrix}-2 & 2 & 1\\ 1 & -2 & -1\\ -6 & 8 & 4\end{bmatrix}\begin{bmatrix}\alpha_1\\ \alpha_2\\ \alpha_3\end{bmatrix}=\begin{bmatrix}0\\ 0\\ 0\end{bmatrix}$ より，

$\boldsymbol{T}_1=\begin{bmatrix}-2 & 2 & 1\\ 1 & -2 & -1\\ -6 & 8 & 4\end{bmatrix}\to\begin{bmatrix}1 & -2 & -1\\ -2 & 2 & 1\\ -3 & 4 & 2\end{bmatrix}\to\begin{bmatrix}1 & -2 & -1\\ 0 & -2 & -1\\ 0 & -2 & -1\end{bmatrix}\to\begin{bmatrix}1 & -2 & -1\\ 0 & -2 & -1\\ 0 & 0 & 0\end{bmatrix}\Big\}r=2$

$rank\,\boldsymbol{T}_1=2$ 自由度 $=3-2=1$

$\therefore\ \alpha_2=1$ とおく。

$\begin{cases}\alpha_1-2\alpha_2-\alpha_3=0\\ \quad -2\alpha_2-\alpha_3=0\end{cases}$

ここで，$\alpha_2=1$ とおくと，

$\alpha_3=-2,\ \alpha_1=0$

$\therefore\ \boldsymbol{x}_1=\begin{bmatrix}0\\ 1\\ -2\end{bmatrix}$

(ii) 次に，$\boldsymbol{x}_1' = \begin{bmatrix} \beta_1 \\ \beta_2 \\ \beta_3 \end{bmatrix}$ とおいて，これを次の方程式から定める。

$$T_1 \boldsymbol{x}_1' = \boldsymbol{x}_1$$

$$\begin{bmatrix} -2 & 2 & 1 \\ 1 & -2 & -1 \\ -6 & 8 & 4 \end{bmatrix} \begin{bmatrix} \beta_1 \\ \beta_2 \\ \beta_3 \end{bmatrix} = \begin{bmatrix} 0 \\ 1 \\ -2 \end{bmatrix}$$ より，

$$\begin{cases} \beta_1 - 2\beta_2 - \beta_3 = 1 \\ \quad -2\beta_2 - \beta_3 = 2 \end{cases}$$

ここで，$\beta_2 = 1$ とおくと，

$\beta_3 = -4$，　$\beta_1 = -1$　　$\therefore \boldsymbol{x}_1' =$ (ア)

$$T_{1a} = \left[\begin{array}{ccc|c} -2 & 2 & 1 & 0 \\ 1 & -2 & -1 & 1 \\ -6 & 8 & 4 & -2 \end{array}\right] \to \left[\begin{array}{ccc|c} 1 & -2 & -1 & 1 \\ -2 & 2 & 1 & 0 \\ -3 & 4 & 2 & -1 \end{array}\right]$$

$$\to \left[\begin{array}{ccc|c} 1 & -2 & -1 & 1 \\ 0 & -2 & -1 & 2 \\ 0 & -2 & -1 & 2 \end{array}\right] \to \left[\begin{array}{ccc|c} 1 & -2 & -1 & 1 \\ 0 & -2 & -1 & 2 \\ 0 & 0 & 0 & 0 \end{array}\right] \Big\} r = 2$$

$rankT_{1a} = rankT_1 = 2$ より，自由度 $= 3 - 2 = 1$

$\therefore \beta_2 = 1$ とおく。

(iii) さらに，$\boldsymbol{x}_1'' = \begin{bmatrix} \gamma_1 \\ \gamma_2 \\ \gamma_3 \end{bmatrix}$ とおいて，これを次の方程式から定める。

$$T_1 \boldsymbol{x}_1'' = \boldsymbol{x}_1'$$

$$\begin{bmatrix} -2 & 2 & 1 \\ 1 & -2 & -1 \\ -6 & 8 & 4 \end{bmatrix} \begin{bmatrix} \gamma_1 \\ \gamma_2 \\ \gamma_3 \end{bmatrix} = \text{(ア)}$$ より，

$$\begin{cases} \gamma_1 - 2\gamma_2 - \gamma_3 = 1 \\ \quad -2\gamma_2 - \gamma_3 = 1 \end{cases}$$

ここで，$\gamma_2 = 1$ とおくと，

$\gamma_3 = -3$，　$\gamma_1 = 0$　　$\therefore \boldsymbol{x}_1'' =$ (イ)

$$T'_{1a} = \left[\begin{array}{ccc|c} -2 & 2 & 1 & -1 \\ 1 & -2 & -1 & 1 \\ -6 & 8 & 4 & -4 \end{array}\right] \to \left[\begin{array}{ccc|c} 1 & -2 & -1 & 1 \\ -2 & 2 & 1 & -1 \\ -3 & 4 & 2 & -2 \end{array}\right]$$

$$\to \left[\begin{array}{ccc|c} 1 & -2 & -1 & 1 \\ 0 & -2 & -1 & 1 \\ 0 & -2 & -1 & 1 \end{array}\right] \to \left[\begin{array}{ccc|c} 1 & -2 & -1 & 1 \\ 0 & -2 & -1 & 1 \\ 0 & 0 & 0 & 0 \end{array}\right] \Big\} r = 2$$

$rankT'_{1a} = rankT_1 = 2$ より，自由度 $= 3 - 2 = 1$

$\therefore \gamma_2 = 1$ とおく。

$\begin{bmatrix} \lambda_1 & 1 & 0 \\ 0 & \lambda_1 & 1 \\ 0 & 0 & \lambda_1 \end{bmatrix}$ の形

以上より，$\boldsymbol{P} =$ (ウ) とおくと，$\boldsymbol{P}^{-1}\boldsymbol{A}\boldsymbol{P} =$ (エ) となる。

…………(答)

解答　(ア) $\begin{bmatrix} -1 \\ 1 \\ -4 \end{bmatrix}$　(イ) $\begin{bmatrix} 0 \\ 1 \\ -3 \end{bmatrix}$　(ウ) $\begin{bmatrix} 0 & -1 & 0 \\ 1 & 1 & 1 \\ -2 & -4 & -3 \end{bmatrix}$　(エ) $\begin{bmatrix} 1 & 1 & 0 \\ 0 & 1 & 1 \\ 0 & 0 & 1 \end{bmatrix}$

演習問題 132　● 4 次正方行列のジョルダン標準形 (I) ●

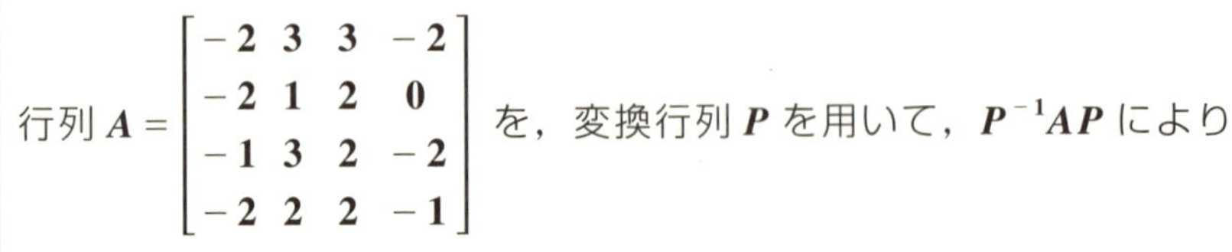

行列 $A = \begin{bmatrix} -2 & 3 & 3 & -2 \\ -2 & 1 & 2 & 0 \\ -1 & 3 & 2 & -2 \\ -2 & 2 & 2 & -1 \end{bmatrix}$ を，変換行列 P を用いて，$P^{-1}AP$ により

ジョルダン標準形に変換せよ。

ヒント！ $Tx = 0$ $(T = A - \lambda E)$ より，固有方程式 $|T| = 0$ を解くと，$\lambda_1 = -1$ (重解)，$\lambda_2 = 1$ (重解) を得る。

(i) $\lambda_1 = -1$ のとき，$T_1 x_1 = 0$ とおくと，T_1 のランクが 2 より，自由度 = 2 となるので，線形独立な 2 つの解ベクトル x_1'，x_1'' を定める。

(ii) $\lambda_2 = 1$ のとき，$T_2 x_2 = 0$ とおくと，T_2 のランクが 3 で，自由度 = 1 より，x_2 を定める。次に，$T_2 x_2' = x_2$ となる x_2' を定める。

以上 (i)(ii) より，変換行列 $P = [x_1' \ x_1'' \ x_2 \ x_2']$ とおいて，

A を，$P^{-1}AP = \begin{bmatrix} \lambda_1 & 0 & 0 & 0 \\ 0 & \lambda_1 & 0 & 0 \\ 0 & 0 & \lambda_2 & 1 \\ 0 & 0 & 0 & \lambda_2 \end{bmatrix}$ のジョルダン標準形に変換するんだね。

解答＆解説

$Tx = 0$ ……①　ただし，$T = A - \lambda E = \begin{bmatrix} -2-\lambda & 3 & 3 & -2 \\ -2 & 1-\lambda & 2 & 0 \\ -1 & 3 & 2-\lambda & -2 \\ -2 & 2 & 2 & -1-\lambda \end{bmatrix}$

固有方程式 $|T| = \begin{vmatrix} -2-\lambda & 3 & 3 & -2 \\ -2 & 1-\lambda & 2 & 0 \\ -1 & 3 & 2-\lambda & -2 \\ -2 & 2 & 2 & -1-\lambda \end{vmatrix} \overset{③-①}{=} \begin{vmatrix} -2-\lambda & 3 & 3 & -2 \\ -2 & 1-\lambda & 2 & 0 \\ 1+\lambda & 0 & -1-\lambda & 0 \\ -2 & 2 & 2 & -1-\lambda \end{vmatrix}$

第 4 列による余因子展開

$= (-2)\cdot(-1)^{1+4} \begin{vmatrix} -2 & 1-\lambda & 2 \\ 1+\lambda & 0 & -1-\lambda \\ -2 & 2 & 2 \end{vmatrix} + (-1-\lambda)\cdot(-1)^{4+4} \begin{vmatrix} -2-\lambda & 3 & 3 \\ -2 & 1-\lambda & 2 \\ 1+\lambda & 0 & -1-\lambda \end{vmatrix}$

$$= 2 \cdot \begin{vmatrix} 0 & 1-\lambda & 2 \\ 0 & 0 & -1-\lambda \\ 0 & 2 & 2 \end{vmatrix} - (1+\lambda) \begin{vmatrix} -2-\lambda & 3 & 1-\lambda \\ -2 & 1-\lambda & 0 \\ 1+\lambda & 0 & 0 \end{vmatrix}$$

（第1項の行列式 $= 0$）

$$= -(\lambda+1)\{-(1-\lambda)^2(1+\lambda)\} = 0$$

$(\lambda+1)^2(\lambda-1)^2 = 0$　　$\therefore \lambda = -1$ (重解)，1 (重解)

ここで，$\lambda_1 = -1$，$\lambda_2 = 1$ とおく。

(i) $\lambda_1 = -1$ のとき，①を $T_1 \boldsymbol{x}_1 = \boldsymbol{0}$

そして，$\boldsymbol{x}_1 = \begin{bmatrix} \alpha_1 \\ \alpha_2 \\ \alpha_3 \\ \alpha_4 \end{bmatrix}$ とおいて，

$$\begin{bmatrix} -1 & 3 & 3 & -2 \\ -2 & 2 & 2 & 0 \\ -1 & 3 & 3 & -2 \\ -2 & 2 & 2 & 0 \end{bmatrix} \begin{bmatrix} \alpha_1 \\ \alpha_2 \\ \alpha_3 \\ \alpha_4 \end{bmatrix} = \begin{bmatrix} 0 \\ 0 \\ 0 \\ 0 \end{bmatrix}$$ より，

$$T_1 = \begin{bmatrix} -1 & 3 & 3 & -2 \\ -2 & 2 & 2 & 0 \\ -1 & 3 & 3 & -2 \\ -2 & 2 & 2 & 0 \end{bmatrix} \to \begin{bmatrix} -2 & 2 & 2 & 0 \\ -1 & 3 & 3 & -2 \\ -1 & 3 & 3 & -2 \\ -2 & 2 & 2 & 0 \end{bmatrix}$$

$$\to \begin{bmatrix} -1 & 1 & 1 & 0 \\ -1 & 3 & 3 & -2 \\ -1 & 3 & 3 & -2 \\ -1 & 1 & 1 & 0 \end{bmatrix} \to \begin{bmatrix} -1 & 1 & 1 & 0 \\ 0 & 2 & 2 & -2 \\ 0 & 2 & 2 & -2 \\ 0 & 0 & 0 & 0 \end{bmatrix}$$

$$\to \begin{bmatrix} -1 & 1 & 1 & 0 \\ 0 & 2 & 2 & -2 \\ 0 & 0 & 0 & 0 \\ 0 & 0 & 0 & 0 \end{bmatrix} \to \begin{bmatrix} -1 & 1 & 1 & 0 \\ 0 & 1 & 1 & -1 \\ 0 & 0 & 0 & 0 \\ 0 & 0 & 0 & 0 \end{bmatrix} \Big\} r = 2$$

$rank T_1 = 2$　　自由度 $= 4 - 2 = 2$

$\therefore \alpha_1 = k_1$，$\alpha_2 = k_2$ とおく。

$$\begin{cases} -\alpha_1 + \alpha_2 + \alpha_3 = 0 \\ \alpha_2 + \alpha_3 - \alpha_4 = 0 \end{cases}$$

ここで，$\alpha_1 = k_1$，$\alpha_2 = k_2$ とおくと，

$\alpha_3 = k_1 - k_2$，$\alpha_4 = k_1$

$$\therefore \boldsymbol{x}_1 = \begin{bmatrix} k_1 \\ k_2 \\ k_1 - k_2 \\ k_1 \end{bmatrix} = k_1 \begin{bmatrix} 1 \\ 0 \\ 1 \\ 1 \end{bmatrix} + k_2 \begin{bmatrix} 0 \\ 1 \\ -1 \\ 0 \end{bmatrix}$$

線形独立な 2 つの解ベクトル

$$\therefore \boldsymbol{x}_1{}' = \begin{bmatrix} 1 \\ 0 \\ 1 \\ 1 \end{bmatrix}, \quad \boldsymbol{x}_1{}'' = \begin{bmatrix} 0 \\ 1 \\ -1 \\ 0 \end{bmatrix}$$

(ii) $\lambda_2 = 1$ のとき，①を $T_2\boldsymbol{x}_2 = \boldsymbol{0}$

そして，$\boldsymbol{x}_2 = \begin{bmatrix} \beta_1 \\ \beta_2 \\ \beta_3 \\ \beta_4 \end{bmatrix}$ とおいて，

$$\begin{bmatrix} -3 & 3 & 3 & -2 \\ -2 & 0 & 2 & 0 \\ -1 & 3 & 1 & -2 \\ -2 & 2 & 2 & -2 \end{bmatrix}\begin{bmatrix} \beta_1 \\ \beta_2 \\ \beta_3 \\ \beta_4 \end{bmatrix} = \begin{bmatrix} 0 \\ 0 \\ 0 \\ 0 \end{bmatrix}$$ より，

$$T_2 = \begin{bmatrix} -3 & 3 & 3 & -2 \\ -2 & 0 & 2 & 0 \\ -1 & 3 & 1 & -2 \\ -2 & 2 & 2 & -2 \end{bmatrix} \to \begin{bmatrix} -2 & 2 & 2 & -2 \\ -2 & 0 & 2 & 0 \\ -1 & 3 & 1 & -2 \\ -3 & 3 & 3 & -2 \end{bmatrix} \to \begin{bmatrix} -1 & 1 & 1 & -1 \\ -1 & 0 & 1 & 0 \\ -1 & 3 & 1 & -2 \\ -3 & 3 & 3 & -2 \end{bmatrix} \to \begin{bmatrix} -1 & 1 & 1 & -1 \\ 0 & -1 & 0 & 1 \\ 0 & 2 & 0 & -1 \\ 0 & 0 & 0 & 1 \end{bmatrix} \to \begin{bmatrix} -1 & 1 & 1 & -1 \\ 0 & -1 & 0 & 1 \\ 0 & 0 & 0 & 1 \\ 0 & 0 & 0 & 1 \end{bmatrix} \to \begin{bmatrix} -1 & 1 & 1 & -1 \\ 0 & -1 & 0 & 1 \\ 0 & 0 & 0 & 1 \\ 0 & 0 & 0 & 0 \end{bmatrix} \Big\} r = 3$$

$rank\,T_2 = 3$　自由度 $= 4 - 3 = 1$

$\therefore \beta_1 = 1$ とおく。

$$\begin{cases} -\beta_1 + \beta_2 + \beta_3 - \beta_4 = 0 \\ \quad -\beta_2 \quad + \beta_4 = 0 \\ \quad\quad \beta_4 = 0 \end{cases}$$

ここで，$\beta_1 = 1$ とおくと，

$\beta_2 = 0$，$\beta_3 = 1$，$\beta_4 = 0$

$$\therefore \boldsymbol{x}_2 = \begin{bmatrix} 1 \\ 0 \\ 1 \\ 0 \end{bmatrix}$$

次に，$\boldsymbol{x}_2' = \begin{bmatrix} \gamma_1 \\ \gamma_2 \\ \gamma_3 \\ \gamma_4 \end{bmatrix}$ とおいて，これを次の方程式から定める。

$T_2\boldsymbol{x}_2' = \boldsymbol{x}_2$

$$\begin{bmatrix} -3 & 3 & 3 & -2 \\ -2 & 0 & 2 & 0 \\ -1 & 3 & 1 & -2 \\ -2 & 2 & 2 & -2 \end{bmatrix}\begin{bmatrix} \gamma_1 \\ \gamma_2 \\ \gamma_3 \\ \gamma_4 \end{bmatrix} = \begin{bmatrix} 1 \\ 0 \\ 1 \\ 0 \end{bmatrix}$$ より，

$$T_{2a} = \left[\begin{array}{cccc|c} -3 & 3 & 3 & -2 & 1 \\ -2 & 0 & 2 & 0 & 0 \\ -1 & 3 & 1 & -2 & 1 \\ -2 & 2 & 2 & -2 & 0 \end{array}\right] \to \left[\begin{array}{cccc|c} -2 & 2 & 2 & -2 & 0 \\ -2 & 0 & 2 & 0 & 0 \\ -1 & 3 & 1 & -2 & 1 \\ -3 & 3 & 3 & -2 & 1 \end{array}\right] \to \left[\begin{array}{cccc|c} -1 & 1 & 1 & -1 & 0 \\ -1 & 0 & 1 & 0 & 0 \\ -1 & 3 & 1 & -2 & 1 \\ -3 & 3 & 3 & -2 & 1 \end{array}\right]$$

$$\to \left[\begin{array}{cccc|c} -1 & 1 & 1 & -1 & 0 \\ 0 & -1 & 0 & 1 & 0 \\ 0 & 2 & 0 & -1 & 1 \\ 0 & 0 & 0 & 1 & 1 \end{array}\right] \to \left[\begin{array}{cccc|c} -1 & 1 & 1 & -1 & 0 \\ 0 & -1 & 0 & 1 & 0 \\ 0 & 0 & 0 & 1 & 1 \\ 0 & 0 & 0 & 1 & 1 \end{array}\right] \to \left[\begin{array}{cccc|c} -1 & 1 & 1 & -1 & 0 \\ 0 & -1 & 0 & 1 & 0 \\ 0 & 0 & 0 & 1 & 1 \\ 0 & 0 & 0 & 0 & 0 \end{array}\right] \Big\} r = 3$$

$$\begin{cases} -\gamma_1 + \gamma_2 + \gamma_3 - \gamma_4 = 0 \\ \quad -\gamma_2 \quad + \gamma_4 = 0 \\ \quad\quad \gamma_4 = 1 \end{cases}$$

ここで，$\gamma_1 = \mathbf{1}$ とおくと，

$\gamma_2 = \mathbf{1}$，$\gamma_3 = \mathbf{1}$，$\gamma_4 = \mathbf{1}$

$rank\,T_{2a} = rank\,T_2 = \mathbf{3}$ より，
自由度 $= \mathbf{1}$　$\therefore \gamma_1 = \mathbf{1}$ とおく。

$$\therefore \boldsymbol{x}_2{}' = \begin{bmatrix} \mathbf{1} \\ \mathbf{1} \\ \mathbf{1} \\ \mathbf{1} \end{bmatrix}$$

以上より，$\boldsymbol{P} = [\boldsymbol{x}_1{}' \ \boldsymbol{x}_1{}'' \ \boldsymbol{x}_2 \ \boldsymbol{x}_2{}'] = \begin{bmatrix} \mathbf{1} & \mathbf{0} & \mathbf{1} & \mathbf{1} \\ \mathbf{0} & \mathbf{1} & \mathbf{0} & \mathbf{1} \\ \mathbf{1} & -\mathbf{1} & \mathbf{1} & \mathbf{1} \\ \mathbf{1} & \mathbf{0} & \mathbf{0} & \mathbf{1} \end{bmatrix}$ とおくと，

$\boldsymbol{P}^{-1}\boldsymbol{A}\boldsymbol{P} = \begin{bmatrix} -\mathbf{1} & \mathbf{0} & \mathbf{0} & \mathbf{0} \\ \mathbf{0} & -\mathbf{1} & \mathbf{0} & \mathbf{0} \\ \mathbf{0} & \mathbf{0} & \mathbf{1} & \mathbf{1} \\ \mathbf{0} & \mathbf{0} & \mathbf{0} & \mathbf{1} \end{bmatrix}$ となる。……………………………………(答)

$\begin{bmatrix} \lambda_1 & \mathbf{0} & \mathbf{0} & \mathbf{0} \\ \mathbf{0} & \lambda_1 & \mathbf{0} & \mathbf{0} \\ \mathbf{0} & \mathbf{0} & \lambda_2 & \mathbf{1} \\ \mathbf{0} & \mathbf{0} & \mathbf{0} & \lambda_2 \end{bmatrix}$ の形

演習問題 133 ●4次正方行列のジョルダン標準形(II)●

行列 $A=\begin{bmatrix} 0 & 4 & -2 & 2 \\ -3 & 7 & -2 & 2 \\ 1 & -1 & 3 & -1 \\ 2 & -2 & 1 & 1 \end{bmatrix}$ を，変換行列 P を用いて，$P^{-1}AP$ により

ジョルダン標準形に変換せよ。

ヒント！ 固有方程式の解は，$\lambda_1=2$ (2 重解)，$\lambda_2=3$，$\lambda_3=4$ となるね。

これは，$P^{-1}AP=\begin{bmatrix} \lambda_1 & 1 & 0 & 0 \\ 0 & \lambda_1 & 0 & 0 \\ 0 & 0 & \lambda_2 & 0 \\ 0 & 0 & 0 & \lambda_3 \end{bmatrix}$ の形のジョルダン標準形になる。

解答&解説

$Tx=0$ ……①　　ただし，$T=A-\lambda E=\begin{bmatrix} -\lambda & 4 & -2 & 2 \\ -3 & 7-\lambda & -2 & 2 \\ 1 & -1 & 3-\lambda & -1 \\ 2 & -2 & 1 & 1-\lambda \end{bmatrix}$

固有方程式 $|T|=\begin{vmatrix} -\lambda & 4 & -2 & 2 \\ -3 & 7-\lambda & -2 & 2 \\ 1 & -1 & 3-\lambda & -1 \\ 2 & -2 & 1 & 1-\lambda \end{vmatrix} \overset{③'+④'}{=} \begin{vmatrix} -\lambda & 4 & 0 & 2 \\ -3 & 7-\lambda & 0 & 2 \\ 1 & -1 & 2-\lambda & -1 \\ 2 & -2 & 2-\lambda & 1-\lambda \end{vmatrix}$

$\overset{③-④}{=} \begin{vmatrix} -\lambda & 4 & 0 & 2 \\ -3 & 7-\lambda & 0 & 2 \\ -1 & 1 & 0 & -2+\lambda \\ 2 & -2 & 2-\lambda & 1-\lambda \end{vmatrix} = (2-\lambda)\cdot(-1)^{4+3}\begin{vmatrix} -\lambda & 4 & 2 \\ -3 & 7-\lambda & 2 \\ -1 & 1 & -2+\lambda \end{vmatrix}$

第3列による余因子展開

$\overset{①'+②'}{=} (\lambda-2)\begin{vmatrix} 4-\lambda & 4 & 2 \\ 4-\lambda & 7-\lambda & 2 \\ 0 & 1 & \lambda-2 \end{vmatrix} \overset{②-①}{=} (\lambda-2)\begin{vmatrix} 4-\lambda & 4 & 2 \\ 0 & 3-\lambda & 0 \\ 0 & 1 & \lambda-2 \end{vmatrix}$

$=(\lambda-2)(4-\lambda)(-1)^{1+1}\begin{vmatrix} 3-\lambda & 0 \\ 1 & \lambda-2 \end{vmatrix}$ ← 第1列による余因子展開

$=(\lambda-2)(4-\lambda)(3-\lambda)(\lambda-2)=0$　　$(\lambda-2)^2(\lambda-3)(\lambda-4)=0$

$\therefore \lambda=2$ (重解)，3，4　　ここで，$\lambda_1=2$，$\lambda_2=3$，$\lambda_3=4$ とおく。

(i) $\lambda_1 = 2$ (重解)のとき，①を $T_1\boldsymbol{x}_1 = \boldsymbol{0}$

そして，$\boldsymbol{x}_1 = \begin{bmatrix} \alpha_1 \\ \alpha_2 \\ \alpha_3 \\ \alpha_4 \end{bmatrix}$ とおいて，

$$\begin{bmatrix} -2 & 4 & -2 & 2 \\ -3 & 5 & -2 & 2 \\ 1 & -1 & 1 & -1 \\ 2 & -2 & 1 & -1 \end{bmatrix} \begin{bmatrix} \alpha_1 \\ \alpha_2 \\ \alpha_3 \\ \alpha_4 \end{bmatrix} = \begin{bmatrix} 0 \\ 0 \\ 0 \\ 0 \end{bmatrix}$$ より，

$$\begin{cases} \alpha_1 - 2\alpha_2 + \alpha_3 - \alpha_4 = 0 \\ \alpha_2 = 0, \quad -\alpha_3 + \alpha_4 = 0 \end{cases}$$

ここで，$\alpha_3 = 1$ とおくと，

$\alpha_4 = 1$，$\alpha_1 = 0$，$\alpha_2 = 0$ $\quad \therefore \boldsymbol{x}_1 = \begin{bmatrix} 0 \\ 0 \\ 1 \\ 1 \end{bmatrix}$

次に，$\boldsymbol{x}_1' = \begin{bmatrix} \beta_1 \\ \beta_2 \\ \beta_3 \\ \beta_4 \end{bmatrix}$ とおいて，これを

$T_1\boldsymbol{x}_1' = \boldsymbol{x}_1$ から定める。

$$\begin{bmatrix} -2 & 4 & -2 & 2 \\ -3 & 5 & -2 & 2 \\ 1 & -1 & 1 & -1 \\ 2 & -2 & 1 & -1 \end{bmatrix} \begin{bmatrix} \beta_1 \\ \beta_2 \\ \beta_3 \\ \beta_4 \end{bmatrix} = \begin{bmatrix} 0 \\ 0 \\ 1 \\ 1 \end{bmatrix}$$ より，

$$\begin{cases} \beta_1 - 2\beta_2 + \beta_3 - \beta_4 = 0 \\ \beta_2 = 1, \quad \beta_3 - \beta_4 = 1 \end{cases}$$

ここで，$\beta_3 = 1$ とおくと，

$\beta_4 = 0$，$\beta_1 = 1$，$\beta_2 = 1$ $\quad \therefore \boldsymbol{x}_1' = \begin{bmatrix} 1 \\ 1 \\ 1 \\ 0 \end{bmatrix}$

$$T_1 = \begin{bmatrix} -2 & 4 & -2 & 2 \\ -3 & 5 & -2 & 2 \\ 1 & -1 & 1 & -1 \\ 2 & -2 & 1 & -1 \end{bmatrix} \to \begin{bmatrix} 1 & -2 & 1 & -1 \\ 1 & -1 & 1 & -1 \\ 2 & -2 & 1 & -1 \\ -3 & 5 & -2 & 2 \end{bmatrix}$$

$$\to \begin{bmatrix} 1 & -2 & 1 & -1 \\ 0 & 1 & 0 & 0 \\ 0 & 2 & -1 & 1 \\ 0 & -1 & 1 & -1 \end{bmatrix} \to \begin{bmatrix} 1 & -2 & 1 & -1 \\ 0 & 1 & 0 & 0 \\ 0 & 0 & -1 & 1 \\ 0 & 0 & 1 & -1 \end{bmatrix}$$

$$\to \left.\begin{bmatrix} 1 & -2 & 1 & -1 \\ 0 & 1 & 0 & 0 \\ 0 & 0 & -1 & 1 \\ 0 & 0 & 0 & 0 \end{bmatrix}\right\} r = 3$$

$rank\,T_1 = 3$ 　自由度 $= 4 - 3 = 1$

$\therefore \alpha_3 = 1$ とおく。

$$T_{1a} = \left[\begin{array}{cccc|c} -2 & 4 & -2 & 2 & 0 \\ -3 & 5 & -2 & 2 & 0 \\ 1 & -1 & 1 & -1 & 1 \\ 2 & -2 & 1 & -1 & 1 \end{array}\right]$$

$$\to \left[\begin{array}{cccc|c} 1 & -2 & 1 & -1 & 0 \\ 1 & -1 & 1 & -1 & 1 \\ 2 & -2 & 1 & -1 & 1 \\ -3 & 5 & -2 & 2 & 0 \end{array}\right]$$

$$\to \left[\begin{array}{cccc|c} 1 & -2 & 1 & -1 & 0 \\ 0 & 1 & 0 & 0 & 1 \\ 0 & 2 & -1 & 1 & 1 \\ 0 & -1 & 1 & -1 & 0 \end{array}\right]$$

$$\to \left[\begin{array}{cccc|c} 1 & -2 & 1 & -1 & 0 \\ 0 & 1 & 0 & 0 & 1 \\ 0 & 0 & -1 & 1 & -1 \\ 0 & 0 & 1 & -1 & 1 \end{array}\right]$$

$$\to \left.\left[\begin{array}{cccc|c} 1 & -2 & 1 & -1 & 0 \\ 0 & 1 & 0 & 0 & 1 \\ 0 & 0 & 1 & -1 & 1 \\ 0 & 0 & 0 & 0 & 0 \end{array}\right]\right\} r = 3$$

$rank\,T_{1a} = rank\,T_1 = 3$ より，

自由度 $= 4 - 3 = 1$

$\therefore \beta_3 = 1$ とおく。

(ii) $\lambda_2 = 3$ のとき，①を $T_2 \boldsymbol{x}_2 = \mathbf{0}$　そして，$\boldsymbol{x}_2 = \begin{bmatrix} \gamma_1 \\ \gamma_2 \\ \gamma_3 \\ \gamma_4 \end{bmatrix}$ とおいて，

$$\begin{bmatrix} -3 & 4 & -2 & 2 \\ -3 & 4 & -2 & 2 \\ 1 & -1 & 0 & -1 \\ 2 & -2 & 1 & -2 \end{bmatrix} \begin{bmatrix} \gamma_1 \\ \gamma_2 \\ \gamma_3 \\ \gamma_4 \end{bmatrix} = \begin{bmatrix} 0 \\ 0 \\ 0 \\ 0 \end{bmatrix}$$ より，

$$T_2 = \begin{bmatrix} -3 & 4 & -2 & 2 \\ -3 & 4 & -2 & 2 \\ 1 & -1 & 0 & -1 \\ 2 & -2 & 1 & -2 \end{bmatrix} \to \begin{bmatrix} 1 & -1 & 0 & -1 \\ -3 & 4 & -2 & 2 \\ 2 & -2 & 1 & -2 \\ -3 & 4 & -2 & 2 \end{bmatrix} \to \begin{bmatrix} 1 & -1 & 0 & -1 \\ -3 & 4 & -2 & 2 \\ 2 & -2 & 1 & -2 \\ 0 & 0 & 0 & 0 \end{bmatrix} \to \begin{bmatrix} 1 & -1 & 0 & -1 \\ 0 & 1 & -2 & -1 \\ 0 & 0 & 1 & 0 \\ 0 & 0 & 0 & 0 \end{bmatrix} \Big\} r=3$$

$rankT_2 = 3$　自由度 $= 4-3 = 1$

$\therefore \gamma_2 = 1$ とおく。

$$\begin{cases} \gamma_1 - \gamma_2 \qquad - \gamma_4 = 0 \\ \gamma_2 - 2\gamma_3 - \gamma_4 = 0 \\ \gamma_3 = 0 \end{cases}$$

ここで，$\gamma_2 = 1$ とおくと，

$\gamma_4 = 1$，$\gamma_1 = 2$，$\gamma_3 = 0$　$\therefore \boldsymbol{x}_2 = \begin{bmatrix} 2 \\ 1 \\ 0 \\ 1 \end{bmatrix}$

(iii) $\lambda_3 = 4$ のとき，①を $T_3 \boldsymbol{x}_3 = \mathbf{0}$　そして，$\boldsymbol{x}_3 = \begin{bmatrix} \delta_1 \\ \delta_2 \\ \delta_3 \\ \delta_4 \end{bmatrix}$ とおいて，

$$\begin{bmatrix} -4 & 4 & -2 & 2 \\ -3 & 3 & -2 & 2 \\ 1 & -1 & -1 & -1 \\ 2 & -2 & 1 & -3 \end{bmatrix} \begin{bmatrix} \delta_1 \\ \delta_2 \\ \delta_3 \\ \delta_4 \end{bmatrix} = \begin{bmatrix} 0 \\ 0 \\ 0 \\ 0 \end{bmatrix}$$ より，

$$T_3 = \begin{bmatrix} -4 & 4 & -2 & 2 \\ -3 & 3 & -2 & 2 \\ 1 & -1 & -1 & -1 \\ 2 & -2 & 1 & -3 \end{bmatrix} \to \begin{bmatrix} 1 & -1 & -1 & -1 \\ -2 & 2 & -1 & 1 \\ 2 & -2 & 1 & -3 \\ -3 & 3 & -2 & 2 \end{bmatrix} \to \begin{bmatrix} 1 & -1 & -1 & -1 \\ 0 & 0 & -3 & -1 \\ 0 & 0 & 3 & -1 \\ 0 & 0 & -5 & -1 \end{bmatrix} \to \begin{bmatrix} 1 & -1 & -1 & -1 \\ 0 & 0 & -3 & -1 \\ 0 & 0 & 0 & -2 \\ 0 & 0 & 0 & \frac{2}{3} \end{bmatrix}$$

$$\to \begin{bmatrix} 1 & -1 & -1 & -1 \\ 0 & 0 & 3 & 1 \\ 0 & 0 & 0 & 1 \\ 0 & 0 & 0 & 1 \end{bmatrix} \to \begin{bmatrix} 1 & -1 & -1 & -1 \\ 0 & 0 & 3 & 1 \\ 0 & 0 & 0 & 1 \\ 0 & 0 & 0 & 0 \end{bmatrix} \Big\} r=3$$

$rankT_3 = 3$　自由度 $= 4-3 = 1$

$\therefore \delta_1 = 1$ とおく。

$$\begin{cases} \delta_1 - \delta_2 - \delta_3 - \delta_4 = 0 \\ 3\delta_3 - \delta_4 = 0 \\ \delta_4 = 0 \end{cases}$$

ここで，$\delta_1 = 1$ とおくと，

$\delta_2 = 1$，$\delta_3 = 0$，$\delta_4 = 0$　$\therefore \boldsymbol{x}_3 = \begin{bmatrix} 1 \\ 1 \\ 0 \\ 0 \end{bmatrix}$

以上より，$\boldsymbol{P} = [\boldsymbol{x}_1 \ \ \boldsymbol{x}_1' \ \ \boldsymbol{x}_2 \ \ \boldsymbol{x}_3] = \begin{bmatrix} 0 & 1 & 2 & 1 \\ 0 & 1 & 1 & 1 \\ 1 & 1 & 0 & 0 \\ 1 & 0 & 1 & 0 \end{bmatrix}$ とおくと，

$$\boldsymbol{P}^{-1}\boldsymbol{A}\boldsymbol{P} = \begin{bmatrix} 2 & 1 & 0 & 0 \\ 0 & 2 & 0 & 0 \\ 0 & 0 & 3 & 0 \\ 0 & 0 & 0 & 4 \end{bmatrix}$$ となる。……………………………………………(答)

$\begin{bmatrix} \lambda_1 & 1 & 0 & 0 \\ 0 & \lambda_1 & 0 & 0 \\ 0 & 0 & \lambda_2 & 0 \\ 0 & 0 & 0 & \lambda_3 \end{bmatrix}$ の形

 Term・Index 

あ行

か行

さ行

スバラシク実力がつくと評判の
演習 線形代数キャンパス・ゼミ
改訂6

著　者　高杉 豊　馬場 敬之

発行者　馬場 敬之

発行所　マセマ出版社

〒 332-0023 埼玉県川口市飯塚 3-7-21-502

TEL 048-253-1734　FAX 048-253-1729

Email：info@mathema.jp

https://www.mathema.jp

編　集　山崎 晃平

校　閲　清代 芳生

校　正　秋野 麻里子

制作協力　久池井 努　滝本 隆　印藤 治　野村 直美

野村 烈　滝本 修二　間宮 栄二　町田 朱美

カバーデザイン　馬場 冬之

ロゴデザイン　馬場 利貞

印刷所　中央精版印刷株式会社

ISBN978-4-86615-144-1 C3041

落丁・乱丁本はお取りかえいたします。